Congli Mei
Hui Jiang
Quansheng Chen

Técnica de espetroscopia Raman para análise da qualidade dos alimentos

Congli Mei
Hui Jiang
Quansheng Chen

Técnica de espetroscopia Raman para análise da qualidade dos alimentos

ScienciaScripts

Imprint

Any brand names and product names mentioned in this book are subject to trademark, brand or patent protection and are trademarks or registered trademarks of their respective holders. The use of brand names, product names, common names, trade names, product descriptions etc. even without a particular marking in this work is in no way to be construed to mean that such names may be regarded as unrestricted in respect of trademark and brand protection legislation and could thus be used by anyone.

Cover image: www.ingimage.com

This book is a translation from the original published under ISBN 978-620-7-80741-3.

Publisher:
Sciencia Scripts
is a trademark of
Dodo Books Indian Ocean Ltd. and OmniScriptum S.R.L publishing group

120 High Road, East Finchley, London, N2 9ED, United Kingdom
Str. Armeneasca 28/1, office 1, Chisinau MD-2012, Republic of Moldova, Europe
Printed at: see last page
ISBN: 978-620-8-27131-2

Conteúdo

Prefácio

Nos últimos anos, a atenção do público para a qualidade dos alimentos tem aumentado significativamente. Por conseguinte, a análise rápida e exacta da qualidade dos alimentos é particularmente importante. A técnica de espetroscopia Raman tem vantagens únicas no domínio da deteção de alimentos, com caraterísticas de velocidade de análise rápida, elevada sensibilidade de deteção e sem interferência da fase aquosa. Neste livro, são abordados os avanços recentes e potenciais na aplicação da espetroscopia Raman na qualidade dos alimentos, na perspetiva do substrato de espetroscopia Raman e dos sistemas compostos de espetroscopia Raman. Os sistemas de espetroscopia Raman, tais como a marcação molecular, o ensaio imunocromatográfico, a microfluídica, os polímeros com impressão molecular, a colorimetria e a imagiologia são discutidos, sendo destacadas as suas principais vantagens e limitações. As aplicações da espetroscopia Raman na segurança alimentar são analisadas de forma crítica, com destaque para a deteção de microrganismos, pesticidas, iões metálicos e antibióticos. Além disso, são discutidas as aplicações da espetroscopia Raman na qualidade dos alimentos no que respeita à sua frescura e ingredientes.

Este livro é apoiado pelo Programa Nacional de Investigação e Desenvolvimento da China (Grant No. 2017YFC1600603), e centra-se no potencial de aplicação de técnicas de análise rápidas e ecológicas em ensaios não destrutivos da qualidade dos alimentos. Ao mesmo tempo, estamos também muito gratos à Universidade de Recursos Hídricos e Energia Eléctrica de Zhejiang por fornecer uma plataforma e um apoio muito bons. Espera-se que as realizações técnicas registadas neste livro possam fornecer algum apoio técnico e assistência ao pessoal técnico relevante e às empresas de produção alimentar.

Devido ao nível limitado dos editores, o conteúdo do livro é inevitavelmente inadequado e incorreto, e os leitores são convidados a criticá-lo e a corrigi-lo.

Prof. Mei et al.

agosto de 2024

Capítulo 1

Descrição geral da técnica de espetroscopia Raman

1.1 Introdução

O progresso humano, especificamente a revolução industrial, alterou o curso dos ciclos biogeoquímicos e o equilíbrio dos produtos químicos no ambiente, no ar, no solo e na água. Este desequilíbrio levou à absorção de muitas espécies orgânicas e inorgânicas tóxicas nas matrizes alimentares (Garvey, 2019). Durante décadas, os alimentos são a matriz mais amplamente examinada na conceção de estratégias analíticas para manter os padrões de saúde. Foram alcançados vários marcos na análise de alimentos, desde o desenvolvimento de instrumentos sofisticados, técnicas analíticas até à análise de dados de alto rendimento. Para manter a fiabilidade e a precisão em tempo real, o principal objetivo dos investigadores era garantir uma elevada seletividade na matriz e precisão na análise de dados.

A espetroscopia Raman tem sido amplamente utilizada para uma variedade de amostras de alimentos. Como ferramenta complementar à espetroscopia de infravermelho, fornece uma avaliação das ligações químicas na molécula (Cialla et al., 2012; Li et al., 2020). No entanto, a menor sensibilidade tem limitado as suas aplicações práticas (Weng et al., 2019). Foram tentadas várias alterações ao design espetroscópico Raman, das quais o modo derivado de espetroscopia Raman com reforço de superfície (SERS) surgiu como uma ferramenta promissora na investigação analítica (Cialla et al., 2012; Li et al., 2020; Weng et al., 2019). O SERS oferece espectros de impressão digital de uma única molécula com sua natureza não destrutiva e não invasiva, tornando-o uma plataforma ideal no campo do desenvolvimento de sensores e da pesquisa em ciência de alimentos. Além disso, outras vantagens inerentes ao Raman e ao SERS são a comodidade, o menor consumo de reagentes, a portabilidade e a não necessidade de uma fase de pré-tratamento. A escolha discricionária de uma etapa de pré-tratamento torna-a uma estratégia eficaz em termos de tempo (Ahmad et al., 2019).

Existem certas limitações do Raman/SERS que impedem o seu funcionamento eficaz, como a presença de informação espetral oculta, sinais fracos e sobrepostos, dispersão e, em certa medida, ruído de fundo e autofluorescência. Por conseguinte, para eliminar a variação dos espectros de origem indesejada que não seja o analito em investigação, são utilizados vários modelos de calibração quimiométrica. Para realçar as possibilidades destes modelos de calibração multivariada na melhoria da análise Raman e SERS, o presente capítulo investiga sistematicamente as suas aplicações em géneros alimentícios. Estes modelos de calibração multivariada são utilizados para análises qualitativas e quantitativas, que serão discutidas no capítulo.

Por conseguinte, o presente capítulo será dividido nos seguintes pontos: (1) revisão dos antecedentes essenciais em Raman e SERS e a sua importância para os algoritmos quimiométricos; (2) apresentação das ferramentas quimiométricas mais utilizadas em Raman/SERS e os seus tipos; (3) extensão destas ferramentas quimiométricas a diferentes alvos nos alimentos; (4) importância destes procedimentos na análise dos atributos de qualidade dos alimentos; e, finalmente, (5) limitações e o roteiro para investigação futura. O resumo do conteúdo deste capítulo foi compilado na Figura 1.1.

Figura 1.1 Gráfico com um breve resumo do índice abordado neste capítulo.

1.2 Princípio da espetroscopia Raman

A espetroscopia Raman é um tipo de espetroscopia vibracional muito aplicável e conveniente para controlar a autenticidade e a qualidade dos géneros alimentícios. Baseia-se na interação e na troca de luz entre a molécula e um fotão de luz. A técnica utiliza um feixe laser para induzir alterações vibracionais e rotacionais, que são indicadores de diferentes ligações, como C = C, C C e C N e outras, através da geração do efeito Raman. Além disso, os espectros de Raman são menos influenciados pelas moléculas de água, o que faz com que seja uma técnica potencial para monitorizar a qualidade de matrizes alimentares heterogéneas e complexas. Torna-se operacional quando o raio laser interage com a nuvem eletrónica das moléculas e a excita. A dispersão Raman ocorre quando estes electrões entram num estado vibracionalmente excitado (Stiles et al., 2008). Quando o fotão disperso e o fotão incidente têm energias semelhantes, o fenómeno é designado por dispersão de Rayleigh, ao passo que, quando os electrões permanecem num estado relativamente mais elevado do que o estado fundamental, a excitação que se segue é designada por dispersão Raman de Stokes (dos Santos et al., 2017; McCreery, 2001). O sinal Raman fraco é também reforçado por diferentes estratégias de iluminação e de

4

superfície, tais como a amostragem competitiva adaptativa reponderada (CARS), a dispersão Raman estimulada, a espetroscopia Raman de ressonância, a espetroscopia Raman reforçada pela superfície (SERS) e a espetroscopia Raman de ressonância reforçada pela superfície.

A SERS é uma das ferramentas analíticas amplamente estabelecidas, em que a espetroscopia Raman é combinada com a nanotecnologia através de nanosubstratos metálicos (Stiles et al., 2008). No SERS, a resposta espectroscópica é melhorada em cerca de 1014 ordens de grandeza geradas por moléculas activas Raman adsorvidas na superfície do substrato de nanopartículas metálicas nobres (Pt, Au e Ag). Esta melhoria tem sido utilizada para caraterizar uma extensa lista de moléculas orgânicas e inorgânicas biologicamente relevantes (Bell & Sirimuthu, 2008; Sun et al., 2016; Xu, et al., 2017).

O mecanismo exato de reforço ainda não é claro, mas existe uma vasta literatura que descreve dois mecanismos possíveis para o reforço dos sinais Raman fracos. Jeanmaire e Van Duyne (1977) foram os primeiros a propor a teoria do efeito de reforço eletromagnético (EM). O mecanismo EM descreve principalmente a amplificação Raman pelo campo eletromagnético criado pela interação da radiação com os plasmões de superfície localizados nos substratos metálicos nobres. Para compreender o mecanismo de reforço, são considerados o tamanho, a forma, a rugosidade, as caraterísticas estruturais, etc., dos substratos SERS. Estas caraterísticas determinam a frequência de ressonância dos electrões da banda de condução nos nanosubstratos metálicos SERS. Quando a radiação electromagnética com esta mesma frequência de ressonância incide sobre a nanoestrutura, o campo elétrico da radiação força os electrões de condução a uma oscilação colectiva ou à geração de um efeito de ressonância plasmónica de superfície localizada (LSPR). Este efeito de oscilação dos electrões de condução terá duas consequências. A primeira implicação é a absorção preferencial da luz de um determinado comprimento de onda pelo nanosubstrato, que é complementar a esta oscilação e, em segundo lugar, o reforço dos campos electromagnéticos provenientes da mesma superfície é o principal responsável por este reforço. Este fenómeno é designado por EM enhancement e é aproximadamente proporcional a |E4| que é da ordem de 10^8 ou mais, onde E representa a intensidade do campo eletromagnético (Stiles et al., 2008). Além disso, a LSPR, o efeito de campo de imagem e o efeito de para-raios são todos responsáveis por esse aumento no SERS. A contribuição da LSPR para o aumento do campo eletromagnético é a mais significativa em comparação com as outras. Substratos de diferentes geometrias e formas físicas, como nanoflores, nanobastões, nanoestrelas e nanodiscos, com excelentes propriedades estruturais dependentes do tamanho, podem ser usados como substratos altamente ativos que podem ser reproduzidos com alta precisão e estabilidade (Karthick et al., 2019). Albrecht e Creighton (1977) estiveram entre o primeiro grupo de investigação a propor a teoria do realce químico (CE), que se baseia no fenómeno de transferência de carga (CT) para a molécula adsorvida, denominado realce químico. Este mecanismo torna-se operacional através da absorção da luz incidente pela molécula de adsorvato através da formação de complexos CT. O mecanismo CE ou CT envolve a transferência de electrões fotoinduzida do nível de Fermi do substrato nanosubstrato para uma orbital molecular desocupada da espécie adsorvida e vice-versa. A utilização de uma superfície rugosa é particularmente importante para os SERS activos que utilizam o mecanismo EM, que é um efeito de longo alcance, enquanto a CE ocorre à escala molecular e tem um efeito de curto alcance. Os dois efeitos podem funcionar em simultâneo e não estão reciprocamente limitados para induzir um aumento de SERS. A distinção entre os dois mecanismos exige, por conseguinte, procedimentos experimentais pormenorizados e é frequentemente difícil de obter. No entanto, está claramente estabelecido que os dois mecanismos funcionam em paralelo e contribuem para a melhoria global da resposta espectroscópica SERS (Campion & Kambhampati, 1998). Para uma melhor compreensão da SERS em pormenor, pode ser consultada a seguinte literatura (Campion & Kambhampati, 1998; Schlucker, 2014; Stiles et al., 2008).

1.3 Importância da utilização da quimiometria no processamento de dados espectrais

A quimiometria tem sido amplamente aplicada à espetroscopia vibracional como uma poderosa ferramenta de medição. Permite que enormes dados espectrais da substância a analisar sejam analisados de forma eficaz, fiável e atempada. Isto acabou por conduzir à origem das ferramentas de calibração multivariada e das práticas de dados para permitir a extração de informações valiosas dos sinais. Vários livros e artigos excelentes abordaram as aplicações interessantes da quimiometria e as tendências em evolução nos dados de alta dimensão (Brereton, 2007; de Lima & Barbosa, 2019; Izenman, 2008; Maione & Barbosa, 2019; Maquina et al., 2019; Varra et al., 2020). Desempenha um papel vital na espetroscopia vibracional, em particular na análise baseada na espetroscopia Raman. Uma vez que a interação espectroscópica da luz se baseia na lei de Beer-Lambert, a relação linear é um pré-requisito. Por conseguinte, qualquer desvio da linearidade devido a factores físicos e químicos dará origem a ruído e interagirá com a luz para além da substância a analisar. Assim, os espectros podem ser afectados por ruído, colinearidade, sobrecarga dimensional, dispersão de partículas ou desvio da linha de base, posições da largura de banda do espetro, alteração do índice de refração e luz difusa. Por conseguinte, são necessárias ferramentas de calibração multivariada e de pré-processamento que transformem, tratem e processem os dados espectrais, melhorando a linearidade e removendo a informação não informativa e irrelevante (Kumar & Karne, 2017; Moros et al., 2010). Além disso, o objetivo básico do desenvolvimento de uma metodologia analítica, particularmente em matrizes alimentares complicadas, é a eliminação de interferências ou o aumento da seletividade e da sensibilidade. Nas matrizes alimentares, é frequentemente necessário um passo de limpeza da amostra, o que torna o método moroso, para além de implicar grandes volumes de produtos químicos e custos. Por conseguinte, mesmo que a fase de limpeza ou de preparação da amostra não exista, a aplicação da calibração multivariada pode contribuir para mascarar as interferências espectrais e não informativas que podem contribuir coletivamente para a sensibilidade de um método analítico

(Gabrielsson & Trygg, 2006).

1.4 Quimiometria utilizada para amostras de alimentos em espetroscopia Raman

A aplicação da quimiometria a técnicas espectroscópicas, em particular Raman e SERS, tem sido amplamente estudada (Chisanga et al., 2020; Clement et al., 2019; Hassan et al., 2019; Liu et al., 2020; Villa et al., 2020; Zhu et al., 2020) não só em laboratório, mas também é explorada na indústria para examinar e monitorizar as normas de qualidade para vários analitos, particularmente na matriz alimentar. Os métodos de calibração multivariada podem ser classificados com base em determinados factores e critérios, tais como métodos e algoritmos lineares e não lineares, métodos rígidos ou flexíveis, métodos clássicos ou inversos e métodos diretos ou indirectos. O critério central para utilizar múltiplas variáveis nos métodos de calibração é eliminar os problemas de interferência não controlada ou os erros de uma matriz de amostra na calibração univariada (Kumar & Karne, 2017). Portanto, como uma extensão para as análises quantitativas e qualitativas em matrizes alimentares, a paisagem quimiométrica pode ser geralmente executada nas seguintes etapas: (1) etapa de pré-processamento de dados para reduzir a interferência decorrente da luz dispersa devido a altas intensidades ou variação de comprimento de caminho, dispersão de partículas ou deriva de linha de base, bandas sobrepostas, ruído de fundo, carga espetral e outras possíveis interferências; (2) o estabelecimento do modelo de calibração de seleção de variáveis a partir dos dados espectrais completos pré-processados; e (3) avaliação do desempenho do modelo construído pela precisão e robustez da previsão. A ilustração esquemática (Figura 1.2) descreve as etapas do desenvolvimento de um procedimento analítico em quimiometria-Raman/SERS. A identificação do problema analítico, como o alvo ou alvos encontrados numa determinada matriz alimentar, é seguida da seleção de Raman e SERS de acordo com o objetivo da análise. No caso do SERS, é executada uma etapa adicional, ou seja, a síntese do substrato. A seleção do substrato é crucial no SERS e é regulada com base no objetivo desejado e funcionalizada com aptâmero, anticorpo ou outra porção de recetor químico com uma afinidade de ligação para o analito alvo. Após a seleção de SERS ou Raman, a análise prossegue com a recolha de dados, o pré-processamento espetral e as calibrações multivariadas, tal como discutido nesta revisão. Finalmente, após a seleção, otimização e/ou, se aplicável, a avaliação comparativa do modelo construído, este é implementado em aplicações ou validações de amostras reais, conforme pretendido em diferentes objectivos.

1.4.1 Pré-tratamentos espectrais

O pré-processamento ou pré-tratamento espetral é a primeira fase da introdução da quimiometria. O pré-processamento de dados significa mascarar toda a carga espetral inicial indesejada, que não está relacionada com a amostra em investigação. Por conseguinte, é considerado um passo fundamental antes da introdução das ferramentas de previsão subsequentes, com três objectivos principais: (1) melhorar o desempenho da previsão do modelo correspondente através do refinamento dos dados; (2) melhorar a análise provisória subsequente e (3) atenuar o desvio da lei de Beer-Lambert. De um modo geral, as técnicas de pré-tratamento podem ser classificadas como independentes e dependentes da referência. O pré-tratamento dependente da referência ortogonaliza a informação espetral obtida comparando-a com valores de referência padrão ou disponíveis e não é amplamente utilizado (Lohumi et al., 2015). As ferramentas de pré-processamento independentes de referência são frequentes na prática e podem ser categorizadas como métodos de correção de dispersão e derivados espectrais. A correção de dispersão multiplicativa (MSC), a variante normal padrão (SNV) e a normalização são os tipos de métodos de correlação de dispersão. Estes métodos são utilizados principalmente para reduzir a variação e a interferência através de efeitos de dispersão.

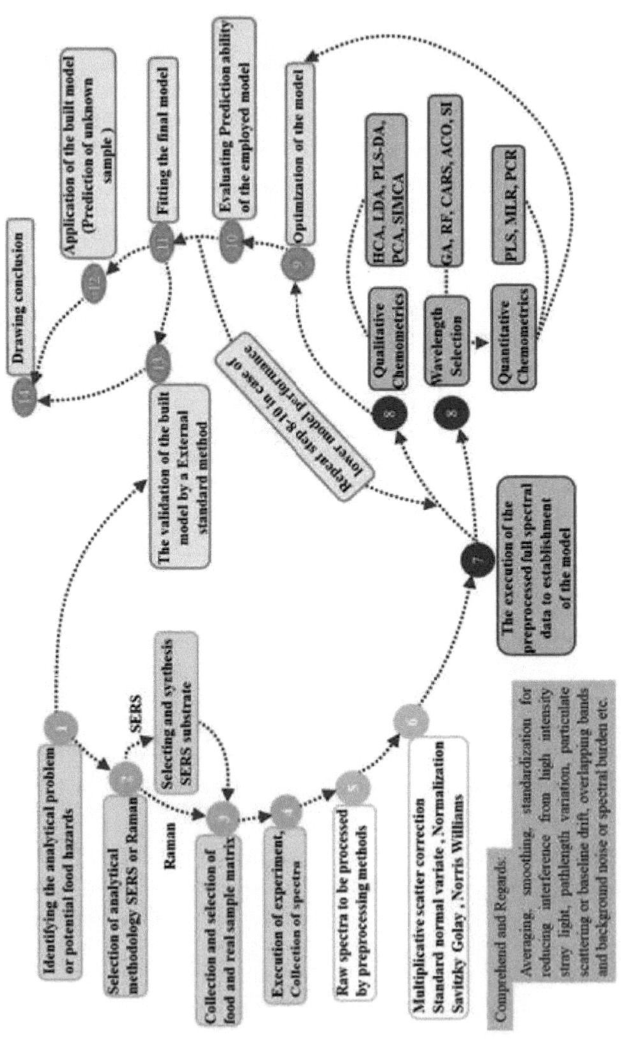

Figura 1.2 O fluxo de trabalho analítico para o estabelecimento de uma metodologia baseada em algoritmos quimiométricos acoplados a técnicas Raman/SERS.

O principal objetivo da utilização da MSC é resolver o efeito de dispersão que causa a não linearidade. A dispersão de partículas é reduzida ou eliminada pelos efeitos aditivos e multiplicativos da MSC. O coeficiente de correção é estimado a partir de uma gama espetral mais pequena ou utilizando espectros completos com o polinómio de primeira ordem (Rinnan et al., 2009). A SNV, com a vantagem de utilizar uma referência, transformará o espetro centralizado e corrigirá os desvios no eixo y com o seu próprio desvio padrão. Para além de utilizar a média normal e os desvios-padrão, são utilizadas a média estatística mais robusta, a mediana e o intervalo de desvio-padrão dos quartis internos com diferentes práticas derivadas pela derivada de primeira ordem para melhorar os desvios da linha de base (Guo et al., 1999). A espessura do pellet e as variações do caminho ótico podem ser corrigidas utilizando SNV e normalização. Tem sido empregado em adição ao Raman convencional e SERS, onde a reprodutibilidade e precisão foram alcançadas em superfícies heterogéneas de amostras responsáveis pelo ruído (Li et al., 2017).

Savitzky Golay (SG) e Norris Williams (NW) são os métodos de derivação espetral, que são executados em funções derivadas polinomiais ou ferramentas de filtragem para tratar o ruído multiplicativo e aditivo e os desvios da linha de base (Savitzky & Golay, 1964). Num contexto mais específico, a linha de base é corrigida com a primeira derivada, enquanto a segunda derivada é utilizada tanto para a linha de base como para as tendências lineares. Os métodos de derivação tornam-se operacionais através de diferenças finitas entre dois pontos espectrais subsequentes na primeira derivada, e entre dois pontos sucessivos na prática da derivada de segunda ordem. Tanto as técnicas de derivação SG como NW acabam por refinar e suavizar os dados espectrais, mantendo a relação sinal-ruído inalterada (Rinnan et al., 2009).

O método da derivada SG funciona por suavização, estimativa e diferenciação. O ruído mais elevado do instrumento ou de fundo é eliminado pela escolha de uma janela de suavização maior, geralmente 7-11 pontos, e o ajuste polinomial de segundo ou quarto grau é adequado para a resolução. A primeira e a segunda derivadas e a deconvolução foram utilizadas no estudo do processamento de espectros SERS para a contaminação por fumonisina no milho (Lee & Herrman, 2016). Os dados obtidos foram pré-processados primeiro, corrigidos para a linha de base e normalizados para possíveis alterações induzidas no deslocamento Raman por meio de condições físicas, instrumentais e laboratoriais. A derivação NW procede em duas etapas: (1) suavização dos espectros através da média de um conjunto de pontos nos dados e (2) após a suavização, os dados espectrais são melhorados através da derivação de primeira e segunda ordem, em que a diferença entre dois valores suavizados com um determinado tamanho de intervalo (superior a zero) é utilizada e considerada duas vezes num ponto e distância de intervalo adequados. O conceito de intervalo nos dados é frequentemente utilizado para a componente de frequência (fixa) e corresponde à distância entre dois valores de pico no sinal. No entanto, não existe um fundo de frequência para a espetroscopia Raman e, por conseguinte, a razão pela qual é menos popular do que a SG (Norris & Williams, 1984). Os gráficos inseridos na Figura 1.3 representam vários espectros da espetroscopia Raman, que são corrigidos e suavizados em relação à linha de base, à redundância e às variáveis não informativas e, em seguida, a qualidade dos alimentos é avaliada utilizando algoritmos de seleção de variáveis, qualitativos e quantitativos.

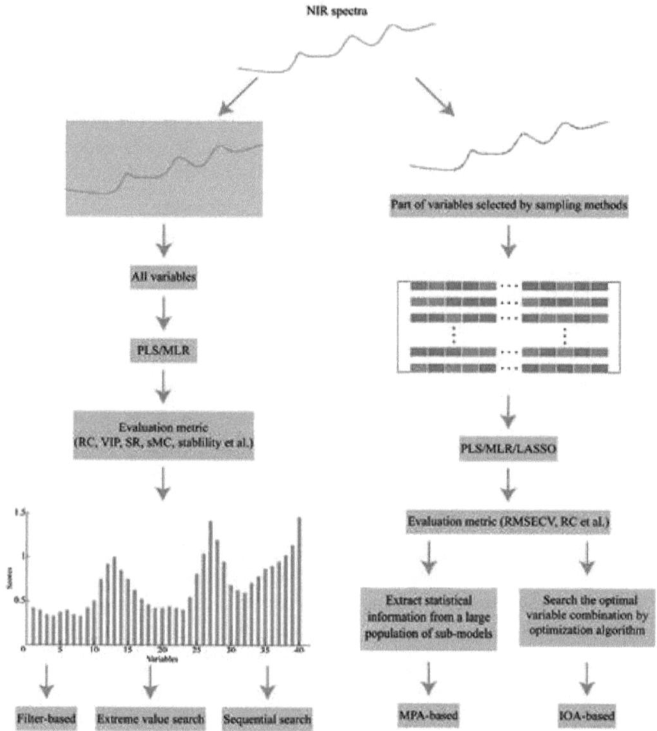

Figura 1.3 Os gráficos nos esquemas representam os algoritmos de pré-processamento aplicados às correcções da linha de base e à redução da redundância da espetroscopia Raman e, em seguida, utilizando algoritmos qualitativos, de seleção de variáveis e quantitativos para analisar a qualidade dos alimentos.

1.4.2 Métodos de seleção das variáveis de comprimento de onda

A análise que utiliza uma região espetral completa do Raman/SERS por vezes não fornece um modelo de previsão multivariada eficaz. No entanto, a escolha das regiões mais adequadas (variáveis) nos espectros completos aumentará a robustez do modelo. Por conseguinte, a utilização de algoritmos/modelos de seleção de variáveis diferentes e comparativos com o objetivo comum de obter boas previsões não só proporciona uma melhor eficiência temporal no caso da análise espetral completa, como também promove a capacidade de previsão do modelo mais adequado. Existem várias abordagens de seleção de comprimentos de onda para dados espectroscópicos ou, em geral, modelos de seleção de variáveis (Andersen & Bro, 2010). Os algoritmos de seleção de variáveis mais utilizados incluem os algoritmos genéticos (GA), o intervalo de sinergia (Si), a amostragem reponderada adaptativa competitiva (CARS), a rã aleatória (RF) e a otimização por colónia de formigas (ACO).

1.4.2.1 Algoritmos genéticos

O modelo GA utiliza o princípio da seleção natural e foi desenvolvido por Leardi (1996). A ideia principal deste algoritmo é a simplificação e a redução das variáveis e do ruído. Aplicado à seleção de caraterísticas, o conceito de variáveis híbridas é mais comummente utilizado de forma a que a sua integração com os mínimos quadrados parciais (PLS) permita uma maior robustez. Assim, na literatura, são utilizados algoritmos híbridos para obter as melhores condições experimentais. O tipo de AG mais comummente utilizado é o AG-PLS, que é estabelecido pela fusão dos dois. As execuções do AG são realizadas por cinco componentes: (1) avaliação, (2) seleção, (3) recombinação, (4) mutação e (5) reinserção. Assim, cada passo é repetido até se obter um critério ótimo. Como referido, com base no princípio da genética, as caraterísticas espectrais cujos genes sobrevivem durante a primeira geração são transferidas para a seguinte (Kutsanedzie et al., 2018). O desempenho de tais modelos é avaliado com base em comparações e cálculos. Estes incluem o coeficiente de correlação do conjunto de calibração (R_C) e o coeficiente de correlação do conjunto de previsão (R_P); a raiz do erro quadrático médio da validação cruzada (RMSECV), a raiz do erro quadrático médio da previsão (RMSEP) e o valor do rácio do desvio de desempenho (RPD). O RPD é o rácio entre o desvio padrão do conjunto de previsões e o RMSEP. O modelo é avaliado com base no RPD, sendo que o seu valor igual ou superior a 3 indica um bom desempenho, entre 2 e 3 especifica a sua viabilidade para o rastreio, enquanto um valor inferior a 2 indica um desempenho insatisfatório do modelo (Guo et al., 2016). Além disso, podem ser necessários valores mais elevados de Rp e Rc e valores mais baixos de RMSECV e RMSEP para criar modelos de previsão excelentes, ao passo que, para a previsão, é necessária uma diferença mínima entre cada um dos dois pares. O GA-PLS é aplicado num estudo (Hassan et al., 2019) para a determinação baseada em SERS dos pesticidas ácido 2,4-diclorofenoxiacético (2,4-D) e acetamipride (AC) no chá. Os resultados do modelo GA-PLS foram RPD de 6,23 e 6,53 e R_P de 0,9923 e 0,99243, respetivamente, indicando um excelente desempenho para a deteção de 2,4-D e AC.

1.4.2.2 Amostragem reponderada adaptativa competitiva

O CARS, como algoritmo de seleção de variáveis, é utilizado para selecionar os principais comprimentos de onda (Li et al., 2009). Neste caso, o valor absoluto dos coeficientes de regressão, que é normalmente maior, é selecionado a partir dos modelos PLS para a significância de cada variável. Com base no princípio da seleção natural, a seleção de N subconjuntos de variáveis é efectuada iterativamente por N amostragens e funciona nos seguintes passos: (1) amostragem de Monte Carlo para calibrar o PLS escolhendo a razão fixa de amostras e selecionar o valor absoluto elevado; (2) por função exponencialmente decrescente para escolher comprimentos de onda para remover variáveis de valor absoluto baixo; (3) amostragem reponderada adaptativa e RMSECV para selecionar variáveis importantes nos seus respectivos pesos com base nas probabilidades; e (4) construção de um novo subconjunto a partir dos comprimentos de onda restantes para o próximo ciclo de cálculo, em que o subconjunto final de comprimentos de onda será adquirido. É escolhido o subconjunto com o RMSECV mínimo. A informação sobre o algoritmo CARS pode ser encontrada na literatura (Li et al., 2009). O SERS acoplado ao CARS foi aplicado para examinar o 2,4-D do leite, em que a análise comparativa revelou os resultados para o modelo CARS-PLS com um limite de deteção (LOD) de 0,01 ng/ml, $_{RP}$ = 0,9836 na faixa de 10'₂ a 106 ng/ml mostrando bom desempenho (Xu et al., 2019).

1.4.2.3 Intervalo de sinergia

O algoritmo SiPLS foi desenvolvido por N0rgaard et al. (2000). Este método funciona da seguinte forma, utilizando o PLS de espectros completos: em primeiro lugar, a divisão dos dados espectrais completos num número de vários intervalos espectrais; em seguida, o estabelecimento do modelo PLS de espectros completos para garantir que todas as combinações possíveis dois, três e quatro foram consideradas para os intervalos espectrais. Tal como o algoritmo CARS, o RMSECV com os valores mais baixos é escolhido como o ótimo. Este algoritmo utiliza o poder das combinações de múltiplos intervalos, o que é mais eficaz na previsão do que o modelo PLS convencional de espetro completo. O SiPLS foi utilizado no estudo do ácido total, do açúcar total, do pH e do teor de etanol do vinho de arroz, em que numerosas informações espectrais colineares e redundantes estão presentes nos espectros Raman (Wu et al., 2016). O modelo de calibração remove informações indesejadas da matriz com 2644 variáveis nos espectros Raman e apenas cerca de 500 variáveis foram selecionadas como subintervalos. A diminuição das variáveis em 84,23% para o teor de etanol simplificou os modelos de regressão, poupando assim o tempo de cálculo.

1.4.2.4 Algoritmo da rã aleatória

Baseia-se no método de Monte Carlo da cadeia de Markov de salto reversível, em que as variáveis são adicionadas e eliminadas, aumentando a capacidade de previsão do modelo. São utilizados os mesmos parâmetros que outras abordagens de seleção de variáveis para examinar a sua capacidade de previsão. O princípio mais detalhado, os antecedentes e o estabelecimento do algoritmo de RF podem ser resumidos noutro local (Yun et al., 2013). A espetroscopia Raman foi usada para clorpirifós a 341 cm^{-1} na superfície da pera para projetar um modelo de deteção quantitativa, nomeadamente RF e outros (Du et al., 2019). O RF tem um desempenho melhor do que outros modelos com um coeficiente de correlação (R^2) de 0,8495 e 0,9003 nos conjuntos de testes de treino e previsão. Isto indica a sua adequação para a identificação de resíduos de pesticidas utilizando RF.

1.4.2.5 Otimização por colónia de formigas

É utilizado para a variável redundante em bandas vibracionais e pode ser aplicado a dados de elevada dimensão. Sem afetar a eficiência dos dados espectrais, pode ser utilizado para melhorar o tempo de cálculo e a robustez da correlação. É inspirado no comportamento das colónias de formigas que se deslocam num caminho específico em direção a fontes de alimento (Allegrini & Olivieri, 2011). A conceção dos algoritmos ACO iniciais foi utilizada para resolver problemas de ordenação. O ACO-PLS escolheu as porções relevantes obtidas a partir de espectros completos e inspeccionou-as posteriormente nas dimensões espaciais em caminhos definidos, representados pelos códigos 1 ou 0, se selecionados ou não. Um exemplo de utilização de ACO para a análise de carne indica que a previsão do declínio do pH pode ser determinada com precisão com as respectivas origens de impressões digitais que podem ser utilizadas a partir do pré e pós-rigor, ou aparentemente empregando entre quaisquer espectros Raman medidos (Nache et al., 2016).

1.4.3 Quimiometria qualitativa

1.4.3.1 Análise hierárquica de clusters

Como método de clusterização, estabelece a organização da amostra entre grupos e descobre uma hierarquia (Granato et al., 2018b). O modelo de análise de agrupamento hierárquico (HCA), após ser aplicado a um determinado conjunto de dados, é representado por um dendrograma. Trata-se de um gráfico que representa a organização das amostras em forma de árvore. Na HCA, são utilizadas duas abordagens para o agrupamento, nomeadamente, aglomerativa ou divisiva. No primeiro caso, cada amostra individual, que é considerada inicialmente um agrupamento, é agrupada num par de agrupamentos. No segundo caso, ou seja, na abordagem divisiva, o algoritmo é iniciado como um agrupamento para todas as amostras e, subsequentemente, são efectuadas divisões recursivas. É utilizada uma métrica adequada de distância entre amostras (geralmente, distância Euclidiana, de Mahalanobis ou de Manhattan) e um critério de ligação para obter a agregação entre grupos. As variantes mais comuns do critério de ligação são a ligação completa, simples, média e de Ward. A qualidade do trigo foi determinada por análise de componentes principais (PCA) e HCA usando microscopia Raman, estimando o conteúdo de L-cisteína e L-cistina (Cebi et al., 2017). A HCA e a PCA foram analisadas na gama espetral de 500 a 2000 cm^{-1} (região da impressão digital). O limite de deteção para a L-Cistina foi de 0,125% (w/w) nas várias amostras de farinha de trigo. Apesar de se estabelecerem as possíveis ligações entre clusters e padrões para classificar e compreender os dados, existem algumas falhas potenciais. A utilização exclusiva do HCA pode raramente fornecer a melhor solução ou a solução óptima, particularmente na presença de outros algoritmos derivados. As decisões arbitrárias envolvidas, a seleção do número de clusters a derivar dos dados e a escalabilidade podem conduzir a uma interpretação deficiente ou errada. Por conseguinte, é importante basear-se em conhecimentos teóricos para selecionar de forma inteligente o tipo de agregado para resolver o problema na ciência alimentar e nos atributos de qualidade. Além disso, seu uso com outros métodos, como a PCA, também fornece solução completa sem a necessidade de análises adicionais (Granato & Ares, 2014; Granato et al., 2018a; Zielinski et al., 2014; Cebi et al., 2017).

1.4.3.2 Análise discriminante linear

Como algoritmo de classificação probabilística, a análise discriminante linear

(LDA) descobre a separação máxima entre categorias nas variáveis canónicas. As variáveis canónicas iniciais estão correlacionadas com o rácio de variância interclasses e intraclasses mais elevado. O fator-chave na LDA é o rácio entre o número de objectos e variáveis, sendo necessário um número superior ao das variáveis para os objectos. O desempenho do LDA é melhor na prática e recomendado, se o número de objectos for três vezes ou pelo menos três em comparação com as variáveis. O critério de execução do modelo não é cumprido se o número de variáveis for demasiado grande, as quais são reduzidas antes da aplicação da LDA (Casale et al., 2010). A LDA acoplada a Raman foi aplicada a produtos de creme de leite para discriminar e classificar as amostras com base no seu teor de gordura para diferentes óleos análogos (Nedeljkovic et al., 2017). Com um arranjo linear distinto, as amostras foram separadas facilmente com componentes principais (PCs) indicando a variação na insaturação lipídica. Uma sobreposição substancial foi encontrada apenas com amostras de óleo de palma e de coco, mas uma separação eficiente da gordura do leite e do óleo de girassol com Raman-LDA confirmou sua aplicabilidade viável na classificação.

No entanto, existem várias desvantagens associadas ao LDA, uma vez que é essencialmente um método estatístico paramétrico e não funcionará de forma fiável, se o desenho não for equilibrado ou se as distribuições forem significativamente (altamente) não-Gaussianas, a sua utilização não é recomendada. O método é sensível ao sobreajuste, ou a validação LDA é problemática, apesar de fornecer resultados facilmente compreensíveis. A sua extrema sensibilidade aos outliers e a sua inaplicabilidade ou inferioridade na resolução de problemas não lineares são outras deficiências associadas (Granato et al., 2018a; Zielinski et al., 2014).

1.4.3.3 Análise discriminante de mínimos quadrados parciais

Evoluindo da calibração multivariada PLS para fins de classificação, a análise discriminante por mínimos quadrados parciais (PLS-DA) é um método supervisionado (Almeida et al., 2013). Os dados adquiridos são transformados pelo PLS num conjunto de poucas variáveis latentes lineares intermédias (componentes) (Lenhardt et al., 2015), que são utilizadas para prever as variáveis dependentes designadas por variáveis de classe. Esta variável relaciona-se com o facto de uma determinada amostra pertencer a uma determinada classe, e assim, a sua previsão em novas amostras. O PLS-DA contém informações sobre a separação de classes; no entanto, é influenciado pela distribuição do tamanho da amostra e pelo número de classes. Este facto limita o PLS-DA a ser adequado apenas quando é utilizado um número reduzido de classes com muitas amostras a diferenciar. Além disso, a regressão preliminar necessária nas operações de PLS-DA também é sensível a outliers (Granato et al., 2018a).

Os modelos de regressão multivariada PLS-DA e alike acoplados ao Raman com transformada de Fourier (FT-
Raman) foram aplicados para discriminar entre amostras de mel da Córsega e outras amostras de mel na Áustria, Itália, Irlanda, França e Alemanha (Mei et al., 2018; Pierna et al., 2011). A variação do nível do mel deve-se à grande variação das plantas nas diferentes regiões geográficas. Os modelos comparativos semelhantes aos dados FT-Raman, tais como técnicas exploratórias, incluindo o

critério de Fisher para a seleção do número de onda e métodos supervisionados como máquinas de vectores de apoio (SVM) juntamente com o PLS-DA, têm o rácio de classificação entre 85% e 90% em média. Este facto indica a adequação das calibrações multivariadas para distinguir as amostras de mel de acordo com a sua origem geográfica.

Os problemas relacionados com a classificação são resolvidos de forma eficaz através da análise discriminante, desde que as amostras identificadas pertençam a uma classe predefinida. No entanto, se a classe da amostra não estiver predefinida, a análise discriminante pode não atribuir corretamente a sua pertença. Por conseguinte, em problemas relacionados com a autenticação, a informação relativa a todas as classes pode ser incluída no algoritmo para estabelecer um limiar de discriminação bem construído (Rodionova et al., 2016). O ruído aleatório surge frequentemente com a adição de mais variáveis latentes e existem complicações nas separações não lineares (Zielinski et al., 2014).

1.4.3.4 Análise de componentes principais

O termo PCA pertence a um grupo de análise de factores em cálculos estatísticos (Granato et al., 2018b). É utilizado para representar variações num conjunto de dados. Como modelo exploratório, diminui a dimensão da matriz de dados, comprimindo os dados espectrais em menos variáveis ou PCs. Os PCs são, de facto, as combinações lineares das respostas originais e são ortogonais entre si, sendo adquiridos iterativamente para manter a variação máxima dos dados das variáveis originais. Esta variação é calculada da seguinte forma: a variação da PC1 é superior à da PC2, e a da PC2 é superior à da PC3, e assim sucessivamente. A componente que apresenta a variação máxima é mais significativa do que as componentes de menor variação compostas por ruído e erro de medição. A PCA é utilizada como passo preliminar em numerosas aplicações para identificar e descrever padrões de dados. Num estudo, foi utilizada com êxito com a espetroscopia Raman para detetar e distinguir os níveis de adulteração para o conjunto de amostras de azeite contaminadas (com 5% ou mais), tais como óleo de milho e de colza, óleo de girassol e óleo de soja (Mei et al., 2024; Zhang et al., 2011).

A PCA permite a visualização dos dados (variáveis e observação) num espaço n-dimensional de forma estruturada, identificando a direção das variações. Na investigação alimentar, pode ser aplicada não só para avaliar a informação físico-química e química, mas também aos dados hedónicos para identificar padrões de produtos para campanhas publicitárias (Zielinski et al., 2014). Apesar de os PCs fornecerem a máxima variância entre as caraterísticas de um dado, é provável que, se não forem cuidadosamente escolhidos, algumas informações possam ser negligenciadas, uma vez que os PCs não são tão legíveis como as caraterísticas originais. Em problemas práticos de classificação, apesar da separação clara entre objectos utilizando PCA, é aplicado um algoritmo supervisionado em paralelo (Granato et al., 2018a).

1.4.3.5 Modelação suave e independente de analogias de classe

A modelação independente suave de analogias de classes (SIMCA) é uma técnica de modelação de classes ou modelo PCA para uma classe individual, que diferencia e identifica a origem da amostra comparando-a com uma variância residual de uma classe modelada com a da amostra desconhecida (Casale et al., 2010; Luna et al., 2013). Por conseguinte, para cada classe, podem ser escolhidos PCs óptimos e o melhor modelo SIMCA é estabelecido quando a distância entre as classes é máxima (Luna et al., 2013). Normalmente, o número K de componentes que definem o espaço da estrutura, o espaço interior, o espaço do ruído e os PCs do espaço exterior são utilizados no estabelecimento do modelo. Trata-se de um modelo de hipervolume no espaço de componentes delimitado pelo intervalo normal. A sensibilidade e a especificidade de um modelo de classe é a fração dos objectos provenientes da classe aceites e rejeitados pelo modelo estudado. O SIMCA foi utilizado para o chá oolong, uma vez que a localização geográfica é um fator importante no seu preço de mercado, em conjunto com o SERS. O método foi utilizado para construir e estabelecer um modelo de classificação para identificar estações, localizações e altitudes do chá oolong. As altitudes foram definidas como elementares e intermédias, sendo que a elevação superior foi considerada com PCA e SIMCA a serem empregues. O SIMCA fornece resultados relativamente melhores (81,8%, 72,7% e 81,8%, respetivamente) para a classificação de locais, estações e elevações (Liao & Chen, 2017).

Uma modificação do SIMCA conhecida como DD-SIMICA (Pomerantsev & Rodionova, 2014) é mais adequada para problemas relacionados com a autenticação. No entanto, o SIMCA depende do PCA, pelo que a escolha dos PC influencia os resultados, o que é facilitado pelo seu número mínimo para o qual o conjunto de treino é classificado corretamente. Além disso, apesar de sua sensibilidade aos outliers, eles podem ser reconhecidos pelo método (Granato et al., 2018a). Apesar de sua natureza robusta nos casos em que a resposta analítica dissimilar está presente em diferentes classes, é difícil interpretar ou perceber a direção do motivo pelo qual as classes se separam (Zielinski et al., 2014).

1.4.4 Quimiometria quantitativa

1.4.4.1 Mínimos quadrados parciais

O PLS corresponde a uma técnica de modelação espetral completa, por vezes designada por regressão por mínimos quadrados parciais (PLSR) (Riahi et al., 2008). Pode ser utilizada para dados relativamente complexos para identificar as caraterísticas espectrais e as concentrações de uma substância, comparando-as com os dados convencionais de química húmida ou com as concentrações reais. É normalmente aplicado quando a matriz de preditores tem mais variáveis do que as observações e quando existe multicolinearidade entre os valores X. Neste modelo, os dados da matriz X são submetidos a um pequeno número de variáveis subjacentes ("latentes") ou componentes PLS. A matriz Y é utilizada simultaneamente para a previsão das componentes PLS em X, o que é mais adequado para a estimativa das variáveis Y. As variações nos dados espectrais são inicialmente confirmadas pelo PLS seguido da sua combinação com outros modelos de calibração multivariada de seleção de variáveis, tais como Si-PLS, GA-PLS, RF-PLS, etc. (Deng et al., 2015; Wang et al., 2019). Na sua utilização exclusiva, para a deteção de produtos químicos ricos em azoto, melamina e seus análogos, foi aplicado após a aplicação do alisamento SG com validação cruzada leave-one-out. O limite de identificação obtido para a melamina foi de 2,0 ppm em amostras de leite líquido e o valor do modelo RMSEP foi de $1,48 \times 10^{-5}$. A quantificação do cianúrico com a sua forma ceto-enol foi mais difícil no procedimento SERS-PLS proposto devido ao seu rápido tautomerismo cetoenol. Além disso, a concentração de melamina identificada por PLS é mais elevada e a quantificação não pode ser efectuada de forma fiável numa gama muito inferior. Esta pode ser a razão para a sua utilização em conjunto com outros tipos de algoritmos ou é necessária mais investigação para melhorar os dados SERS (Liu et al., 2010).

1.4.4.2 Regressão linear múltipla

A ferramenta de calibração da regressão linear múltipla (MLR) é muito simples em termos de funcionamento e no decurso do desenvolvimento do modelo. É simplesmente designada por regressão múltipla, um modelo estatístico que funciona com base no princípio de diferentes variáveis explicativas (independentes), que são utilizadas para estabelecer e determinar o resultado de uma variável de resposta (dependente). O objetivo da implementação de um modelo estatístico de RLM é estabelecer a linearidade entre as duas variáveis (Guillen-Casla et al., 2011). Este procedimento é estabelecido através da escolha da variável com maior correlação com y. Em seguida, é selecionada uma variável xi com um coeficiente de regressão e é examinada a sua significância. No caso de se utilizar o teste t, a variável xi é mantida e a significância de outra variável é examinada de acordo com o coeficiente de correlação parcial. A inclusão de uma nova variável pode diminuir o desempenho do modelo para qualquer variável previamente selecionada e a sua respectiva significância nos termos da regressão é testada em cada nova inclusão. As variáveis são também eliminadas com base na sua não significância e o processo prossegue até se obter um critério de seleção ótimo para a melhoria do modelo, até que não se verifique qualquer melhoria adicional e, nessa altura, todas as variáveis significativas tenham sido adicionadas (Fernandez, 2005). O SERS tem sido utilizado para a quantificação e classificação de aflatoxinas em amostras de milho contaminadas. Para reduzir os problemas de variação espetral devidos à instabilidade das nanopartículas juntamente com a amostragem, foram resolvidas as variações de lote para lote e os dados foram submetidos a MLR. O modelo proporcionou uma maior precisão de previsão e uma menor taxa de erro na análise comparativa utilizando PCR e PLSR com um $R^2 = 0,939$-$0,967$ (Lee et al., 2014).

1.4.4.3 Regressão de componentes principais

A regressão por componentes principais (PCR) é estabelecida através da fusão da PCA com a MLR (Luca et al., 2017). É aplicada para resolver problemas de multicolinearidade e dimensionalidade. Os problemas de dimensionalidade estão normalmente presentes, em certa medida, em variáveis correlacionadas. O modelo funciona e começa com a divisão da matriz de dados (x) em PCs ortogonais. Os primeiros PCs são regredidos como preditores contra a MLR na variável ou resposta no eixo y e responsável por todos os dados brutos. A PLSR será empregue para estabelecer as combinações lineares e a variação entre ambos os preditores. O valor de y foi previsto por variáveis latentes, conforme discutido acima, o que aumenta a covariância entre as variáveis x e y. Posteriormente, os valores de x e y serão divididos em pontuações de factores e cargas de factores, de modo a utilizar a parte relevante da variação de x utilizada na regressão, ignorando o ruído nos dados espectrais. Os factores são escolhidos individualmente para cada modelo através de validação cruzada leave-one-out (Luca et al., 2017). Um relatório recente emprega PLSR e espetroscopia Raman acoplada a PCR para problemas relacionados à adulteração, onde a banha é quantificada na manteiga com capacidades de previsão na faixa entre 0% e 100% para gordura de banha (w / w) (Taylan et al., 2020).

1.5 riscos potenciais nos géneros alimentícios

Sabe-se que os fertilizantes químicos, pesticidas, insecticidas, aditivos alimentares e produtos químicos relacionados com o sector agroalimentar para a produção, armazenamento e manutenção das culturas poluem o ambiente. Estes produtos químicos, através de diferentes vias, podem ter um impacto na saúde humana e a sua monitorização foi desejada para conseguir melhores campanhas de segurança alimentar. O Raman e o SERS têm sido explorados de forma viável para essas aplicações, apesar da carga espetral pouco informativa, da interferência do ruído de fundo e da auto-absorção da fluorescência nos seus espectros, que impedem a sensibilidade global de um método analítico. Seguidamente, serão discutidos diferentes modos de quimiometria para os dados espectrais SERS/Raman numa série de riscos potenciais.

1.5.1 Pesticidas

Os resíduos de pesticidas são uma das classes mais investigadas em Raman e SERS com recurso a calibrações multivariadas, devido à sua enorme utilização na agricultura. Vários tipos de algoritmos, tais como PLS, PCA, SG, GA, RF e SIMCA, têm sido amplamente utilizados para pesticidas em diferentes matrizes alimentares. A Tabela 1.1 mostra os pesticidas analisados por quimiometria acoplada à espetroscopia SERS e Raman numa variedade de géneros alimentícios. Na matriz de chá e produtos à base de chá, AC e 2,4-D (Hassan et al., 2019), imidaclopride (Chen et al., 2019), clorpirifós (Mei et al., 2024; Zhang et al., 2019; Zhu et al., 2019; Zhu et al., 2018) e flusilazol (Chen et al., 2020) foram estudados usando algoritmos quimiométricos. O resíduo de imidaclopride no chá foi determinado usando uma nanoestrutura de fita em forma de flor como substrato para sua rápida quantificação usando SERS acoplado aos algoritmos quimiométricos (Chen et al., 2019). Após o pré-tratamento dos espectros, o modelo GA-PLS apresenta superioridade em comparação com outros modelos e a sua utilidade para o resíduo de imidaclopride em matrizes complexas. A matriz de arroz também foi examinada para resíduos de acefato e clorpirifos (Huang et al., 2015; Weng et al., 2020) utilizando calibrações multivariadas. As frutas e os sumos/bebidas são a matriz mais amplamente investigada entre os géneros alimentícios para a análise de resíduos de pesticidas utilizando algoritmos quimiométricos (Albuquerque & Poppi, 2015; Alsammarraie et al., 2018; Alsammarraie & Lin, 2017; D'Agostino et al, 2020; Dong et al., 2018; Du et al., 2020; Feng et al., 2017; Hong et al., 2017; Lin et al., 2018; Liu et al., 2013;

Mandrile et al., 2018; Teixeira & Poppi, 2020; Weng et al., 2018; Wijaya et al., 2014; Yande et al., 2016; Zhao et al., 2019). [20]

O estudo espetroscópico Raman para a concentração de clorpirifos na superfície de frutos de pera foi investigado utilizando a regressão aleatória de sapos (RFR) e PLSR (Du et al., 2019). Os resultados indicaram que o RFR mostrou melhor valor R^2 do que o PLSR. Da mesma forma, o clorpirifos também foi investigado no suco de frutas por polímeros molecularmente impressos - (MIPs) -SERS usando PLS e PCA (Feng et al., 2017). Os MIPs foram sintetizados como polimerização em massa, onde o pesticida

é seletivamente adsorvido na superfície do sumo de maçã. Os modelos de regressão PCS e PLS (Rc = 0,9885 e RMSEC = 0,0453) confirmam ainda mais a quantificação do método a nível de vestígios (0,01 mg/L) no sumo de maçã. O resíduo de pesticida também foi determinado usando vários modelos de calibração multivariada em pimentão vermelho (Li et al., 2017), milho (Liu et al., 2017), Pak hoi (Huang et al., 2016) e leite (Xu et al., 2019).

Quadro 1.1 Quantificação de resíduos de pesticidas numa variedade de géneros alimentícios com base em SERS e quimiometria acoplada.

Alvo alimentar tipos de pesticidas	Substrato SERS	Análise quimiométrica	Desempenho do modelo	Intervalo de deteção/LOD	Refs
Diferentes produtos de chá					
Matcha AC, chá 2,4-D		GA-PLS	RPD = 6,53, 6,23, Rp = 0,9943, 0,9923 para AC e 2,4-D	LOD do CA: 2,63 x 10^{-5} pg/g LOD do 2,4-D: 4,15 x 10-5 pg/g	Hassan et al. (2019)
	Nanopartículas de ouro e prata (Au@Ag NPs)				
Chá Oolong Flusilazole	Nanofibras de celulose revestidas com nanopartículas de prata (AgNPs)	PLS	RMSEP = 0,859 RPD = 2,45	LOD = 0,5 mg/kg	Chen et al. (2020)
Chá verde de Imidaclopride	Nanoflor de prata	GA-PLS	Rp = 0,9702, RPD = 4,95%	$1,0 \times 10^3$ - 1,0 x 10-4 pg/mL	Chen et al. (2019)
CháClorpirifos produtos	Floral AgNPs	APC	R^2 = 95,045%	LOD = 10^{-10} M	Zhang et al. (2019)
CháClorpirifos	NPs Au@Ag	Análise populacional de combinação de intervalos - redundância mínima relevância máxima	Rc = 0,9917, Rp = 0,9895, RPD = 6,8797, RMSEC = 0,1998, RMSEP = 0,2271	1,0 x 10-4 - 1,0 x 10-8 M	Zhu et al. (2019)
CháClorpirifos	NPs Au@Ag	SNV, GA-PLS, siPLS-GA	r^2 = 0,96-0,98, RMSEP = 0,29, 0,31	1,0 x 10-4 - 3,0 x 10-9 M	Zhu et al. (2018)
Frutas e sumos de					

frutas

Tipo de alimento	Pesticidas alvo	Substrato SERS	Análise quimiométrica	Desempenho do modelo	Intervalo de deteção/LOD	Refs
Pomo Frutos de pirimetanil		AuNPs	PLS	RMSECV = 4,79 ppm; RMSEP = 4,31 ppm	0-40 mg/kg	Mandrile et al. (2018)
Sumo	Tiabendazol	Nanobastões de ouro	Segunda derivada, transformação, PLS	R = 0,99, 0,98 e 0,99 para os sumos de limão, cenoura e manga	LOD = 149, 216, 179 pg/L em sumo de limão, cenoura e manga	Alsammarraie et al. (2018)
Sumo de maçã	Atrazina	AuNPs	Correção automática da linha de base, SG, regressão linear simples	R^2 > 0,9	LOD = 0,0012 m g/L	Zhao et al. (2019)
Sumo de maçã	Clorpirifos	AgNPs	PCA, PLS	RMSEC = 0,0453; R^2_c = 0,998	LOD = 0,01 mg/L	Feng et al. (2017)
Fruta sumo e leite	Carbaril resíduos	Ouro matrizes de nanobastões	PLS	r = 0,91, 0,88, 0,95 para sumo de laranja, sumo de toranja, leite	LOD = 509, 617, e 391 ppb em sumo de laranja, sumo de toranja, leite	Alsammarraie et al. (2017)
Arroz de palha	Deltametrina	AuNPs	MSC, intervalo regressivo PLS	R^2 p = 0,93, RMSEP = 4,66 mg/L, RPD = 3,59	LOD = 0,1 mg/L	Dong et al. (2018)
Extrato de laranja	Tiabendazol	AuNPs	PLS	RMSEP = 0,298 R^2 = 0,993	0,0-2,5 pg/g	Hong et al. (2017)
Fruta superfícies	Carbaril, fosmete e azinfos-metilo	Ouro nanosubstratos	PLS, PCA	R = 0.84, 0.98, 0.85 e RMSEP = $1,954 \times 10^{-5}$, $7,269 \times 10^{-6}$, $1,823 \times 10^{-5}$ para o carbaril, o azinfos-metilo, o fosmete	LOD = 4.5, 6.51, 6,66, 5,35, 2,91, 2,94 ppm em maçãs e tomates para carbaril, azinfos-metilo, fosmete	Liu et al. (2013)
Cascas de frutos e legumes	Fenthion	AgNPs	RF	RMSECV = 0,0101 mg /L	LOD = 0,05 mg/L	Weng et al. (2018)
Apple	AC	Dendritos de prata	PCA, PLS	RMSEC = 0,683 R^2 = 0,982	LOD = 3 ppm em sumo de maçã, LOD = 0,125	Wijaya et al. (2014)

Tipo de alimento	Pesticidas alvo	Substrato SERS	Análise quimiométrica	Desempenho do modelo	Intervalo de deteção/LOD	Refs
			PLS	RMSECV = 0,7 ppm	pg/cm² em superfícies de maçã 0-7,5 mg/kg	
Cascas de maçã	Fungicida tirame	Nanoplacas de prata		RMSEP = 0,7 ppm		D'Agostino et al. (2020)
Peras	Clorpirifos	AuNPs	Regressão RF, PLS	R^2 c = 0,9003, R^2 p = 0,8495	LOD = 0,09 g/kg	Du et al. (2019)
Cascas de manga	Tiabendazol	AuNPs	SIMCA	Seletividade = 94% Sensibilidade = 92%	LOD = 2,0 ppm	Teixeira e Poppi (2020)
Cascas de alimentos	Malatião	AuNPs	Métodos de calibração de curvas multivariadas com mínimos quadrados alternados	R^2 = 94,13 no tomate R^2 = 64,26 na ameixa Damson	LOD = 0,123 mg /L	Albuquerque e Poppi (2015)
Laranja superfícies	Fosmete e clorpirifos	Ag nanoestruturas	PLS, MSC, primeira e segunda derivadas	Fosmete: r = 0,852, RMSEP = 5,177 mg/L. Clorpirifos: r = 0,843, RMSEP = 2,992 mg/L	Fosmete: 5-30 mg/L clorpirifos: 5 20 mg/L	Yande et al. (2016)

Carne e produtos à base de carne

Tipo de alimento	Pesticidas alvo	Substrato SERS	Análise quimiométrica	Desempenho do modelo	Intervalo de deteção/LOD	Refs
Peixe	Furazolidona, enrofloxacina, verde de malaquite (MG)	Kla-Rite, Q-Substrato SERS	PCA, PLS	R^2 = 0,922 e 0,843 para a furazolidona e MG	LOD = 1 pg/g, 200 ng/g para Furazolidona e MG	Zhang et al. (2012)
Filetes de peixe	Verde de leucomalácia (LMG) e MG	Substrato Q-SERS revestido a ouro	PCA, PLS	RMSEV = 1,97-2,21 n g/g, R^2 = 0,984-0,988	1-5 ppb	Zhang et al. (2012)
Peixe	MG, CV	Nanobastões de ouro	PCA, PLS	R 2= 0.87-0.89	LOD = 1ppb para MG e CV	Chen et al. (2017)
Filetes de peixe	CV e violeta leucocristalino	Coloide de ouro	PLS	RC^2 = 0,889; RP^2 = 0,857	LOD = 1 ng/g	Li et al. (2014)
Músculo alimentos	Sulfamerazina, sulfametazina e sulfametoxazol	Klarite revestida a ouro	PLS, PCA	R^2 = 0,8149 - 0,9009	LOD = 10 ng/mL	Lai et al. (2011)
Carne de porco	Ractopamina (RAC) e cloridrato de clenbuterol (CL)	AuNPs	Mínimos quadrados penalizados com reponderação iterativa adaptativa,	r do CCR: -0,9726 r de CL: 0,9842 A taxa de exatidão total da identificação de CCR e CL atingiu 100%.	RAC: 0,1-15 mg/L CL: 0,1-15 mg/L	Zhao et al. (2017)

			transformada wavelet, LS-SVM Diversos			
Arroz	Acefato	Nanobastões de ouro	PLS, PCA	PLS: RMSEV = 5,4776, RV^2 = 0,9560, PCA: RMSEP = 6,2845, RP^2 = 0,9541	100,2-0,5 mg/L	Weng et al. (2020)
Arroz	Clorpirifos	GoldSNV, MSC, normalização de nanopartículas (AuNPs)	, MSC, n, PLS	Rp = 0,9734, RMSEP = 1,76 mg/L, RPD = 4,58	LOD = 0,506 mg /L	Huang et al. (2015)
Sino vermelho pimenta	Vestígios de tiofanato-metilo e do seu metabolito carbendazime	AgNPs	First-LS-SVM (primeira derivada - mínimos quadrados - máquinas de vectores de apoio)	RPD = 6,08, R^2 P = 0,986 e RMSEP = 0,473	0-8 mg/kg	Li et al. (2017)
Pak choi	Difenoconazole	AuNPs	SNV associado a PLS	Rp = 0,9458; RMSEP = 3,27 mg/L	LOD = 0,4143 m g/L	Huang et al. (2016)
Calos	Isofenfos-Metil	AuNPs	PLS	r = 0,9964, RMSEC = 0,146	LOD = 0,01 pg/g 0-5 pg/mL	Liu et al. (2017)
Violação	Tiabendazol	AgNPs	PLS	R^2 p = 0,94, RMSEP = 3,17 mg/L	LOD = 0,1 mg/L	Lin et al. (2018)

Resíduos de pesticidas e fármacos de aquacultura em peixes, produtos de peixe e carne de porco utilizando Raman e SERS também foram investigados utilizando o modelo de calibração PLS (Chen et al., 2017; Lai et al., 2011; Li et al., 2014; Zhang et al., 2012; Zhang et al., 2012; Zhao et al., 2017). Os produtos químicos provenientes da aquicultura, como a enrofloxacina, a furazolidona e o verde de malaquite, podem ser motivo de preocupação para a saúde pública, para além da contaminação ambiental, quando utilizados em grande escala e podem ser quantificados utilizando SERS combinados com PLS e PCA (Zhang et al., 2012). O violeta de cristal (CV) é amplamente utilizado em operações de pesca devido ao seu custo mais baixo e à sua capacidade de curar doenças fúngicas, microbianas e parasitárias relacionadas com peixes (Li et al., 2014). O SERS associado à regressão PLS foi utilizado para analisar vestígios de CV e do seu metabolito leucocristal violeta em filetes de peixe, utilizando fontes de laser de 633 e 780 nm. O valor R^2 para o PLS do CV real versus RMSECV situou-se entre 0,963 e 0,989 e foi obtida uma concentração mínima detetável de 1 ng/g. Em comparação com a solução padrão, a calibração PLS para o CV total e o violeta de leucocristal (n = 64, 20 para previsão) foi considerada menos satisfatória (validação cruzada R^2 = 0,889; previsão R^2 = 0,857) devido a interferências de componentes não visados no extrato de peixe.

1.5.2 Metais pesados

A industrialização moderna e o desequilíbrio do ciclo biogeoquímico aumentaram a suscetibilidade e a presença de metais pesados nos produtos alimentares, para além de outras toxinas. SERS e Raman foram aplicados para metais pesados como cromo, mercúrio e cádmio usando calibrações multivariadas nas matrizes alimentares. Por exemplo, Li et al. (2019) usaram os algoritmos quimiométricos acoplados ao SERS, como GA, ACO e SG, para o monitoramento rápido de mercúrio usando um substrato esférico Au@SiO2 em produtos lácteos. Os algoritmos GA e ACO foram aplicados comparativamente e os resultados mostraram um desempenho superior do modelo ACO-BP-AdaBoost com um forte valor de R^2 (0,997) e RMSEP (0,092) na gama de 0,1 a 1000 ppm em comparação com outros modelos. O número relativamente reduzido de estudos sobre a deteção de metais pesados em quimiometria acoplada a SERS pode possivelmente dever-se à indisponibilidade de um recetor ativo Raman específico ou à disponibilidade de técnicas mais diretas de análise elementar. Além disso, há uma série de estudos relatados para a quantificação de metais pesados em SERS, mas que não se enquadram no presente esquema porque não utilizam a quimiometria para o tratamento de dados ou utilizam alimentos como matriz.

1.5.3 Aditivos alimentares

Os corantes e aditivos alimentares utilizados na indústria alimentar têm um aspeto atraente, melhoram a aceitabilidade do produto e, em alguns casos, acrescentam valor nutricional aos alimentos. No entanto, estes aditivos alimentares sintéticos podem também causar toxicidade e são perigosos para o consumo humano. Tendo isto em conta, a Organização das Nações Unidas para a Alimentação e a Agricultura e a Organização Mundial de Saúde estabeleceram diretrizes e limites admissíveis (Ai et al., 2018). O SERS foi utilizado com sucesso para a previsão de quatro corantes alimentares, como o azul alimentar, o vermelho ácido, o amarelo-sol e a tartrazina. O estudo foi associado à PCA e os LODs obtidos situaram-se na gama de 5,3436 a 79,285 pg/L. A deteção de vestígios SERS também foi comunicada para a vanilina e derivados utilizando substratos de nanopartículas de prata semelhantes a flores em produtos de leite em pó utilizando um algoritmo de PCA melhorado (Liang et al., 2019). O SERS acoplado ao PCA também foi aplicado para a quantificação de corantes carmim (Wu et al., 2017). As tert-butil-hidroquinonas são utilizadas para prevenir a deterioração oxidativa em óleos vegetais sem efeito no sabor (Pan et al., 2014). O PLS e o SVM baseados em SERS investigaram os níveis de terc-butil-hidroquinonas em óleos vegetais (Pan et al., 2014). Os adoçantes artificiais foram identificados e analisados simultaneamente por espetroscopia FT-Raman usando modelos de calibração multivariada, como PLS, PLS de intervalo (iPLS) e PLS de sinergismo (siPLS) (Duarte et al., 2017). As espécies investigadas foram o acesulfame-K, o aspartame, o ciclamato e a sacarina em adoçantes de mesa em pó. Os resultados indicaram que os modelos de seleção de variáveis eram mais interpretáveis e melhores em comparação com o modelo PLS espetral completo.

1.5.4 Agentes patogénicos e metabolitos

Os agentes patogénicos de origem alimentar, como a Escherichia coli, a Salmonella, etc., têm suscitado um interesse considerável devido aos elevados riscos para a saúde que lhes estão associados. Existem numerosos estudos que examinam os agentes patogénicos, que são responsáveis por muitas doenças de origem alimentar (Wang et al., 2017). Uma vez que o SERS se baseia na ressonância plasmónica, a engenharia do substrato SERS pode ser concebida para servir como plataformas altamente fiáveis para detetar estas espécies e os seus metabolitos, especialmente após o seu acoplamento a calibrações multivariadas. Assim, surgiram vários métodos SERS e Raman para examinar agentes patogénicos, aflatoxina e aminas biogénicas em vários géneros alimentícios (Guo et al., 2019; Kutsanedzie et al., 2020; Rodriguez et al., 2017; Silge et al., 2014; Sundaram et al., 2013; Wang et al., 2015; Wang et al., 2017; Witkowska et al., 2017; Yang & Irudayaraj, 2003; Zhou et al., 2020). Num método de Witkowska et al. (2017), a PCA acoplada a SERS mostrou uma identificação e deteção rápidas e fiáveis de Cronobacter spp., Listeria monocytogenes e Salmonella spp. em leite em pó para bebés, ovos, salmão e ervas mistas. Os resultados indicaram que a PCA acoplada a SER tem boa aplicabilidade como plataforma alternativa de diagnóstico de microrganismos (Witkowska et al., 2017).

1.5.5 Aditivos ilícitos

Qualquer substância que seja adicionada aos alimentos para melhorar o seu aspeto e cuja adição a qualquer género alimentício não seja permitida pelas autoridades é denominada ilícita ou ilegal. As espectroscopias SERS e Raman têm sido utilizadas em conjunto com a calibração multivariada para detetar esses aditivos ilícitos (Bedward et al., 2019; Chen et al., 2011; Cheng & Dong, 2011; Cheung et al., 2010; Dhakal et al., 2016; Di Anibal et al., 2012; Gao et al, 2015; Haughey et al., 2015; He et al., 2015; Hu & Lu, 2016; Hu et al., 2015; Karunathilaka et al., 2017; Karunathilaka et al., 2018; Lin et al., 2019; Lin et al., 2008; Liu et al., 2010; Monago-Marana et al., 2019; Ou et al., 2017; Ryder et al., 1999; Xiong et al., 2017). A melamina é deliberadamente introduzida para aumentar o teor de proteínas dos géneros alimentícios e tem sido amplamente estudada nos géneros alimentícios entre os aditivos ilícitos, utilizando a abordagem quimiométrica SERS/Raman (Cheng & Dong, 2011; Hu & Lu, 2016; Hu et al., 2015; Karunathilaka et al., 2017; Lin et al., 2008; Liu et al., 2010; Xiong et al., 2017). O teor de melamina foi determinado em ovos utilizando um SERS potável em substratos de ouro em amostras de ovos (Cheng & Dong, 2011). Os dados relativos às amostras de albúmen e de gema de ovo contaminadas foram quantificados por PLS com RMSECV no intervalo 12,1412,38 e LOD 1,1-2,1 mg/kg (Cheng & Dong, 2011). A deteção não destrutiva de verde de cromo de chumbo usando espetroscopia Raman foi tentada no chá verde usando o modelo de regressão PLS (Li et al., 2015). Os resultados do modelo experimental indicam que o RMSEP e o R_P são 0,803 e 0,936, respetivamente. O corante Sudan é outro corante atrativo que foi analisado em especiarias culinárias por espetroscopia Raman em três modos, Raman, FT-Raman e SERS combinados com análise multivariada (Di Anibal et al., 2012). Neste caso, para remover o ruído de fundo, foi utilizada a SG, como técnica de suavização, seguida de PCA para testar a adequação do Raman na discriminação de problemas de adulteração causados pelo corante Sudan I (Di Anibal et al., 2012).

1.6 Aplicações de Raman e quimiometria na avaliação dos atributos de qualidade dos alimentos

Os algoritmos qualitativos multivariados também têm sido amplamente utilizados no controlo da qualidade dos alimentos. A avaliação da qualidade dos géneros alimentícios pode ser feita principalmente sob dois aspectos: (1) autenticação da origem geográfica ou do tipo de espécie, da pureza ou do processo de fabrico e (2) avaliação da adulteração e da existência e ausência de alguns produtos químicos ilícitos ou não declarados. Diferentes géneros alimentícios, tais como uma variedade de óleos, bebidas, diferentes tipos de carnes e produtos à base de carne, mel, frutos secos, produtos lácteos, leite e chá, etc., foram analisados por espetroscopia Raman de base quimiométrica. A espetroscopia Raman, com a sua sensibilidade mais baixa, é preferida para atributos de qualidade sem interferência de fundo, não destrutiva, de natureza não invasiva e com um comportamento quase transparente à água, ao contrário da espetroscopia de infravermelhos. É utilizada principalmente para a identificação da estrutura e caraterização dos componentes alimentares. A composição química dos alimentos muda com a variação de factores externos e internos e está relacionada com a diferente absorção de radiação em comprimentos de onda caraterísticos. Assim, a informação espetral Raman para uma grande variedade de géneros alimentícios pode ser atribuída, e posteriormente diferenciada e classificada com a ajuda de métodos quimiométricos.

A azeitona e o azeite virgem extra são amplamente autenticados e, na sua maioria, adulterados com outros óleos menos dispendiosos. Por exemplo, Zou e colaboradores utilizaram a intensidade do rácio de bandas vibracionais, como o rácio de ligações C = C e = C-H normalizadas a 1441 cm^{-1} ($_{CH2}$) na espetroscopia Raman utilizando uma abordagem PCA. Noutra abordagem para discriminar a adulteração do azeite virgem extra, Dong et al. (2012) também utilizaram a espetroscopia Raman para análise quantitativa através de modelos de regressão. A qualidade do azeite virgem também foi investigada através da variedade de azeitona, ano de colheita e origem geográfica usando espetroscopia Raman (Sanchez-Lopez et al., 2016) por algoritmos LDA com 84%, 94% e 89% de resultados corretos para classificação. Lee et al. (2013) empregaram algoritmos quimiométricos para analisar o teor de óleo e proteína de grãos de soja por espetroscopia Raman dispersiva. Os dados espectrais Raman foram submetidos ao PLS e, posteriormente, ao PLS intermediário, onde os teores de proteína foram examinados. Vários estudos relatam Raman/SERS para avaliar os atributos de qualidade, adulteração, identificação e classificação de azeitonas e outros tipos de óleos de cozinha (Ahmad et al., 2018; Baeten et al., 2005; Berghian-Grosan & Magdas, 2020; Dong et al., 2012; Du et al., 2019; Duraipandian et al., 2019; El-Abassy et al., 2009; Heise et al., 2005; Kim et al, 2012; Kwofie et al., 2019; Li et al., 2018; Lopez-Diez et al., 2003; McDowell et al., 2018; Osorio et al., 2015; Tena et al., 2019; Tiryaki & Ayvaz, 2017; Yang &

Irudayaraj, 2001; Yang et al., 2005; Zhang et al., 2011; Zhang et al., 2011).
Na indústria da carne, diferentes processos de adulteração da carne resultam em ganhos económicos durante a preparação de hambúrgueres, filetes, bolas e carne picada, onde a natureza e até mesmo a aparência morfológica mudam. Os parâmetros de qualidade em inúmeras carnes e produtos cárneos foram avaliados utilizando modelos de regressão qualitativa em espetroscopia Raman (Afseth et al., 2005; Argyri et al., 2013; Beattie et al., 2006; Beattie et al., 2004; Berhe et al., 2014; Berhe et al, 2016; Cama-Moncunill et al., 2020; Ellis et al., 2005; Marquardt & Wold, 2004; Nian et al., 2017; Pedersen et al., 2003; Santos et al., 2018; Sowoidnich et al., 2012; Velioglu et al., 2015; Wang et al., 2012; Zhao et al., 2018). Nos hambúrgueres de carne de vaca, a adulteração foi inspeccionada por espetroscopia Raman dispersiva associada a calibração multivariada (Zhao et al., 2015). Neste estudo, foram utilizadas abordagens PLS, PLS-DA, PCA e SIMCA para adulterados (n = 46) e autenticados (n = 36) com espetroscopia Raman (900-1800 cm^{-1}) (Zhao et al., 2015). Resultados de triagem aceitáveis foram obtidos com PLS, e melhores resultados de classificação para alimentos autênticos (89-100%) e adulterados (90-100%) foram obtidos com o modelo PLS-DA (Zhao et al., 2015). Os dados PCA ou PLS foram então utilizados para estabelecer modelos SIMCA, e a sensibilidade, especificidade e eficiência para valores autênticos em hambúrgueres de carne de vaca foram 0,94-1,0, 0,64-1,0 e 0,80-0,97, respetivamente (Zhao et al., 2015).
No mel natural, os resultados da autenticação podem ser realizados usando propriedades físico-químicas e previsão de compostos orgânicos voláteis e fenólicos (Ballabio et al., 2018). Por exemplo, Ballabio et al. (2018) pesquisaram o perfil químico de diferentes mel de origem botânica usando modelos de calibração multivariada com espetroscopia Raman, infravermelho e outras abordagens de fusão de dados. Os melhores resultados de classificação foram adquiridos com a fusão de dados de espetroscopia Raman e infravermelho com reação de transferência de prótons, tempo de voo e espetrometria de massa (PTR-MS), e uma faixa de precisão de 99% a 100% para os conjuntos de teste e treinamento foi obtida em comparação com a abordagem individual (Ballabio et al., 2018). Em outro estudo, para monitorar a qualidade do mel, a PCA foi empregada usando espectroscopias Raman e infravermelho (Salvador et al., 2019). A triagem de amostras de mel para qualquer conteúdo de pesticidas indica oito amostras que se desviam dos protocolos padrão. Duas delas apresentaram uma grande diferença no teor de sacarose e açúcares redutores com dois clusters claros, que se desviaram de outras amostras usando espectroscopias de infravermelho / Raman acopladas à PCA. O resultado indica a aplicabilidade de infravermelhos/Raman utilizando PCA para a monitorização da qualidade do mel em análises físico-químicas. As amostras de mel também foram examinadas utilizando Raman acoplado a PLS-LDA (Li et al., 2012), PCA (Corvucci et al., 2015; Goodacre et al., 2002), PLS, PCR (Paradkar & Irudayaraj, 2002), PCA e PLS-LDA (Jandricetal., 2015).
As bebidas, como o vinho, as cervejas e os refrigerantes, também têm sido frequentemente testadas para monitorizar a qualidade e a deterioração. Os três principais processos de deterioração do vinho numa amostra de vinho foram

identificados utilizando uma análise quimiométrica de alta dimensão associada a Raman (Rodriguez et al., 2013). Os dados relativos ao ruído de fundo são corrigidos após a aplicação da SNV para transformar cada variável (Rodriguez et al., 2013). Globalmente, o classificador SVM em todo o espetro 3400-200 cm^{-1} obteve um melhor desempenho com uma precisão de 94,9% ao nível das espécies e 81,8% para todos os níveis de estirpe. Por outro lado, a PCA através da análise de variância produziu uma precisão muito inferior para as estirpes, tanto com a análise de discriminação linear (72,7%) como com a classificação SVM linear (68,2%). Além de diferentes bebidas (Mandrile et al., 2016; Mendes et al., 2003; Nordon et al., 2005; Pierna et al., 2012; Silveira Jr et al., 2009; Wu et al., 2015; Zanuttin et al, 2019), a abordagem Raman/SERS baseada em quimiometria também foi estendida a todos os tipos de monitoramento da qualidade de alimentos, como produtos lácteos, (Almeida et al., 2011; Caponigro et al., 2019; de Oliveira Mendes et al., 2019; Junior et al, 2016; Karunathilaka et al., 2016; Liu et al., 2020; Moros et al., 2007; Nedeljkovic et al., 2017; Nieuwoudt et al., 2017; Richardson et al., 2019; Stefanov et al., 2013; Taylan et al., 2020; Zhao et al, 2020), vegetais (Sebben et al., 2018), trigo, farinha (Cebi et al., 2017; Czaja et al., 2016; Liu et al., 2019), chá e café (Buyukgoz et al., 2016; El-Abassy et al., 2011; Figueir, 2019; Liao & Chen, 2017; Luna et al., 2019). A vasta literatura indica a aplicabilidade de algoritmos quimiométricos na monitorização da qualidade de géneros alimentícios com base em Raman/SERS (Quadro 1.2). A Tabela 1.2 mostra que a espetroscopia Raman tem dominado principalmente a literatura de atributos de qualidade para contaminação ou adulteração, identificação, origem geográfica e variedades de espécies. Os padrões nos dados Raman complexos são identificados e traduzidos em informações úteis através da quimiometria, sendo o azeite o produto mais amplamente utilizado, juntamente com outros óleos alimentares. A conveniência de utilizar a espetroscopia Raman é atribuída principalmente à síntese de substratos SERS, que torna o processo mais complicado. Outra razão é a avaliação do atributo de qualidade, que exige uma análise semiquantitativa para determinar a origem geográfica geral, a classificação, a pureza no processo de fabrico, a presença e ausência de produtos químicos adicionados ilegalmente ou de substâncias ilícitas não declaradas na deteção de fraudes. Por conseguinte, um espetrómetro Raman típico alargado para este tipo de análise garante uma maior facilidade e simplicidade. Na análise de alimentos reais, a espetroscopia Raman, como ferramenta analítica de quase-emissão não destrutiva com um ruído de fundo mínimo, tem uma ampla compatibilidade com a inspeção dos atributos dos alimentos. Além disso, tem havido uma tendência para o desenvolvimento de sistemas mais não direcionados que examinam a análise química de toda a matriz alimentar para gerar uma impressão digital dos alimentos, em oposição à quantificação e rastreio de alvos específicos (McGrath et al., 2018).

Tabela 1.2. Atributos de qualidade dos géneros alimentícios analisados através da análise quimiométrica baseada na espetroscopia Raman.

Tipo de alimento	Atributo de qualidade	Análise quimiométrica	Observações	Refs
Óleos alimentares				

Tipo de alimento	Atributo de qualidade	Análise quimiométrica	Observações	Refs
Azeite	Autenticação e adulteração	APC	Teste no local do método proposto	Zou et al. (2009)
Azeite	Adulteração	Quadro Bayesiano LS SVM	Bay-LS-SVM adequado para a adulteração do azeite	Dong et al. (2012)
Azeite	Adulteração	APC	A PCA baseada na espetroscopia Raman pode identificar de forma fiável o processo de adulteração	Zhang et al. (2011)
Azeite	Adulteração com óleos alimentares usados	SNV, Ipls, SiPLS	O limite inferior de aplicação do método proposto é c[OMA] = 0,5%	Li et al. (2018)
Azeite	Identificação geográfica	MSC, PCA, PLSDA, SLDA, SIMCA	72% dos óleos da UE e 84% dos óleos de fora da UE foram corretamente classificados	Tena et al. (2019)
Azeite	Deteção quantitativa de azeite adulterado	Método padrão externo (ESM), SVM	Deteção quantitativa dos azeites falsos que continham 2% de três outros óleos alimentares, ou seja, óleo de soja, óleo de girassol e óleo de milho	Zhang et al. (2011)
Azeite	Azeites adulterados com óleo de soja	PLS, LDA, PCA	A exatidão da discriminação foi melhorada por volta dos 80-90°C	Kim et al. (2012)
Azeites de oliva	Óleo de avelã em azeite	SG, SLDA	A adulteração pode ser detectada se a presença de óleo de avelã no azeite for > 8%	Baeten et al. (2005)
Azeites virgens com óleos de avelã	Autenticação	PLS, programação genética, PCA	Distinção entre óleos quimicamente relacionados	Lopez-Diez et al. (2003)
Azeite virgem extra (EVOO)	Ano de colheita, variedade de azeitona, origem geográfica e DOP (informação qualitativa)	PLS, PCA, LDA	Classificação: 94,3%, 84,0%, 89,0% e 86,6% das amostras para ano de colheita, variedade de azeitona, origem geográfica e DOP, respetivamente	Sanchez-Lopez et al. (2016)
Tipo de alimento	Atributo de qualidade	Análise quimiométrica	Observações	Refs
EVOO	Autenticação e quantificação	Seleção de variáveis PLS e pares de mínimos e máximos	A espetroscopia FT-Raman provou ser uma técnica poderosa para a concentração de azeites	Heise et al. (2005)
EVOO	Adulteração de óleo de bagaço de azeitona	PLS, MSC	$r = 0.997$ Erro padrão de previsão: 1.72%	Yang e Irudayaraj (2001)
EVOO	Adulteração/autenticidade ou pureza	PLS	Avaliação bem sucedida da pureza do EVOO utilizando a espetroscopia Raman	Duraipandian et al. (2019)
EVOO	Adulteração de óleo de soja	PLS	O erro padrão da previsão é de 1,34% (w/w) de óleo de	Tiryaki e Ayvaz (2017)

Tipo de alimento	Atributo de qualidade	Análise quimiométrica	Observações	Refs
			soja em EVOO e *r* é de 0,99. RPD = 5,71	
Azeite de oliva e óleo de girassol	Quantificação da adulteração do azeite virgem	PCA, PLS	Um limite de deteção quantitativo até 500 ppm (0,05%)	El-Abassy et al. (2009)
Óleo alimentar	Classificação	AG, PCA, HCA	Metodologia baseada em PCA para a classificação dos subconjuntos de amostras de validação	Kwofie et al. (2019)
Óleos alimentares e gorduras	Classificação dos óleos e gorduras	LDA, canónica análise de variantes (CVA)	FTIR utilizado com CVA e produziu 98% de exatidão de classificação, seguido do FT-Raman (94%) e FT-NIR (93%) métodos	Yang et al. (2005)
Óleo alimentar	Tipo, oxidação e adulteração	CVA, SIMCA, PLS DA	Este estudo distingue rapidamente seis óleos alimentares, óleos oxidados e óleos adulterados 96% de classificação	Du et al. (2019)
Vegetais óleo	Óleo vegetal botânico especiação	PLS-DA, SIMCA, PCA SNV, primeira derivada	correta, 100% de especificidade, 4% de taxa de falsos positivos	Osorio et al. (2015)
Girassol e óleo de colza	Deteção de refinados adição de óleo de girassol e de colza no óleo de colza prensado a frio	SIMCA, PLSDA, LDA-KNN, LDA-SVM, PLSR	FT-IR e Raman modelos eficazes com uma sensibilidade elevada de 86% e 93%	McDowell et al. (2018)
Óleos vegetais prensados a frio	Substituição por petróleo mais barato	Algoritmos de aprendizagem automática	Foi possível detetar a adulteração, mas também efetuar uma primeira estimativa da sua magnitude	Berghian-Grosan e Magdas (2020)
Óleo de soja	Teor de proteínas e de óleo	PLS e PLS intermédio (iPLS) Diferentes tipos de carne e produtos à base de carne	Adequação para a previsão do teor de proteína bruta e de óleo de soja	Lee et al. (2013)
Carne de vaca	Força de cisalhamento Warner-Bratzler, gordura intramuscular, perda por gotejamento e perda por cozimento	PLS	R^2 : 0,5-0,9	Cama-Moncunill et al (2020)
Carne de vaca	Avaliação rápida da deterioração da carne	PLS, programação genética (GP), GA, RNA, regressão por máquinas de vectores de apoio (SVR)	O modelo GA-ANN teve um melhor desempenho na previsão das pontuações sensoriais	Argyri et al. (2013)
Carne de touro	Qualidade alimentar dos	PLS, PLS-DA	Todas as amostras de	Nian et al.

			touros de 15 e 19 meses de idade foram corretamente classificadas utilizando PLS-DA, enquanto 86,7% das amostras de diferentes músculos foram corretamente classificadas	(2017)
jovens touros leiteiros				
Carne de touro	Avaliar as caraterísticas sensoriais da carne de bovino jovem de um touro leiteiro	PLS	A análise quimiométrica revelou fortes correlações entre os atributos sensoriais	Zhao et al. (2018)
Hambúrgueres de carne de vaca descongelados	Detetar a adulteração das miudezas	PLSDA, SIMCA, PLS	Os modelos PLS-DA classificaram corretamente 89-100% das amostras autênticas e 90-100% das amostras adulteradas	Zhao et al. (2015)
Chouriço de vaca	Força de cisalhamento, maciez e textura	PLS, PCA	Textura: R^2 = 0,71, grau de tenrura: R^2 = 0,65, grau de suculência: R^2 = 0,62, aceitabilidade global: R^2 = 0,67	Beattie et al. (2004)
Carne de vaca, borrego, porco e frango	Ácidos gordos	PLS, PCA	Insaturação em massa: RMSEP = 4,7%; PUFA totais RMSEP = 4,0%. Insaturação trans: RMSEP = 18%. A FA individual foi de 11,9%	Beattie et al. (2006)
Carne de porco	Ternura, suculência e mastigação	PLS, SVM	Boa concordância (> 83% de previsões corretas)	Wang et al. (2012)
Carne de porco	Tenrura da carne de porco fresca e força de cisalhamento das fatias (SSF)	PLS	A exatidão da previsão para as amostras post mortem do 15º dia é superior à das amostras post mortem do 1º dia	Santos et al. (2018)
Carne de porco	Alterações na estrutura das proteínas	Correção do sinal multiplicativo alargado (EMSC), centragem média, PCA, PLS	Temperatura de cozedura (R^2 = 0,96), perda de cozedura (R^2 = 0,82), tempo de cozedura (R^2 = 0,78)	Berhe et al. (2014)
Carne de porco	Ácidos gordos totais (FA) e ácidos gordos individuais	PLS, PCA	Obtiveram-se boas correlações entre os espectros Raman e a composição total das FA e a maioria das FA individuais (R^2 cv = 0,78-0,90)	Berhe et al. (2016)
Carne de porco	Deterioração da carne	APC	A carne fresca com baixa carga bacteriana pode ser identificada e a discriminação de amostras	Sowoidnich et al. (2012)

Tipo de alimento	Atributo de qualidade	Análise quimiométrica	Observações	Refs
			estragadas que excedam o limiar de 10^6 cfu/cm^2 por volta do 7º dia post mortem	
Porco	Capacidade de retenção de água (WHC)	PLS	Estudos preliminares revelaram uma elevada correlação entre o WHC e os espectros de absorção no infravermelho (IR) e Raman utilizando PLS	Pedersen et al. (2003)
Músculo alimentos	Identificação da galinha e peru, perna e peito	Análise de agrupamento, PC-DFA (análise da função discriminante dos componentes principais) GA, GA-MLR	Discriminação de galinhas e peru, diferenciação do músculo da perna e do músculo do peito	Ellis et al. (2005)

Tipo de alimento	Atributo de qualidade	Análise quimiométrica	Observações	Refs
Peixe	Diferenciação de amostras de peixe fresco e alisamento PCA, congelado-descongelado, centragem média		Os valores de pontuação PC1 e PC2 foram utilizados para traçar o gráfico de pontuação para este modelo, que explicou 99,89% e 99,95% da variância cumulativa	Velioglu et al. (2015)
Amostras de peixe e carne	Composição em ácidos gordos	PLS	Erros de estimativa para 2,8% do teor total de iodo e 2,4-6,1% do teor total de ácidos gordos	Afseth et al. (2005)
Músculo de peixe	Medições de carotenóides, colagénio e gordura	APC Mel	-	Marquardt e Wold (2004)
Mel	Identificação da origem botânica do mel	SNV, segunda derivada, PLS-DA, PCA	Combinação de espetroscopia Raman e NIR e PTR-MS (exatidão de 99% e 100% nas amostras de teste e de treino, respetivamente)	Ballabio et al. (2018)
Mel	Adulteração do mel	APC	Desvio dos parâmetros padrão estabelecidos	Salvador et al. (2019)
Mel	Xarope de milho rico em frutose (HFCS) e xarope de maltose (MS)	Mínimos quadrados penalizados com reponderação iterativa adaptativa (airPLS), PLS-LDA	A classificação dos adulterantes do mel (HFCS ou MS) utilizando PLS-LDA deu uma exatidão total de 84,4%	Li et al. (2012)
Mel	Discriminação da origem do mel	APC	A fiabilidade da atribuição das amostras às classes de	Corvucci et al. (2015)

Tipo de alimento	Atributo de qualidade	Análise quimiométrica	Observações	Refs
			mel foi estimada	
Mel	Origem botânica	PCA, ANN, CVA	As principais diferenças entre os méis devem-se à sua origem botânica e não ao seu país de origem	Goodacre et al. (2002)
Mel	Beterraba e invertidos de cana Adulteração do mel	PLS, PCR, LDA, CVA	A espetroscopia FT-Raman foi eficaz na previsão de adulterantes de beterraba e de cana-de-açúcar invertida ($R^2 > 0,91$) nos três tipos florais de mel	Paradkar e Irudayaraj (2002)
Mel	Discriminação de diferentes origens florais	PCA, PLS-DA ortogonal	Utilizando dados de metabolitos para os quatro méis $Q^2 = 0,52$, para o manuka e o trevo, $Q^2 = 0,76$. Elementos vestigiais/dados isotópicos $Q^2 = 0,65$, outros parâmetros químicos $Q^2 = 0,43$ para o manuka e o trevo	Jandric et al. (2015)
Deterioração do vinho	*Saccharomyces cerevisiae, Zygosaccharomyces bailii, Brettanomyces bruxellensis*	SNV, PCA, SVM	As leveduras foram classificadas com elevada sensibilidade ao nível das espécies: 93,8% para *Z. bailii*, 92,3% para *B. bruxellensis* e 98,6% para *S. cerevisiae*	Rodriguez et al. (2013)

Tipo de alimento	Atributo de qualidade	Análise quimiométrica	Observações	Refs
Branco vinhos	Discriminação entre vinhos e adegas	PCA, SIMCA	Obtenção de eficiências globais entre 87% e 93%	Zanuttin et al. (2019)
Alcoólico bebidas	O teor de etanol de etanol combustível	Vetorial normalização, segunda derivada, PLS	Os limites de deteção para NIR e os modelos de calibração Raman foram 0,05% e 0,2% (w/w)	Mendes et al. (2003)
Vinho de arroz chinês	Parâmetros de fermentação	CARS, CARS-SVM, PLS discriminante	Taxa de classificação correta de 94,9% para diferentes fases de fermentação	Wu et al. (2015)
Vinho	Origem do vinho	Distância de Savitzky-Golay Mahalanobis	Reconhecimento da uva (fiabilidade: 93%), geográfico (fiabilidade superior a 90%) e do tempo de envelhecimento (fiabilidade superior a 80%)	Mandrile et al. (2016)
Cerveja	Autenticidade da cerveja Rochefort 8°	PCA, SVM, SNV, primeira derivada	O participante 1 tem 100% das amostras corretamente classificadas, seguido do organizador do desafio com 93% e dos participantes 2 e 3 com 84,5% e 82%, respetivamente	Pierna et al. (2012)

Espíritos	Teor de álcool	Primeira derivada, PCA-PLS	A precisão (RSD médio) foi de 0,4% e 0,5% para a espetrometria NIR e Raman	Nordon et al. (2005)
Refrigerantes de tipo limão	Concentração de sacarose	PLS	O teor de açúcar varia entre 8,1 e 10,9 g/100 ml, com um erro do valor previsto que varia entre 1,1% e 5,5%	Silveira Jr et al. (2009)
Água de coco fresca	Adulteração da água de coco fresca por diluição e mascaramento com açúcares	PCA, PLSR Lacticínios e aves de capoeira	Quantificação bem sucedida da diluição e adulteração	Richardson et al. (2019)
Leite	Ácidos gordos do leite	MSC, SNV, PLS	Os modelos mostraram uma diminuição de até 25% nos valores RMSECV, um R^2 cv mais elevado para a maioria dos ácidos gordos individuais ou somas de grupos de ácidos gordos	Stefanov et al. (2013)
Leite pó	Classificação de amostras quanto à presença de lactose por adição de maltodextrina	PCA, PLS-DA	Os modelos PLS-DA obtidos permitiram classificar corretamente todas as amostras	Júnior et al. (2016)
Leite	Adulterantes no leite líquido	PLS, PLS-DA	Previsão entre 44 e 76 ppm para os quatro compostos ricos em N e 0,17% para a sacarose, a sensibilidade e a especificidade da calibração PLS-DA foram de 92% e 89%	Nieuwoudt et al. (2017)
Leite em pó	Avaliação da qualidade do leite em pó PCA, PLS-DA		O modelo PLS-DA resultante classificou corretamente 100% das amostras adulteradas	Almeida et al. (2011)
Leite em pó	Variabilidade no leite em pó desnatado (LPD) e no leite em pó desnatado (LNDS)	Normalização da transformação da derivada do segmento de intervalo	-	Karunathilaka et al. (2016)

Tipo de alimento	Atributo de qualidade	Análise quimiométrica	Observações	Refs
		APC		
Bebé fórmula e leite em pó	Valor energético, hidratos de carbono, proteínas e gordo	PLS, HCA	-	Moros et al. (2007)
Bebé leite em pó	Cálcio	PLS	R^2 cv = 0,97, RMSECV = 0,38 mg/g	Zhao et al. (2020)
Ovos	Discriminação entre convencional e ómega 3 ovos enriquecidos com	PCA, PLS-DA, AUC-ROC	O modelo PLS-DA foi capaz de classificar corretamente as amostras com quase 100% de taxa de	de Oliveira Mendes et al. (2019)

	ácidos gordos		sucesso	
Ovo	Avaliação da frescura dos ovos	PLS	Coeficientes de correlação com A unidade Haugh, o pH do albúmen e o diâmetro da câmara de ar eram superiores a 0,9	Liu et al. (2020)
Ghee de Desi (manteiga)	Efeitos de aquecimento do desi ghee	APC	Temperatura: 140-180°C	Ahmad et al. (2018)
Manteiga	Banha de porco	HCA, PCA, PLS, PCR	R^2 = 0,99, análise para níveis de adulteração entre 0% e 100% de gordura de banha de porco	Taylan et al. (2020)
Lacticínios	Resíduos lácteos	PCA, PLS-DA	Nenhuma influência devido à substratos foi observável	Caponigro et al. (2019)
Lacticínios cremes	Discriminação dos produtos lácteos cremes e semelhantes a cremes análogos	PCA, LDA	O modelo calibrado foi extremamente sensível (100%) para creme de leite	Nedeljkovic et al. (2017)
Chá	Variedades de chá	Chá e café APC	Pouca preparação da amostra e um muito tempo de análise curto	Buyukgoz et al. (2016)
Café	Discriminação entre Arábica e Robusta verde café	APC	Os dois primeiros computadores pessoais correspondiam a El-Abassy 85% do espetro total explicado variação	et al. (2011)
Café	Classificação dos clones variedades de café	MC, MSC LDA, MDA, QDA, RDA, PLS-DA, SIMCA	Utilizando o MSC, o LDA corretamente classificou 98,7% das amostras, MDA, RDA, QDA, PLS-DA, e o SIMCA corrigido classificou 100% das amostras	Luna et al. (2019)
Café	Distinguir entre genótipos de café	PLS-DA, PCA	Com base em ácidos gordos e kahweol. PLS-DA discrimina Amostras de Mundo Novo e Bourbon	Figueiredo et al. (2019)
Doce batata	Determinação de carotenóides	Diversos SNV, PLS, PCA	Melhor correlação linear obtida foi de R^2 = 0,90 e por micro-ondas foi de R^2 = 0,88	Sebben et al. (2018)
Farinha de trigo Glúten		PLS	Erros FT-Raman: 3.2-3.6%	Czaja et al. (2016)
Cera trigos	Proteínas cerosas	PCA-DA	Amostras corretamente identificadas foram de 94,4% para o	Liu et al. (2019)

Tipo de alimento Atributo de qualidade	Análise quimiométrica	Observações	Refs
		conjunto de calibração e de 94,6% para o conjunto de validação	
Farinha de trigo L-Cisteína	HCA e PCA	A L-cistina foi determinada com um limite de deteção de 0,125% (w/w) em diferentes amostras de farinha de trigo	Cebi et al. (2017)

O fluxo de trabalho da Figura 1.4 mostra as fases típicas do estabelecimento de métodos que utilizam Raman/SERS com quimiometria para avaliar a classificação e/ou discriminação de géneros alimentícios com base nos trabalhos apresentados nesta revisão. O pré-processamento espetral utilizado até à data foi mencionado, bem como os algoritmos qualitativos e quantitativos comunicados. Os atributos de qualidade avaliados até à data estão também resumidos no diagrama, enquanto os estudos quimiométricos acoplados a SERS em géneros alimentícios para atributos de qualidade são pouco significativos e ilustrados como possíveis perspectivas para essa análise.

1.7 limitações, principais desafios e tendências futuras

Apesar da ênfase nas vantagens das calibrações multivariadas na ciência alimentar e na monitorização da qualidade para as tecnologias Raman/SERS, há uma série de limitações relacionadas que têm de ser abordadas antes de serem implementados e desenvolvidos protocolos de rotina. O principal fator que pode atrasar o desenvolvimento de um sistema robusto é a experiência e a formação do pessoal, que poderá ter de se familiarizar não só com o software estatístico, a interpretação e a análise de dados, mas também com os módulos modificados a aplicar em tempo real. Além disso, é necessário ter conhecimentos de ciência alimentar, bem como de análise de dados espectrais (Raman/SERS) e conhecimentos de química de reação.

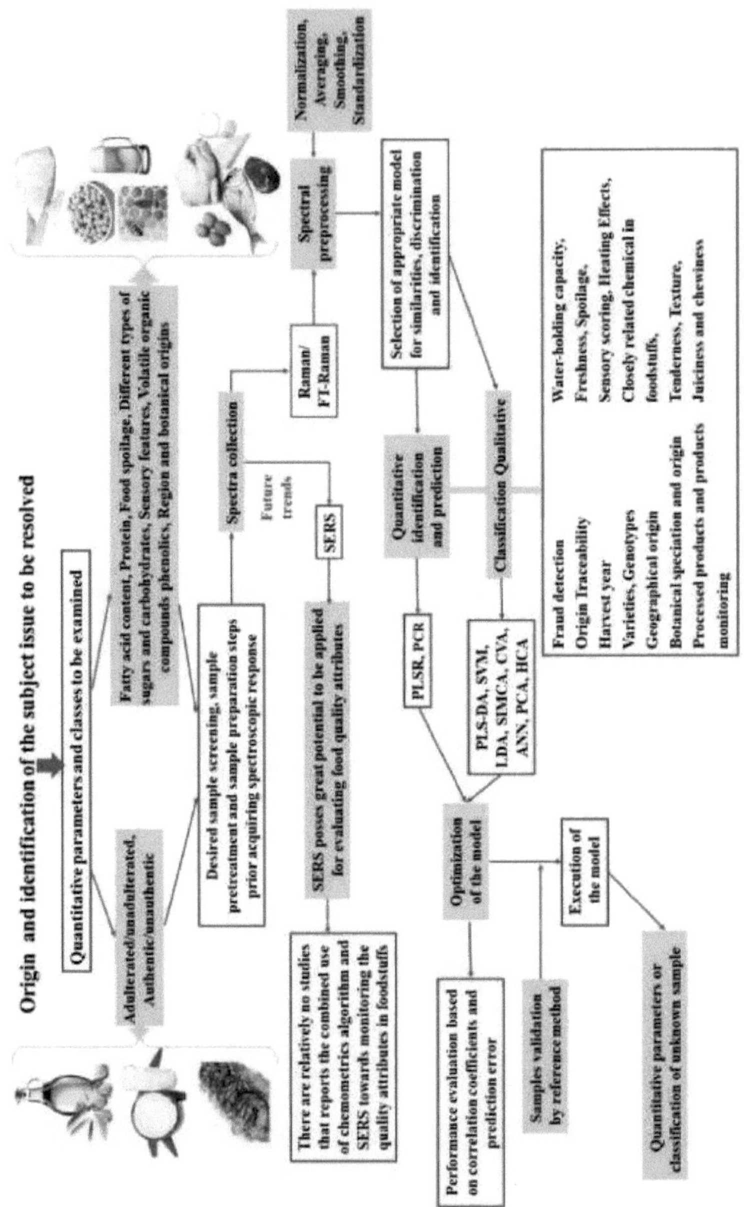

Figura 1.4 Ilustração esquemática de um método quimiométrico baseado no desenvolvimento de Raman/SERS para avaliar a classificação e/ou discriminação de classes na monitorização e autenticação da qualidade dos alimentos.

Os sinais na espetroscopia Raman são fracos e, por conseguinte, a sensibilidade de um procedimento analítico é outro desafio na análise de dados, particularmente na investigação da qualidade dos alimentos. A investigação sobre a qualidade dos alimentos necessita de métodos ainda mais práticos para a sua disseminação viável através de SERS que possam atualizar as diretrizes actuais. A maior parte da literatura disponível em atributos de qualidade é com espetroscopia Raman. Um fator responsável por isso é a dificuldade na síntese de substrato SERS reprodutível. Portanto, para projetar o sensor de sonda, a síntese de nanomateriais, suas interpretações de dados espectrais, os fundamentos da preparação de amostras analíticas e estratégias de processamento na matriz alimentar são altamente recomendados.

Os perigos potenciais apresentados neste documento têm como principal matriz final os alimentos. Para além disso, a quimiometria e o Raman/SERS analisam e ignoram o número de artigos que tratam dos perigos potenciais nesta revisão. Por exemplo, são ignorados os estudos realizados com a água potável como matriz final, que são objeto de um maior número de estudos na literatura. Esses estudos podem ser alargados a matrizes alimentares através de modificações menores ou mais complexas, como a combinação de uma estratégia de separação. Dado que o SERS não é uma estratégia de separação como a cromatografia líquida de alta eficiência, recomenda-se vivamente que seja associado a estratégias como a separação imunomagnética, o enriquecimento baseado em microfluídica, a filtração, os protocolos de fluxo lateral, etc. A extensão do SERS a essas estratégias de pré-tratamento e de preparação de amostras não só garantirá a sua extensão a classes inexploradas ou menos exploradas de contaminantes orgânicos e inorgânicos em diferentes géneros alimentícios, mas também a uma maior sofisticação e à sua autoridade evolutiva na investigação em ciências alimentares.

A implementação da fase de preparação da amostra em ferramentas de processamento de dados SERS/Raman e quimiométricos resolveria os problemas de interferência remanescentes, mantendo a pureza da matriz em relação a espécies indesejadas. Isto pode ser conseguido através da associação de estratégias de extração baseadas em nanomateriais ao SERS; no entanto, essa extração dispersiva em fase sólida necessita de ser mais explorada para aplicações diretas em matrizes sólidas através de um substrato híbrido de nanopartículas magnéticas ou de superfícies de estruturas orgânicas metálicas. A microextracção líquido-líquido é outra abordagem de limpeza de amostras que pode ser considerada; no entanto, apresenta algumas complicações (extração de nanomateriais na fase não aquosa juntamente com o analito) na sua proposta de acoplamento com SERS/Raman. O aspeto mais importante é a validação do protocolo, a viabilidade in situ e em tempo real e a automação proposta com instrumentos portáteis mais miniaturizados. Assim, a combinação do pré-tratamento da fase micro-sólida e da fase líquida com a pesquisa quimiométrica e Raman/SERS garantirá maior probabilidade e poderá servir de autoridade.

Os padrões podem ser para simplificar os dados espectrais e facilitar a atribuição precisa de modelos de interpretação de dados. Envolverá também a análise simultânea e multicomponente, a identificação e a correlação entre as bandas de cada componente e, se forem aplicados Raman e SERS, a correlação das respectivas bandas. A ênfase pode ser colocada nas ferramentas de imagiologia SERS e Raman, em paralelo com a chegada de novos métodos multivariados para uma interpretação robusta das imagens. Recomenda-se também vivamente a utilização de técnicas de fusão de dados em atributos de qualidade que utilizem imagens SERS ou Raman. As tendências sugeridas garantirão a sua autoridade com a automatização desde a investigação laboratorial de base até ao funcionamento industrial.

1.8 Resumo

Este capítulo descreve aplicações de algoritmos quimiométricos na análise quantitativa de substâncias nocivas em géneros alimentícios e na avaliação qualitativa da qualidade dos alimentos. A importância dos espectros de processamento quimiométrico com etapas de pré-tratamento de amostras simplificadas ou não complexas está bem estabelecida na literatura. Para explorar plenamente a abordagem SERS/Raman baseada na quimiometria na análise de alimentos, a necessidade de um perito treinado tem limitado as suas aplicações em grande escala. Espera-se conseguir a deteção simultânea e rápida de múltiplos analitos nos alimentos. A natureza não invasiva e rápida pode ser assegurada na análise de níveis vestigiais para monitorização alimentar em tempo real, analisando as substâncias ilícitas e adulteradas de importância. Assim, espera-se que a abordagem SERS/Raman baseada em quimiometria na análise de alimentos evolua ainda mais com desenvolvimentos melhorados para as necessidades de qualidade e segurança dos alimentos.

Referência

Afseth, N. K., Segtnan, V. H., Marquardt, B. J., & Wold, J. P. (2005). Espectroscopia Raman e de infravermelho próximo para quantificação da composição de gordura num sistema modelo alimentar complexo. Applied Spectroscopy, 59, 13241332.

Ahmad, N., Saleem, M., Ahmed, M., & Mahmood, S. (2018). Efeitos de aquecimento de desi ghee usando espetroscopia Raman. Espectroscopia Aplicada, 72(6), 833-846.

Ahmad, W., Hassan, M. M., Wang, J., Zareef, M., Annavaram, V., & Chen, Q. (2019). Um substrato octaédrico de Cu 2 O @ AgNCs em algoritmos quimiométricos acoplados à microextração líquida para deteção SERS de espécies de cromo (III e VI). Analytical Methods, 11(47), 6004-6012.

Ai, Y. J., Liang, P., Wu, Y. X., Dong, Q. M., Li, J. B., Bai, Y., Xu, B. J., Yu, Z., & Ni, D. (2018). Determinação qualitativa e quantitativa rápida de corantes alimentares por espectros Raman e espalhamento Raman aprimorado pela superfície (SERS). Química Alimentar, 241, 427-433.

Albrecht, M. G., & Creighton, J. A. (1977). Espectros Raman anomalamente intensos de piridina em um eletrodo de prata. Journal of the American Chemical Society, 99(15), 5215-5217.

Albuquerque, C. D. L., & Poppi, R. J. (2015). Deteção de malatião em cascas de alimentos por espetroscopia de imagem Raman com reforço de superfície e resolução de curva multivariada. Analytica Chimica Ata, 879, 24-33.

Allegrini, F., & Olivieri, A. C. (2011). Um novo e eficiente algoritmo de seleção de variáveis baseado na otimização de colónias de formigas. Aplicações à espetroscopia de infravermelho próximo/análise de mínimos quadrados parciais. Analytica Chimica Ata, 699(1), 18-25.

Almeida, M. R., Fidelis, C. H., Barata, L. E., & Poppi, R. J. (2013). Classificação do óleo essencial de pau-rosa da Amazônia por espetroscopia Raman e PLS-DA com estimativa de confiabilidade. Talanta, 117, 305-311.

Almeida, M. R., Oliveira, K. D. S., Stephani, R., & de Oliveira, L. F. C. (2011). Análise Raman por transformada de Fourier em leite em pó: Um método potencial para triagem rápida de qualidade. Journal of Raman Spectroscopy, 42(7), 1548-1552.

Alsammarraie, F. K., Lin, M., Mustapha, A., Lin, H., Chen, X., Chen, Y., Wang, H., & Huang, M. (2018). Determinação rápida de tiabendazol em suco por SERS acoplado a novos nanosubstratos de ouro. Química Alimentar, 259, 219-225.

Alsammarraie, F. K., & Lin, M. (2017). Usando matrizes de nanobastões de ouro em pé como substratos de espetroscopia Raman com reforço de superfície (SERS) para deteção de resíduos de carbaril em suco de frutas e leite. Jornal de Química Agrícola e Alimentar, 65(3), 666-674.

Andersen, C. M., & Bro, R. (2010). Variable selection in regression-A tutorial. Journal of Chemometrics, 24(11-12), 728-737.

Argyri, A. A., Jarvis, R. M., Wedge, D., Xu, Y., Panagou, E. Z., Goodacre, R., & Nychas, G. J. E. (2013). Uma comparação da espetroscopia Raman e FT-IR para a previsão da deterioração da carne. Food Control, 29(2), 461-470.

Baeten, V., Fernandez Pierna, J. A., Dardenne, P., Meurens, M., Garrta-Gonzalez, D. L., & Aparicio-Ruiz, R. (2005). Deteção da presença de óleo de avelã no azeite por espetroscopia FT-Raman e FT-MIR. Journal of Agricultural and Food Chemistry, 53(16), 6201-6206.

Ballabio, D., Robotti, E., Grisoni, F., Quasso, F., Bobba, M., Vercelli, S., Gosetti, F., Calabrese, G., Sangiorgi, E., & Orlandi, M. (2018). Perfil químico e métodos de fusão de dados multivariados para a identificação da origem botânica do mel. Química Alimentar, 266, 79-89.

Beattie, J. R., Bell, S. E., Borgaard, C., Fearon, A., & Moss, B. W. (2006). Previsão da composição do tecido adiposo utilizando a espetroscopia Raman: Propriedades médias e ácidos gordos individuais. Lipids, 41(3), 287-294.

Beattie, R. J., Bell, S. J., Farmer, L. J., Moss, B. W., & Patterson, D. (2004). Preliminary investigation of the application of Raman spectroscopy to the prediction of the sensory quality of beef silverside. Meat Science, 66(4), 903-913.

Bedward, T. M., Xiao, L., & Fu, S. (2019). Aplicação da espetroscopia Raman na deteção de cocaína em matrizes alimentares. Jornal Australiano de Ciências Forenses, 51(2), 209-219.

Bell, S. E., & Sirimuthu, N. M. (2008). Quantitative surface-enhanced Raman spectroscopy. Chemical Society Reviews, 37(5), 1012-1024.

Berghian-Grosan, C., & Magdas, D. A. (2020). Espectroscopia Raman e aprendizado de máquina para avaliação de óleos comestíveis. Talanta, 218, 121176.

Berhe, D. T., Engelsen, S. B., Hviid, M. S., & Lametsch, R. (2014). Estudo espetroscópico Raman do efeito da temperatura e do tempo de cozimento nas proteínas da carne. Food Research International, 66, 123-131.

Berhe, D. T., Eskildsen, C. E., Lametsch, R., Hviid, M. S., van den Berg, F., & Engelsen, S. B. (2016). Previsão de parâmetros de ácidos graxos totais e ácidos graxos individuais em gordura de porco usando espetroscopia Raman e quimiometria: Compreender a gaiola de covariância entre parâmetros de gordura altamente correlacionados. Meat Science, 111, 18-26.

Brereton, R. G. (2007). Applied chemometrics for scientists. John Wiley & Sons.

Buyukgoz, G. G., Soforoglu, M., Akgul, N. B., & Boyaci, I. H. (2016). Impressão digital espectroscópica de variedades de chá por espetroscopia Raman aprimorada por superfície. Journal of Food Science and Technology, 53(3), 1709-1716.

Cama-Moncunill, R., Cafferky, J., Augier, C., Sweeney, T., Allen, P., Ferragina, A., Sullivan, C., Cromie, A., & Hamill, R. M. (2020). Previsão da força de cisalhamento Warner-Bratzler, gordura intramuscular, perda de gotejamento e perda de cozimento em carne bovina por meio de espetroscopia Raman e quimiometria. Meat Science, 167, 108157.

Campion, A., & Kambhampati, P. (1998). Surface-enhanced Raman scattering. Chemical Society Reviews, 27(4), 241-250.

Caponigro, V., Marini, F., Dorrepaal, R. M., Herrero-Langreo, A., Scannell, A., & Gowen, A. (2019). Imagem hiperespectral de infravermelho com transformada de Raman e Fourier para estudar resíduos de laticínios em diferentes superfícies. Journal of Spectral Imaging, 8, 1-20.

Casale, M., Zunin, P., Cosulich, M. E., Pistarino, E., Perego, P., & Lanteri, S. (2010). Caracterização da cultivar de azeitona de mesa por espetroscopia NIR. Food Chemistry, 122(4), 1261-1265.

Chen, D., Chen, Z., & Grant, E. (2011). A transformada wavelet adaptativa suprime o fundo e o ruído para análise quantitativa por espetrometria Raman. Analytical and Bioanalytical Chemistry, 400(2), 625-634.

Chen, Q., Hassan, M. M., Xu, J., Zareef, M., Li, H., Xu, Y., Wang, P., Agyekum, A. A., Kutsanedzie, F. Y., & Viswadevarayalu, A. (2019). Deteção rápida de resíduos de imidaclopride no chá usando espalhamento Raman aprimorado pela superfície por calibração multivariada comparativa. Spectrochimica Ata Parte A: Espectroscopia Molecular e Biomolecular, 211, 86-93.

Chen, X., Lin, H., Xu, T., Lai, K., Han, X., & Lin, M. (2020). Nanofibras de celulose revestidas com nanopartículas de prata como um nanocompósito flexível para medição de resíduos de flusilazol no chá Oolong por espetroscopia Raman aprimorada por superfície. Food Chemistry, 315, 126276.

Chen, X., Nguyen, T. H., Gu, L., & Lin, M. (2017). Uso de nanobastões de ouro em pé para deteção de verde malaquita e violeta cristal em peixes por SERS. Journal of Food Science, 82(7), 1640-1646.

Cheng, Y., & Dong, Y. (2011). Rastreio de contaminantes de melamina em ovos com espetroscopia Raman de superfície melhorada portátil baseada em nanosubstrato de ouro. Food Control, 22(5), 685-689.

Cheung, W., Shadi, I. T., Xu, Y., & Goodacre, R. (2010). Análise quantitativa do corante alimentar proibido Sudan- 1 utilizando a dispersão Raman melhorada pela superfície com quimiometria multivariada. Journal of Physical Chemistry C, 114(16), 7285-7290.

Chisanga, M., Linton, D., Muhamadali, H., Ellis, D. I., Kimber, R. L., Mironov, A., & Goodacre, R. (2020). Diferenciação rápida de mutantes da parede celular de Campylobacter jejuni usando espetroscopia Raman, SERS e espetrometria de massa combinada com quimiometria. Analyst, 145(4), 1236-1249.

Cialla, D., Marz, A., Bohme, R., Theil, F., Weber, K., Schmitt, M., & Popp, J. (2012). Espectroscopia Raman com reforço de superfície (SERS): Progresso e tendências. Analytical and Bioanalytical Chemistry, 40(1), 27-54.

Clement, Y., Gaubert, A., Bonhomme, A., Marote, P., Mungroo, A., Paillard, M., Lanteri, P., & Morell, C. (2019). Espectroscopia Raman combinada com métodos quimiométricos avançados: Uma nova abordagem para a deformação de detergentes. Talanta, 195, 441-446.

Corvucci, F., Nobili, L., Melucci, D., & Grillenzoni, F. V. (2015). A discriminação da origem do mel usando técnicas de melissopalinologia e espetroscopia Raman acopladas à análise multivariada. Food Chemistry, 169, 297-304.

Czaja, T., Mazurek, S., & Szostak, R. (2016). Quantificação de glúten em farinha de trigo por espetroscopia FT-Raman. Food Chemistry, 211, 560-563.

D'Agostino, A., Giovannozzi, A. M., Mandrile, L., Sacco, A., Rossi, A. M., & Taglietti, A. (2020). Síntese de crescimento de sementes in situ de nanoplacas de prata em vidro para a deteção de contaminantes alimentares por espalhamento Raman aprimorado por superfície. Talanta, 216, 120936.

de Lima, M. D., & Barbosa, R. (2019). Métodos de autenticação de alimentos cultivados em sistemas orgânicos e convencionais utilizando quimiometria e algoritmos de mineração de dados: Uma revisão. Food Analytical Methods, 12(4), 887-901.

de Oliveira Mendes, T., Porto, B. L. S., Almeida, M. R., Fantini, C., & Sena, M. M. (2019). Discriminação entre ovos convencionais e enriquecidos com ácidos graxos ômega-3 por espetroscopia FT-Raman e ferramentas quimiométricas. Química de Alimentos, 273, 144-150.

Deng, B. C., Yun, Y. H., Ma, P., Lin, C. C., Ren, D. B., & Liang, Y. Z. (2015). Um novo método para a seleção de intervalos de comprimento de onda que optimiza de forma inteligente as localizações, larguras e combinações dos intervalos. Analyst, 140(6), 1876-1885.

Dhakal, S., Chao, K., Schmidt, W., Qin, J., Kim, M., & Chan, D. (2016). Avaliação do pó de açafrão adulterado com amarelo metanil usando espetroscopia FT-Raman e FT-IR. Foods, 5(2), 36.

Di Anibal, C. V., Marsal, L. F., Callao, M. P., & Ruisanchez, I. (2012). Espectroscopia Raman aprimorada por superfície (SERS) e análise multivariada como uma ferramenta de triagem para detetar o corante Sudan I em especiarias culinárias. Spectrochimica Ata Part A: Molecular Biomolecular Spectroscopy, 87, 135-141.

Dong, T., Lin, L., He, Y., Nie, P., Qu, F., & Xiao, S. (2018). Análise da teoria do funcional da densidade da deltametrina e sua determinação em morango por espetroscopia Raman de superfície aprimorada. Molecules (Basileia, Suíça), 23(6), 1458.

Dong, W., Zhang, Y., Zhang, B., & Wang, X. (2012). Análise quantitativa da adulteração de azeite virgem extra utilizando espetroscopia Raman melhorada por máquinas de vectores de suporte de mínimos quadrados do quadro Bayesiano. Analytical Methods, 4(9), 2772-2777.

dos Santos, C. A. T., Pascoa, R. N., & Lopes, J. A. (2017). Uma revisão sobre a aplicação da espetroscopia vibracional na indústria vitivinícola: Do solo à garrafa. TrAC Tendências em Química Analítica, 88, 100118.

Du, S., Su, M., Jiang, Y., Yu, F., Xu, Y., Lou, X., Yu, T., & Liu, H. (2019). Discriminação direta do tipo de óleo comestível, oxidação e adulteração por espetroscopia Raman aprimorada por superfície interfacial líquida. ACS Sensors, 4(7), 1798-1805.

Du, X., Wang, P., Fu, L., Liu, H., Zhang, Z., & Yao, C. (2020). Determinação de clorpirifós em peras por espetroscopia Raman com análise de regressão de floresta aleatória. Analytical Letters, 53(6), 821-833.

Duarte, L. M., Paschoal, D., Izumi, C. M., Dolzan, M. D., Alves, V. R., Micke, G. A., Dos Santos, H. F., & de Oliveira, M. A. (2017). Determinação simultânea de aspartame, ciclamato, sacarina e acessulfame-K em adoçantes de mesa em pó por espetroscopia FT-Raman associada à calibração multivariada: Foram comparados os modelos PLS, iPLS e siPLS. Food Research International, 99, 106-114.

Duraipandian, S., Petersen, J. C., & Lassen, M. (2019). Análise de autenticidade e concentração de azeite virgem extra usando espetroscopia Raman espontânea e análise multivariada de dados. Ciências Aplicadas, 9(12), 2433.

El-Abassy, R. M., Donfack, P., & Materny, A. (2009). Espectroscopia Raman visível para a discriminação de azeites de diferentes óleos vegetais e a deteção de adulteração. Journal of Raman Spectroscopy, 40(9), 1284-1289.

El-Abassy, R. M., Donfack, P., & Materny, A. (2011). Discriminação entre café verde Arábica e Robusta usando espetroscopia micro Raman visível e análise quimiométrica. Food Chemistry, 126(3), 14431448.

Ellis, D. I., Broadhurst, D., Clarke, S. J., & Goodacre, R. (2005). Rapid identification of closely related muscle foods by vibrational spectroscopy and machine learning. Analyst, 130(12), 1648-1654.

Feng, S., Hu, Y., Ma, L., & Lu, X. (2017). Desenvolvimento de polímeros com impressão molecular - espetroscopia Raman de superfície aprimorada / sensor duplo colorimétrico para determinação de clorpirifós no suco de maçã. Sensores e Actuadores B: Químicos, 241, 750-757.

Fernandez, C. M. (2005). Quimiometria. Publicaciones Universidad de Valencia.

Figueiredo, L. P., Borem, F. M., Almeida, M. R., de Oliveira, L. F. C., de Carvalho Alves, A. P., dos Santos, C. M., & Rios, P. A. (2019). Espectroscopia Raman para a diferenciação de genótipos de café arábica. Química de Alimentos, 288, 262-267

Gabrielsson, J., & Trygg, J. (2006). Desenvolvimentos recentes na calibração multivariada. Critical Reviews in Analytical Chemistry, 36(3-4), 243-255.

Gao, F., Hu, Y., Chen, D., Li-Chan, E. C., Grant, E., & Lu, X. (2015). Determinação do Sudão I em pó de páprica por polímeros molecularmente impressos - cromatografia em camada fina - biossensor espetroscópico Raman de superfície aprimorada. Talanta, 143, 344-352.

Garvey, M. (2019). Poluição alimentar: Uma revisão abrangente das fontes químicas e biológicas de contaminação dos alimentos e do seu impacto na saúde humana. Nutrire, 44(1), 1.

Goodacre, R., Radovic, B. S., & Anklam, E. (2002). Progress towards the rapid nondestructive assessment of the floral origin of European honey using dispersive Raman spectroscopy. Applied Spectroscopy, 56(4), 521-527.

D. Granato, & G. Ares (2014). Métodos matemáticos e estatísticos em ciência e tecnologia alimentar. John Wiley & Sons.

Granato, D., Putnik, P., Kovacevic, D. B., Santos, J. S., Calado, V., Rocha, R. S., Da Cruz, A. G., Jarvic, B., Rodionova, O. Y., & Pomerantsev, A. (2010a). Tendências em quimiometria. Autenticação de alimentos, microbiologia e efeitos do processamento. Revisões abrangentes em ciência alimentar e segurança alimentar, 17 (3), 663-677.

Granato, D., Santos, J. S., Escher, G. B., Ferreira, B. L., & Maggio, R. M. (2018b). Uso de análise de componentes principais (PCA) e análise de agrupamento hierárquico (HCA) para associação multivariada entre compostos bioativos e propriedades funcionais em alimentos: Uma perspetiva crítica. Tendências em Ciência e Tecnologia de Alimentos, 72, 83-90.

Guillen-Casla, V., Rosales-Conrado, N., Leon-Gonzalez, M. E., Perez-Arribas, L. V., & Polo-Diez, L. (2011). Ferramentas estatísticas de análise de componentes principais (PCA) e regressão linear múltipla (MLR) para avaliar o efeito da irradiação por feixe de E em alimentos prontos para consumo. Analytica Chimica Ata, 24(3), 456-464.

Guo, Q., Wu, W., & Massart, D. L. (1999). A transformada de variante normal robusta para reconhecimento de padrões com dados no infravermelho próximo. Analytica Chimica Ata, 382, 87-103.

Guo, Y., Ni, Y., & Kokot, S. (2016). Avaliação de componentes químicos e propriedades da fruta jujuba usando espetroscopia de infravermelho próximo e quimiometria. Spectrochimica Ata Part A: Molecular Biomolecular Spectroscopy, 153, 79-86.

Guo, Z., Wang, M., Wu, J., Tao, F., Chen, Q., Wang, Q., Ouyang, Q., Shi, J., & Zou, X. (2019). Avaliação quantitativa de zearalenona no milho usando algoritmos multivariados acoplados à espetroscopia Raman. Food Chemistry, 286, 282-288.

Hassan, M. M., Chen, Q., Kutsanedzie, F. Y., Li, H., Zareef, M., Xu, Y., Yang, M., & Agyekum, A. A. (2019). previsão quimiométrica acoplada baseada em rGO-NS SERS de resíduo de acetamipride no chá verde. Jornal de Análise de Drogas Alimentares, 27(1), 145-153.

Hassan, M. M., Li, H., Ahmad, W., Zareef, M., Wang, J., Xie, S., Wang, P., Ouyang, Q., Wang, S., & Chen, Q. (2019). Substrato SERS baseado em nanoestrutura Au @ Ag para determinação simultânea de resíduos de pesticidas no chá por meio de extração em fase sólida acoplada à calibração multivariada. LWT-Ciência e Tecnologia Alimentar, 105, 290-297.

Haughey, S. A., Galvin-King, P., Ho, Y. C., Bell, S. E., & Elliott, C. T. (2015). A viabilidade do uso de técnicas espectroscópicas de infravermelho próximo e Raman para detetar adulteração fraudulenta de pós de pimenta com corante Sudan. Food Control, 48, 75-83.

He, S., Xie, W., Zhang, W., Zhang, L., Wang, Y., Liu, X., Liu, Y., & Du, C. (2015). Análise qualitativa multivariada de aditivos proibidos em segurança alimentar usando espetroscopia de espalhamento Raman aprimorada por superfície. Spectrochimica Ata Part A: Molecular Biomolecular Spectroscopy, 137, 1092-1099.

Heise, H. M., Damm, U., Lampen, P., Davies, A. N., & McIntyre, P. S. (2005). Spectral variable selection for partial least squares calibration applied to authentication and quantification of extra virgin olive oils using Fourier transform Raman spectroscopy. Applied Spectroscopy, 59(10), 1286-1294.

Hong, J., Kawashima, A., & Hamada, N. (2017). Uma fabricação simples de substrato de espalhamento Raman aprimorado por superfície plasmônica (SERS) para análise de pesticidas através da imobilização de nanopartículas de ouro na membrana UF. Ciência da Superfície Aplicada, 407, 440-446.

Hu, Y., Feng, S., Gao, F., Li-Chan, E. C., Grant, E., & Lu, X. (2015). Deteção de melamina no leite usando polímeros com impressão molecular - espetroscopia Raman de superfície aprimorada. Food Chemistry, 176, 123129.

Hu, Y., & Lu, X. (2016). Deteção rápida de melamina em água da torneira e leite usando polímeros conjugados de impressão molecular "one-step" - sensor espetroscópico Raman de superfície melhorada. Journal of Food Science, 81(5), N1272-N1280.

Huang, S., Hu, J., Guo, P., Liu, M., & Wu, R. (2015). Deteção rápida de resíduos de clorpirifos no arroz por dispersão Raman melhorada pela superfície. Analytical Methods, 7(10), 4334-4339.

Huang, S., Yan, W., Liu, M., & Hu, J. (2016). Deteção de pesticidas difenoconazol em pak choi por espetroscopia de dispersão Raman aprimorada por superfície acoplada a nanopartículas de ouro. Analytical Methods, 8(23), 4755-4761.

Izenman, A. J. J. (2008). Técnicas estatísticas multivariadas modernas. Regression, Classification Manifold Learning, 10, 978-970.

Jandric, Z., Haughey, S. A., Frew, R. D., McComb, K., Galvin-King, P., Elliott, C. T., & Cannavan, A. (2015). Discriminação de mel de diferentes origens florais por uma combinação de vários parâmetros químicos. Food Chemistry, 189, 52-59.

Jeanmaire, D. L., & Van Duyne, R. P. (1977). Espectroelectroquímica Raman de superfície: Parte I. Aminas heterocíclicas, aromáticas e alifáticas adsorvidas no elétrodo de prata anodizado. Journal of Electroanalytical Chemistry and Interfacial Electrochemistry, 84(1), 1-20.

Junior, P. H. R., de Sa Oliveira, K., de Almeida, C. E. R., De Oliveira, L. F. C., Stephani, R., da Silva Pinto, M., de Carvalho, A. F., & Perrone, I. T. (2016). FT-Raman e ferramentas quimiométricas para determinação rápida de parâmetros de qualidade em leite em pó:

Classificação de amostras quanto à presença de lactose e deteção de fraude por adição de maltodextrina. Química de Alimentos, 196, 584-588.

Karacaglar, N. N. Y., Bulat, T., Boyaci, I. H., & Topcu, A. (2019). Espectroscopia Raman acoplada a métodos quimiométricos para a discriminação de gorduras e óleos estranhos em creme e iogurte. Jornal de Análise de Alimentos e Medicamentos, 27(1), 101-110.

Karunathilaka, S. R., Farris, S., Mossoba, M. M., Moore, J. C., & Yakes, B. J. (2016). Caracterização de variâncias de leite em pó e instrumentação para o desenvolvimento de um método de deteção de espetroscopia Raman e quimiometria não direcionado para a avaliação da autenticidade. Contaminantes de Aditivos Alimentares: Parte A, 33(6), 921-932.

Karunathilaka, S. R., Farris, S., Mossoba, M. M., Moore, J. C., & Yakes, B. J. (2017). Deteção não direcionada de adulteração de leite em pó usando espetroscopia Raman e quimiometria: Estudo de caso da melamina. Contaminantes de aditivos alimentares: Parte A, 34(2), 170-182.

Karunathilaka, S. R., Yakes, B. J., He, K., Bruckner, L., & Mossoba, M. M. (2018). Primeiro uso de dispositivos espectroscópicos Raman portáteis e análise quimiométrica a bordo para a deteção de adulteração de leite em pó. Controlo Alimentar, 92, 137-146.

Karthick, K. P., Shankar, P., Blackman, C., & Chung, C. H. (2019). Avanços recentes em nanomateriais inorgânicos 2D para deteção SERS. Materiais Avançados, 31(34), 1803432.

Kim, M., Lee, S., Chang, K., Chung, H., & Jung, Y. M. (2012). Utilização de espectros Raman dependentes da temperatura para melhorar a precisão da análise de amostras complexas à base de óleo: Óleos de base lubrificante e azeites adulterados. Analytica Ahimica Ata, 748, 58-66.

Kogler, M., Zhang, B., Cui, L., Shi, Y., Yliperttula, M., Laaksonen, T., Viitala, T., & Zhang, K. (2016). Abordagem baseada em Raman em tempo real para identificação de biofouling. Sensores e Actuadores B: Químicos, 230, 411421.

Kumar, Y., & Karne, S. C. (2017). Análise espetral: Uma ferramenta rápida para a deteção de espécies em produtos cárneos. Tendências em Ciência e Tecnologia Alimentar, 62, 59-67.

Kutsanedzie, F. Y., Agyekum, A. A., Annavaram, V., & Chen, Q. (2020). Sensores SERS aprimorados por sinal de AgNPs acoplados a CAR-PLS e GA-PLS para deteção de ocratoxina A e aflatoxina B1. Food Chemistry, 315, 126231.

Kutsanedzie, F. Y., Chen, Q., Hassan, M. M., Yang, M., Sun, H., & Rahman, M. H. (2018). Algoritmos quimiométricos acoplados ao sistema de infravermelho próximo para enumeração da contagem total de fungos em solução pura de grãos de cacau. Food Chemistry, 240, 231-238.

Kwofie, F., Lavine, B. K., Ottaway, J., & Booksh, K. (2019). Incorporando a variabilidade da marca na classificação de óleos comestíveis por espetroscopia Raman. Journal of Chemometrics, 34(7), e3173.

Lai, K., Zhai, F., Zhang, Y., Wang, X., Rasco, B. A., & Huang, Y. (2011). Aplicação da espetroscopia Raman de superfície reforçada para análises de drogas sulfa restritas. Sensing Instrumentation for Food Quality Safety, 5(3-4), 91-96.

Leardi, R. (1996). Algoritmos genéticos na seleção de caraterísticas. Em James Devillers (Ed.), Genetic algorithms in molecular modeling (pp. 67-86). Elsevier.

Lee, H., Cho, B. K., Kim, M. S., Lee, W. H., Tewari, J., Bae, H., Sohn, S. I., & Chi, H. Y. (2013). Previsão de proteína bruta e teor de óleo de soja usando espetroscopia Raman. Sensores e Atuadores B:
Chemical, 185, 694-700.

Lee, K. M., Herrman, T. J., Bisrat, Y., & Murray, S. C. (2014). Viabilidade da espetroscopia Raman com reforço de superfície para deteção rápida de aflatoxinas no milho. Journal of Agricultural and Food Chemistry, 62(19), 4466-4474.

Loo, K. M., & Horrman, T. J. (2016). Dotorminação o provisão da contaminação por fumonisina no milho por espetroscopia Raman com reforço de superfície (SERS). Tecnologia de Bioprocessos Alimentares, 9(4), 588-603.

Lenhardt, L., Bro, R., Zekovic, I., Dramicanin, T., & Dramicanin, M. D. (2015). Espectroscopia de fluorescência acoplada a PARAFAC e PLS DA para caraterização e classificação de mel. Food Chemistry, 175, 284-291.

II, C., Huang, Y., Pei, L., Wu, W., Yu, W., Rasco, B. A., & Lai, K. (2014). Análises de vestígios de violeta de cristal e violeta de leucocristal com nanoesferas de ouro e nanosubstratos de ouro comerciais para espetroscopia Raman aprimorada por superfície. Food Analytical Methods, 7(10),

2107-2112.

III, H., Liang, Y., Xu, Q., & Cao, D. (2009). Rastreio de comprimentos de onda chave utilizando o método competitivo de amostragem reponderada adaptativa para calibração multivariada. Analytica Chimica Ata, 648(1), 77-84.

IV, H., Liu, S., Hassan, M. M., Ali, S., Ouyang, Q., Chen, Q., Wu, X., & Xu, Z. (2019). Análise quantitativa rápida de resíduos de Hg2 + em produtos lácteos usando SERS acoplado ao algoritmo ACO-BP-AdaBoost. Spectrochimica Ata Parte A: Espectroscopia Biomolecular Molecular, B, 223, 117281.

V, , J. L., Sun, D. W., Pu, H., & Jayas, D. S. (2017). Determinação de traços de tiofanato-metil e seu metabólito carbendazim com risco teratogênico em pimentão vermelho (Capsicumannuum L.) pela técnica de imagem Raman aprimorada por superfície. Química Alimentar, 218, 543-552.

VI, P., Long, F., Chen, W., Chen, J., Chu, P. K., & Wang, H. (2020). Fundamentos e aplicações de biossensores baseados em espetroscopia Raman aprimorada por superfície. Opinião Atual em Engenharia Biomédica, 13, 5159.

VII, S., Shan, Y., Zhu, X., Zhang, X., & Ling, G. (2012). Deteção de adulteração de mel por xarope de milho com alto teor de frutose e xarope de maltose usando espetroscopia Raman. Jornal de Composição e Análise de Alimentos, 28(1), 69-74.

VIII, X. L., Sun, C. J., Luo, L.-B., & He, Y. (2015). Deteção não destrutiva de chumbo cromo verde no chá por espetroscopia Raman. Scientific Reports, 5, 15729.

IX, Y., Fang, T., Zhu, S., Huang, F., Chen, Z., & Wang, Y. (2018). Deteção de adulteração de azeite com óleo de cozinha usado via espetroscopia Raman combinada com iPLS e SiPLS. Spectrochimica Ata Parte A: Espectroscopia Biomolecular Molecular, 189, 37-43.

Liang, P., Zhou, Y. F., Zhang, D., Chang, Y., Dong, Q. m., Huang, J., Rao, B. Q., Chen, B. Y., Yu, Z., Ni, D., & Liu, Z. G. (2019). Determinação baseada em SERS de vanilina e seus derivados de metila e etila usando nanopartículas de prata em forma de flor em uma pastilha de silício. Microchimica Ata, 186(5), 302.

Liao, Y. W., & Chen, S. F. (2017). Análise discriminante das origens geográficas do chá oolong usando espetroscopia Raman aprimorada por superfície. Em 2017 ASABE Annual International Meeting: Sociedade Americana de Engenheiros Agrícolas e Biológicos.

Lin, L., Dong, T., Nie, P., Qu, F., He, Y., Chu, B., & Xiao, S. (2018). Determinação rápida de pesticidas tiabendazol em estupro por espetroscopia Raman aprimorada por superfície. Sensores, 18(4), 1082.

Lin, L., Qu, F., Nie, P., Zhang, H., Chu, B., & He, Y. (2019). Determinação rápida e quantitativa de sildenafil em coquetel com base na espetroscopia Raman aprimorada por superfície. Molecules (Basileia, Suíça), 24(9), 1790.

Lin, M., He, L., Awika, J., Yang, L., Ledoux, D., Li, H. A., & Mustapha, A. (2008). Deteção de melamina em glúten, ração para galinhas e alimentos processados utilizando espetroscopia Raman de superfície melhorada e HPLC. Journal of Food Science, 73(8), T129-T134.

Liu, B., Lin, M., & Li, H. (2010). Potencial de SERS para a deteção rápida de melamina e ácido cianúrico extraídos do leite. Sensing Instrumentation for Food Quality Safety, 4(1), 13-19.

Liu, B., Zhou, P., Liu, X., Sun, X., Li, H., & Lin, M. (2013). Deteção de pesticidas em frutas por espetroscopia Raman aprimorada por superfície acoplada a nanoestruturas de ouro. Tecnologia de Bioprocessos Alimentares, 6(3), 710-718.

Liu, D., Han, Y., Zhu, L., Chen, W., Zhou, Y., Chen, J., Jiang, Z., Cao, X., & Dou, Z. (2017). Deteção quantitativa de isofenfós-metil em calos usando espetroscopia Raman aprimorada por superfície (SERS) com métodos quimiométricos. Food Analytical Methods, 10(5), 1202-1208.

Liu, D., Wu, Y., Gao, Z., & Yun, Y. H. (2019). Classificação comparativa não destrutiva de trigos cerosos parciais usando espetroscopia de infravermelho próximo e Raman. Crop Pasture Science, 70(5), 437-441.

Liu, H., Chen, Y., Shi, C., Yang, X., & Han, D. (2020). Fusão de dados de espetroscopia FT-IR e Raman com quimiometria para determinação simultânea de índices de qualidade química de óleos comestíveis durante a oxidação térmica. LWT-Ciência e Tecnologia Alimentar, 119, 108906.

Liu, Y., Ren, X., Yu, H., Cheng, Y., Guo, Y., Yao, W., & Xie, Y. (2020). Avaliação não destrutiva e online da frescura do ovo a partir da casca do ovo com base na espetroscopia Raman. Food Control, 118, 107426.

Lohumi, S., Lee, S., Lee, H., & Cho, B. K. (2015). Uma revisão das técnicas espectroscópicas vibracionais para a deteção de autenticidade e adulteração de alimentos. Tendências em Ciência e Tecnologia Alimentar, 46(1), 85-98.

Lopez-Diez, E. C., Bianchi, G., & Goodacre, R. (2003). Avaliação quantitativa rápida da adulteração de azeites virgens com óleos de avelã utilizando a espetroscopia Raman e a quimiometria. Journal of Agricultural Food Chemistry, 51(21), 6145-6150.

Luca, F., Conforti, M., Castrignano, A., Matteucci, G., & Buttafuoco, G. (2017). Efeito do tamanho do conjunto de calibração na previsão em escala local do carbono do solo por espetroscopia Vis-NIR. Geoderma, 288, 175-183.

Luna, A. S., da Silva, A. P., da Silva, C. S., Lima, I. C., & de Gois, J. S. (2019). Métodos quimiométricos para classificação de variedades clonais de café verde usando espetroscopia Raman e análise direta de amostras. Jornal de Análise da Composição de Alimentos, 76, 44-50.

Luna, A. S., da Silva, A. P., Pinho, J. S., Ferre, J., & Boque, R. (2013). Caracterização rápida de óleos de soja transgênicos e não transgênicos por métodos quimiométricos usando espetroscopia NIR. Spectrochimica Ata Part A: Molecular Biomolecular and Spectroscopy, 100, 115-119.

Maione, C., & Barbosa, R. M. (2019). Aplicações recentes de métodos de análise multivariada de dados na autenticação de arroz e os parâmetros mais analisados: Uma revisão. Revisões críticas em ciência dos alimentos
and Nutrition, 59(12), 1868-1879.

Mandrile, L., Giovannozzi, A. M., Durbiano, F., Martra, G., & Rossi, A. M. (2018). Deteção rápida e sensível de resíduos de pirimetanil em frutas de pomóideas por espalhamento Raman aprimorado por superfície. Química Alimentar, 244, 16-24.

Mandrile, L., Zeppa, G., Giovannozzi, A. M., & Rossi, A. M. (2016). Controlo da denominação de origem protegida do vinho por espetroscopia Raman. Food Chemistry, 211, 260-267.

Maquina, A. D. V., Sitoe, B. V., Buiatte, J. E., Santos, D. Q., & Neto, W B. (2019). Quantificação e classificação do teor de biodiesel de algodão em misturas de diesel, utilizando espetroscopia de infravermelho médio e métodos quimiométricos. Fuel, 237, 373-379.

Marquardt, B. J., & Wold, J. P. (2004). Análise Raman do peixe: Um método potencial para o rastreio rápido da qualidade. LWT-Food Science and Technology, 37(1), 1-8.

McCreery, R. L. (2001). Espectroscopia Raman para análise química. Measurement Science and Technology, 12(5), 653.

McDowell, D., Osorio, M. T., Elliott, C. T., & Koidis, A. (2018). Deteção de adição de óleo de girassol e colza refinado em óleo de colza prensado a frio usando espetroscopia de infravermelho médio e Raman. Jornal Europeu de Tecnologia da Ciência dos Lípidos, 120(7), 1700472.

McGrath, T. F., Haughey, S. A., Patterson, J., Fauhl-Hassek, C., Donarski, J., Alewijn, M., van Ruth, S., & Elliott, C. T. (2018). Quais são os desafios científicos na passagem de métodos direcionados para métodos não direcionados para testes de fraude alimentar e como eles podem ser abordados? Tendências em Ciência e Tecnologia Alimentar, 76, 38-55.

Mei C. L., Chen Y., Yin L., Jiang H., Chen X., Ding Y. H., & Liu G. H. (2018). Seleção de comprimento de onda por siPLS- LASSO para espetroscopia NIR e sua aplicação, 38 (2), 436-440.

Mei C. L., Guo D., Chen G., Cai J. P., & Li J. N. (2024). Controlo adaptativo com disparo de evento para uma classe de sistemas não lineares com entrada de zona morta. Eletrónica, 13(1), 210.

Mei C. L., Xue Y. C., Li Q. H., & Jiang H. (2024). Modelo de aprendizagem profunda baseado em espectros moleculares para determinar resíduos de clorpirifós no óleo de milho. Física e Tecnologia do Infravermelhos, 140, 105402.

Mendes, L. S., Oliveira, F. C., Suarez, P. A., & Rubim, J. C. (2003). Determinação de etanol em etanol combustível e bebidas por espetrometria de infravermelho próximo com transformada de Fourier (FT) e espetrometria FT-Raman. Analytica Chimica Ata, 493(2), 219-231.

Monago-Marana, O., Eskildsen, C. E., Afseth, N. K., Galeano-Diaz, T., de la Pena, A. M., & Wold, J. P. (2019). Espetroscopia Raman não destrutiva como uma ferramenta para medir os valores de cor ASTA e o conteúdo de Sudan I em pó de páprica. Química Alimentar, 274, 187-193.

Moros, J., Garrigues, S., & De la Guardia, M. (2007). Avaliação de parâmetros nutricionais em fórmulas infantis e leite em pó por espetroscopia Raman. Analytica Chimica Ata, 593(1), 30-38.

Moros, J., Garrigues, S., & de la Guardia, M. (2010). A espetroscopia vibracional fornéce uma ferramenta verde para análise multicomponente. Tendências em Química Analítica, 29(7), 578-591.

Nache, M., Hinrichs, J., Scheier, R., Schmidt, H., & Hitzmann, B. (2016). Previsão do pH como indicador da qualidade da carne suína usando espetroscopia Raman e metaheurística. Chemometrics Intelligent Laboratory Systems, 154, 45-51.

Nedeljkovic, A., Tomasevic, I., Miocinovic, J., & Pudja, P. (2017). Viabilidade de discriminação de cremes lácteos e análogos semelhantes a creme usando espetroscopia Raman e análise quimiométrica. Food Chemistry, 232, 487-492.

Nian, Y., Zhao, M., O'Donnell, C. P., Downey, G., Kerry, J. P., & Allen, P. (2017). Avaliação de caraterísticas físico-químicas relacionadas à qualidade alimentar de bovinos leiteiros jovens em diferentes tempos de envelhecimento usando espetroscopia Raman e quimiometria. Food Research International, 99, 778-789.

Nieuwoudt, M. K., Holroyd, S. E., McGoverin, C. M., Simpson, M. C., & Williams, D. E. (2017). Triagem de adulterantes em leite líquido usando um espectrômetro Raman portátil em miniatura com sonda de imersão. Applied Spectroscopy, 71(2), 308-312.

Nordon, A., Mills, A., Burn, R. T., Cusick, F. M., & Littlejohn, D. (2005). Comparação de espectrometrias NIR e Raman não invasivas para a determinação do teor alcoólico de bebidas espirituosas. Analytica Chimica Ata, 548(1-2), 148-158.

N0rgaard, L., Saudland, A., Wagner, J., Nielsen, J. P., Munck, L., & Engelsen, S. B. (2000). Regressão por mínimos quadrados parciais de intervalo (i PLS): A comparative chemometric study with an example from near-infrared spectroscopy. Applied Spectroscopy, 54(3), 413-419.

Norris, K. H., & Williams, P. C. (1984). Otimização de tratamentos matemáticos do sinal de infravermelho próximo bruto na medição de proteínas em trigo duro vermelho de primavera. I. Influência do tamanho das partículas. Cereal Chemistry, 61(2), 158-165.

Osorio, M. T., Haughey, S. A., Elliott, C. T., & Koidis, A. (2015). Identificação da especiação botânica de óleo vegetal em misturas de óleo vegetal refinado usando uma combinação inovadora de técnicas cromatográficas e espectroscópicas. Food Chemistry, 189, 67-73.

Ou, Y., Pei, L., Lai, K., Huang, Y., Rasco, B. A., Wang, X., & Fan, Y. (2017). Análise rápida de vários corantes sudan em flocos de pimenta usando espetroscopia Raman aprimorada por superfície acoplada a nanoesferas de casca de núcleo Au-Ag. Food Analytical Methods, 10(3), 565-574.

Pan, Y., Lai, K., Fan, Y., Li, C., Pei, L., Rasco, B. A., & Huang, Y. (2014). Determinação de tertbutylhydroquinone em óleos vegetais usando espetroscopia Raman aprimorada por superfície. Journal of Food Science, 79(6), T1225-T1230.

Paradkar, M. M., & Irudayaraj, J. (2002). Discriminação e classificação de invertidos de beterraba e cana no mel por espetroscopia FT-Raman. Food Chemistry, 76(2), 231-239.

Pedersen, D. K., Morel, S., Andersen, H. J., & Engelsen, S. B. (2003). Previsão precoce da capacidade de retenção de água na carne por espetroscopia vibracional multivariada. Meat Science, 65(1), 581-592.

Pierna, J. A. F., Abbas, O., Dardenne, P., & Baeten, V. (2011). Discriminação do mel da Córsega por espetroscopia FT-Raman e quimiometria. Base.

Pierna, J. A. F., Duponchel, L., Ruckebusch, C., Bertrand, D., Baeten, V., & Dardenne, P. (2012). Identificação de cerveja trapista por espetroscopia vibracional: Um desafio quimiométrico colocado na "Chimiometrie 2010'congress. Chemometrics Intelligent Laboratory Systems, 113, 2-9.

Pomerantsev, A. L., & Rodionova, O. Y. (2014). Conceito e papel dos objectos extremos em PCA/SIMCA. Journal of Chemometrics, 28(5), 429-438.

Riahi, S., Ganjali, M. R., Norouzi, P., & Jafari, F. (2008). Aplicação de GA-MLR, GA-PLS e cálculos de mecânica quântica (QM) DFT para a previsão dos coeficientes de seletividade de um elétrodo seletivo de histamina. Sensores e Actuadores B: Químicos, 132(1), 13-19.

Richardson, P. I., Muhamadali, H., Ellis, D. I., & Goodacre, R. (2019). Quantificação rápida da adulteração de água de coco fresca por diluição e açúcares usando espetroscopia Raman e quimiometria. Química Alimentar, 272, 157-164.

Rinnan, A., Van Den Berg, F., & Engelsen, S. B. (2009). Revisão das técnicas de pré-processamento mais comuns para espectros de infravermelho próximo. Tendências em Química Analítica, 28(10), 1201-1222.

Rodionova, O. Y., Titova, A. V., & Pomerantsev, A. L. (2016). A análise discriminante é um método inadequado de autenticação. TrAC Tendências em Química Analítica, 78, 17-22.

Rodriguez, S. B., Thornton, M. A., & Thornton, R. J. (2013). Espectroscopia Raman e quimiometria para identificação e discriminação de estirpes das leveduras de deterioração do vinho Saccharomyces cerevisiae, Zygosaccharomyces bailii e Brettanomyces bruxellensis. Applied and Environmental Microbiology, 79(20), 6264-6270.

Rodriguez, S. B., Thornton, M. A., & Thornton, R. J. (2017). Discriminação de bactérias do ácido lático do vinho por espetroscopia Raman. Journal of Industrial Microbiology Biotechnology, 44(8), 1167-1175.

Ryder, A. G., O'Connor, G. M., & Glynn, T. J. (1999). Identificações e medições quantitativas de narcóticos em misturas sólidas utilizando espetroscopia Raman de infravermelhos próximos e análise multivariada. Journal of Forensic Science, 44(5), 1013-1019.

Salvador, L., Guijarro, M., Rubio, D., Aucatoma, B., Guillen, T., Vargas Jentzsch, P., Ciobota, V., Stolker, L., Ulic, S., & Vasquez, L. (2019). Monitoramento exploratório da qualidade e autenticidade do mel comercial no Equador. Foods, 8(3), 105.

Sanchez-Lopez, E., Sanchez-Rodriguez, M. I., Marinas, A., Marinas, J. M., Urbano, F. J., Caridad, J. M., & Moalem, M. (2016). Estudo quimiométrico dos espectros Raman dos azeites virgens extra da Andaluzia: Informação qualitativa e quantitativa. Talanta, 156, 180-190.

Santos, C. C., Zhao, J., Dong, X., Lonergan, S. M., Huff-Lonergan, E., Outhouse, A., Carlson, K. B., Prusa, K. J., Fedler, C. A., Yu, C., & Shackelford, S. D. (2018). Previsão da qualidade da carne de porco envelhecida usando um dispositivo Raman portátil. Ciência da Carne, 145, 79-85.

Savitzky, A., & Golay, M. J. (1964). Suavização e diferenciação de dados por procedimentos simplificados de mínimos quadrados. Analytical Chemistry, 36, 1627-1639.

Schlucker, S. (2014). Espectroscopia Raman com reforço de superfície: Conceitos e aplicações químicas. Angewandte Chemie International Edition, 53(19), 4756-4795.

Sebben, J. A., da Silveira Espindola, J., Ranzan, L., de Moura, N. F., Trierweiler, L. F., & Trierweiler, J. O. (2018). Desenvolvimento de uma abordagem quantitativa utilizando espetroscopia Raman para carotenoides
na batata-doce transformada. Food Chemistry, 245, 1224-1231.

Silge, A., Schumacher, W., Rosch, P., Da Costa Filho, P. A., Gerard, C., & Popp, J. (2014). Identificação de Pseudomonas aeruginosa condicionada por água por microspectroscopia Raman em um único nível de célula. Microbiologia Sistemática e Aplicada, 37(5), 360-367.

Silveira Jr., L., Moreira, L. M., Conceigao, V. G., Casalechi, H. L., Munoz, I. S., Da Silva, F. F., Silva, M. A. S., De Souza, R. A., & Pacheco, M. T. T. (2009). Determinação da concentração de sacarose em refrigerantes tipo limão por espetroscopia Raman dispersiva. Spectroscopy, 23(3-4), 217-226.

Sowoidnich, K., Schmidt, H., Kronfeldt, H. D., & Schwagele, F. (2012). Um sistema portátil de sensor Raman de 671 nm para identificação rápida de deterioração da carne. Vibrational Spectroscopy, 62, 70-76.

Stefanov, I., Baeten, V., De Baets, B., & Fievez, V. (2013). Rumo à espetroscopia combinatória: O caso da determinação de ácidos gordos menores do leite. Talanta, 112, 101-110.

Stiles, P. L., Dieringer, J. A., Shah, N. C., & Van Duyne, R. P. (2008). Surface-enhanced Raman spectroscopy. Revisão Anual de Química Analítica, 1, 601-626.

Sun, Z., Du, J., & Jing, C. (2016). Progresso recente na deteção de mercúrio usando espetroscopia Raman aprimorada por superfície - uma revisão. Jornal do Ciências Ambientais, 39, 134-143.

Sundaram, J., Park, B., Kwon, Y., & Lawrence, K. C. (2013). Dispersão Raman reforçada pela superfície (SERS) com nanosubstratos de prata encapsulados em biopolímero para deteção rápida de agentes patogénicos de origem alimentar. Jornal Internacional de Microbiologia Alimentar, 167(1), 67-73.

Taylan, O., Cebi, N., Yilmaz, M. T., Sagdic, O., & Bakhsh, A. (2020). Deteção de banha na manteiga usando espetroscopia Raman combinada com quimiometria. Química Alimentar, 332, 127344.

Teixeira, C. A., & Poppi, R. J. (2020). Substrato SERS baseado em papel e classificador de uma classe para monitorar os níveis residuais de tiabendazol em extratos de cascas de manga. Spectrochimica Ata Part A: Molecular and Biomolecular Spectroscopy, 229, 117913.

Tena, N., Aparicio, R., Baeten, V., Garcia-Gonzalez, D. L., & Fernandez-Pierna, J. A. (2019). Avaliação do desempenho da espetroscopia vibracional na identificação geográfica de azeites virgens: Um estudo a nível mundial. Jornal Europeu de Tecnologia da Ciência dos Lípidos, 121(12), 1900035.

Tiryaki, G. Y., & Ayvaz, H. (2017). Quantificação da adulteração de óleo de soja em azeite virgem extra usando espetroscopia Raman portátil. Journal of Food Measurement Characterization, 11(2), 523-529.

Varra, M. O., Fasolato, L., Serva, L., Ghidini, S., Novelli, E., & Zanardi, E. (2020). Uso de espetroscopia de infravermelho próximo acoplada à quimiometria para deteção rápida de salsichas fermentadas secas irradiadas. Food Control, 110, 107009.

Velioglu, H. M., Temiz, H. T., & Boyaci, I. H. (2015). Diferenciação de amostras de peixe fresco e congelado-descongelado usando espetroscopia Raman acoplada à análise quimiométrica. Food Chemistry, 172, 283-290.

Villa, J. E., Afonso, M. A., Dos Santos, D. P., Mercadal, P. A., Coronado, E. A., & Poppi, R. J. (2020). Formação de clusters de ouro coloidal e quimiometria para determinação direta de SERS de bioanalitos em meios complexos. Spectrochimica Ata Parte A: Molecular Biomolecular e Espectroscopia, 224, 117380.

Wang, J., Xie, X., Feng, J., Chen, J. C., Du, X. J., Luo, J., Lu, X., & Wang, S. (2015). Deteção rápida de Listeria monocytogenes no leite usando espetroscopia micro-Raman confocal e análise quimiométrica. Jornal Internacional de Microbiologia Alimentar, 204, 66-74.

Wang, J., Zareef, M., He, P., Sun, H., Chen, Q., Li, H., Ouyang, Q., Guo, Z., Zhang, Z., & Xu, D. (2019). Avaliação do índice de qualidade do chá matcha usando espetroscopia NIR portátil acoplada a algoritmos quimiométricos. Jornal da Ciência da Agricultura Alimentar, 99(11), 5019-5027.

Wang, Q., Lonergan, S. M., & Yu, C. (2012). Determinação rápida da qualidade sensorial da carne de porco usando espetroscopia Raman. Meat Science, 91(3), 232-239.

Wang, W., Hynninen, V., Qiu, L., Zhang, A., Lemma, T., Zhang, N., Ge, H., Toppari, J. J., Hytonen, V. P., & Wang, J. (2017). Aprimoramento sinérgico por meio de supercristais plasmônicos de nanoplacas-bactérias-nanorodes para deteção SERS altamente eficiente de bactérias de origem alimentar. Sensores e Actuadores B: Químicos, 239, 515525.

Weng, S., Qiu, M., Dong, R., Wang, F., Huang, L., Zhang, D., & Zhao, J. (2018). Deteção rápida de fentião em cascas de frutas e vegetais usando espetroscopia Raman dinâmica aprimorada por superfície e florestas aleatórias com seleção de variáveis. Spectrochimica Ata Parte A: Molecular Biomolecular e Espectroscopia, 200, 20-25.

Weng, S., Zhu, W., Li, P., Yuan, H., Zhang, X., Zheng, L., Zhao, J., Huang, L., & Han, P. (2020). Espectroscopia Raman dinâmica de superfície aprimorada para a deteção de resíduos de acefato no arroz usando nanobastões de ouro modificados com cisteamina e métodos multivariantes. Food Chemistry, 310, 125855.

Weng, S., Zhu, W., Zhang, X., Yuan, H., Zheng, L., Zhao, J., Huang, L., & Han, P. (2019). Avanços recentes na tecnologia Raman com aplicações na agricultura, alimentação e biossistemas: Uma revisão. Inteligência Artificial na Agricultura, 3, 1-10.

Wijaya, W., Pang, S., Labuza, T. P., & He, L. (2014). Deteção rápida de acetamipride em alimentos usando espetroscopia Raman aprimorada por superfície (SERS). Journal of Food Science, 79(4), T743-T747.

Witkowska, E., Korsak, D., Kowalska, A., Ksi^zopolska-Gocalska, M., NiedzHka-J, J., Rozniecka, E., Michalowicz, W., Albrycht, P., Podrazka, M., Holyst, R., & Waluk, J. (2017). Espectroscopia Raman de superfície melhorada introduzida nos regulamentos da Organização Internacional de Normalização (ISO) como um método alternativo para a deteção e identificação de agentes patogénicos na indústria alimentar. Analytical and Bioanalytical Chemistry, 409(6), 1555-1567.

Wu, Y. X., Liang, P., Dong, Q. M., Bai, Y., Yu, Z., Huang, J., Zhong, Y., Dai, Y. C., Ni, D., Shu, H. B., & Pittman Jr, C. U. (2017). Projeto de uma nanopartícula de prata para deteção de espetroscopia Raman aprimorada por superfície sensível de corante carmim. Food Chemistry,

237, 974-980.

Wu, Z., Long, J., Xu, E., Wang, F., Xu, X., Jin, Z., & Jiao, A. (2016). Um estudo de viabilidade sobre a avaliação das propriedades de qualidade do vinho de arroz chinês usando espetroscopia Raman. Food Analytical Methods, 9(5), 1210-1219.

Wu, Z., Xu, E., Long, J., Wang, F., Xu, X., Jin, Z., & Jiao, A. (2015). Medição dos parâmetros de fermentação do vinho de arroz chinês usando espetroscopia Raman combinada com métodos de regressão linear e não linear. Food Control, 56, 95-102.

Xiong, Z., Chen, X., Liou, P., & Lin, M. (2017). Desenvolvimento de celulose nanofibrilada revestida com nanopartículas de ouro para medição de melamina por SERS. Cellulose, 24(7), 2801-2811.

Xu, M. L., Gao, Y., Han, X. X., & Zhao, B. (2017). Deteção de resíduos de pesticidas em alimentos usando espetroscopia Raman aprimorada por superfície: Uma revisão. Journal of Agricultural and Food Chemistry, 65(32), 67196726.

Xu, Y., Kutsanedzie, F. Y., Hassan, M. M., Li, H., & Chen, Q. (2019). Compósito de Au NPs @ sílica sintetizado como substrato de espetroscopia Raman aprimorada por superfície (SERS) para deteção rápida de contaminantes de traços no leite. Spectrochimica Ata Parte A: Molecular Biomolecular e Espectroscopia, 206, 405-412.

Yande, L., Yuxiang, Z., Haiyang, W., & Bing, Y. (2016). Deteção de pesticidas na pele da laranja do umbigo por espetroscopia Raman aprimorada na superfície acoplada a nanoestruturas Ag. Jornal Internacional de Engenharia Agrícola e Biológica, 9(2), 179-185.

Yang, H., & Irudayaraj, J. (2001). Comparação dos métodos de infravermelho próximo, infravermelho com transformada de Fourier e transformada de Fourier-Raman para determinar a adulteração de óleo de bagaço de azeitona em azeite virgem extra. Journal of the American Oil Chemists' Society, 78(9), 889.

Yang, H., & Irudayaraj, J. (2003). Deteção rápida de microrganismos de origem alimentar na superfície dos alimentos utilizando a espetroscopia Raman com transformada de Fourier. Journal of Molecular Structure, 646(1-3), 35-43.

Yun, Y. H., Li, H. D., Wood, L. R., Fan, W., Wang, J. J., Cao, D. S., Xu, Q. S., & Liang, Y. Z. (2013). Um método eficiente de seleção de intervalo de comprimento de onda baseado em sapo aleatório para calibração espetral multivariada. Spectrochimica Ata Part A: Molecular Biomolecular and Spectroscopy, 111, 31-36.

Zanuttin, F., Gurian, E., Ignat, I., Fornasaro, S., Calabretti, A., Bigot, G., & Bonifacio, A. (2019). Caracterização de vinhos brancos do nordeste da Itália com espetroscopia Raman intensificada por superfície. Talanta, 203, 99-105.

Zielinski, A. A., Haminiuk, C. W., Nunes, C. A., Schnitzler, E., van Ruth, S. M., & Granato, D. (2014). Composição química, propriedades sensoriais, proveniência e bioatividade de sucos de frutas avaliadas por quimiometria: A critical review and guideline. Revisões abrangentes em ciência alimentar e segurança alimentar, 13(3), 300-316.

Zhang, D., Liang, P., Ye, J., Xia, J., Zhou, Y., Huang, J., Ni, D., Tang, L., Jin, S., & Yu, Z. (2019). Deteção de resíduos de pesticidas sistêmicos em produtos de chá em nível de rastreamento com base em SERS e verificado por GC-MS. Química Analítica e Bioanalítica, 411(27), 7187-7196.

Zhang, X., Qi, X., Zou, M., & Liu, F. (2011). Autenticação rápida de azeite de oliva por espetroscopia Raman usando análise de componentes principais. Analytical Letters, 44(12), 2209-2220.

Zhang, X. F., Zou, M. Q., Qi, X. H. Liu, F., Zhang, C., & Yin, F. (2011). Deteção quantitativa de azeite adulterado por espetroscopia Raman e quimiometria. Journal of Raman Spectroscopy, 42(0), 17841788.

Zhang, Y., Huang, Y., Zhai, F., Du, R., Liu, Y., & Lai, K. (2012). Análises de enrofloxacina, furazolidona e verde malaquita em produtos de peixe com espetroscopia Raman de superfície melhorada. Food Chemistry, 135(2), 845-850.

Zhang, Y., Lai, K., Zhou, J., Wang, X., Rasco, B. A., & Huang, Y. (2012). Uma nova abordagem para determinar o verde de leucomalaquita e o verde de malaquita em filetes de peixe com espetroscopia Raman aprimorada por superfície (SERS) e análises multivariadas. Journal of Raman Spectroscopy, 43(9), 1208-1213.

Zhao, B., Feng, S., Hu, Y., Wang, S., & Lu, X. (2019). Determinação rápida de atrazina em suco de maçã usando polímeros com impressão molecular acoplados a nanopartículas de ouro - quimiossensor duplo colorimétrico / SERS. Química Alimentar, 276, 366-375.

Zhao, J. H., Yuan, H. C., Peng, Y. J., Hong, Q., & Liu, M. H. (2017). Deteção de resíduos de cloridrato de Ractopamina e Clenbuterol em carne de porco usando espetroscopia Raman aprimorada por superfície. Journal of Applied Spectroscopy, 84(1), 76-81.

Zhao, M., Downey, G., & O'Donnell, C. P. (2015). Espectroscopia Raman dispersiva e análise multivariada de dados para detetar adulteração de miudezas em hambúrgueres de carne descongelados. Journal of Agricultural Food Chemistry, 63(5), 1433-1441.

Zhao, M., Markiewicz-Keszycka, M., Beattie, R. J., Casado-Gavalda, M. P., Cama-Moncunill, X., O'Donnell, C. P., Cullen, P. J., & Sullivan, C. (2020). Quantificação de cálcio em fórmulas infantis usando espetroscopia de decomposição induzida por laser (LIBS), infravermelho médio com transformada de Fourier (FT-IR) e espetroscopia Raman combinada com quimiometria, incluindo fusão de dados. Food Chemistry, 320, 126639.

Zhao, M., Nian, Y., Allen, P., Downey, G., Kerry, J. P., & O'Donnell, C. P. (2018). Aplicação de espetroscopia Raman e técnicas quimiométricas para avaliar as caraterísticas sensoriais da carne de touro leiteiro jovem. Food Research International, 107, 27-40.

Zhou, T., Fan, M., You, R., Lu, Y., Huang, L., Xu, Y., Feng, S., Wu, Y., Shen, H., & Zhu, L. (2020). Fabricação de estrutura sanduíche Fe3O4 / Au @ ATP @ Ag Nanorod para deteção quantitativa sensível de histamina por SERS. Analytica Chimica Ata, 1104, 199-206.

Zhu, J., Agyekum, A. A., Kutsanedzie, F. Y., Li, H., Chen, Q., Ouyang, Q., & Jiang, H. (2018). Análise qualitativa e quantitativa de resíduos de clorpirifós no chá por espetroscopia Raman aprimorada por superfície (SERS) combinada com modelos quimiométricos. LWT-Ciência e Tecnologia Alimentar, 97, 760-769.

Zhu, J., Ahmad, W., Jiao, T., Wang, J., Jiang, H., Li, H., & Chen, Q. (2020). Abordagem de otimização iterativa de combinação de intervalo acoplada a SIMPLS (ICIOA-SIMPLS) para análise quantitativa de espectros de espalhamento Raman aprimorado por superfície (SERS). Analytica Chimica Ata, 1105, 45-55.

Zhu, J., Ahmad, W., Xu, Y., Liu, S., Chen, Q., Hassan, M. M., & Ouyang, Q. (2019). Desenvolvimento de um novo método de seleção de comprimento de onda para a determinação de traços de clorpirifós em substrato Au @ Ag NPs acoplado à espetroscopia Raman aprimorada por superfície. Analyst, 144(4), 1167-1177.

Zou, M. Q., Zhang, X. F., Qi, X. H., Ma, H. L., Dong, Y., Liu, C. W., Guo, X. U., & Wang, H. (2009). Autenticação rápida da adulteração de azeite por espetrometria Raman. Journal of Agricultural Food Chemistry, 57(14), 6001-6006.

Capítulo 2

Deteção do índice de acidez do óleo alimentar Armazenamento

2.1 Introdução

O óleo alimentar tem um elevado valor nutricional e é particularmente rico em ácidos gordos, que são essenciais para a saúde das pessoas. No entanto, é suscetível à luz, ao oxigénio, aos microrganismos, às enzimas, etc., o que facilita a hidrólise e a oxidação durante o armazenamento, resultando na produção de ácidos gordos livres e na deterioração do ranço (Zhao et al. 2019). O valor de acidez é um dos indicadores de segurança importantes do óleo comestível. Quanto menor for o valor ácido, melhor será a frescura e o grau de refinação do óleo comestível. A literatura atual mostrou que o valor nutricional do óleo comestível também diminuirá com o aumento do valor ácido, e o consumo a longo prazo de óleo comestível com elevado valor ácido será prejudicial para a saúde humana (Tavakoli et al. 2019). Por conseguinte, um método alternativo que possa determinar rapidamente o valor ácido no armazenamento de óleo comestível terá um significado prático para melhorar a qualidade de vida das pessoas e controlar a qualidade do óleo armazenado nas empresas. No entanto, o método atual de medição do valor de acidez previsto na norma nacional consome um grande número de reagentes químicos e o processo de operação é complicado e está sujeito a factores subjectivos. Por conseguinte, o desenvolvimento de um método de deteção rápido, não destrutivo e de alta precisão do valor de acidez do óleo comestível é vital para que as entidades reguladoras e os fabricantes possam obter convenientemente a situação do óleo comestível.

Nos últimos anos, os métodos analíticos de espectros moleculares têm sido aplicados com sucesso na análise da qualidade do óleo comestível (Geng et al. 2019; Mo et al. 2017; Nunes 2014; Wojcicki et al. 2015; Wu et al. 2009; Zhou et al. 2015). Entre eles, a espetroscopia Raman é uma nova técnica de espetroscopia de deteção rápida e não destrutiva que possui alta sensibilidade e precisão; portanto, tem sido amplamente aplicada em muitos campos (Hassan et al. 2019a, b; Jiang et al. 2019a, 2020; Kutsanedzie et al. 2020; Li et al. 2017; Xu et al. 2020; Zhu et al. 2018). O espetro Raman reflecte a informação de vibração da molécula, que contém bandas de frequência isoladas com menos interferência (Yang et al. 2005). Além disso, o forte sinal dos grupos não polares no óleo comestível (como C=C) fornece impressões digitais especiais para a estrutura dos ácidos gordos insaturados (Du et al. 2019), o que estabelece uma base teórica para a análise quantitativa das alterações dos indicadores de qualidade durante o armazenamento do óleo comestível. Assim, esta tecnologia também tem sido explorada na deteção de indicadores do valor ácido do óleo comestível (ElAbassy et al. 2009; Jimenez-Sanchidrian e Rafael Ruiz 2016; Kim et al. 2014). No entanto, a maioria dos estudos actuais baseou-se em cálculos empíricos ou teóricos para estabelecer um modelo quantitativo do valor de acidez do óleo alimentar. A premissa de estabelecer um modelo quantitativo deste tipo requer uma forte relação linear entre as variáveis de entrada e de saída, e não houve discussões ou provas relevantes nas investigações actuais. Por conseguinte, a fiabilidade do modelo de deteção linear do índice de acidez com base num único número de onda do espetro Raman tem de ser verificada mais aprofundadamente.

A seleção de variáveis caraterísticas tem sido amplamente aplicada com sucesso na análise da espetroscopia no infravermelho próximo (NIR) (Chen et al. 2015; Kutsanedzie et al. 2019; Zou et al. 2010). Para a análise quantitativa da espetroscopia Raman, assume-se que a relação entre o espetro e os atributos do alvo não é uma relação linear simples, mas uma relação não linear mais complexa. Nos últimos anos, a máquina de vectores de suporte do método não linear tem sido aplicada à construção de modelos quantitativos de deteção da espetroscopia Raman (Deng et al. 2013; Dong et al. 2013). Em comparação com o modelo linear, o modelo não linear pode efetivamente melhorar a precisão da previsão do modelo até certo ponto. Além disso, considerando o método de seleção dos números de onda na análise NIR, é possível obter um modelo de análise quantitativa do espetro Raman mais razoável com a ajuda dos números de onda caraterísticos optimizados por cálculos matemáticos. Tendo em conta o que precede, este estudo introduzirá dois métodos de seleção de variáveis: bootstrapping soft shrinkage (BOSS) (Deng et al. 2016) e variable combination population analysis (VCPA) (Yun et al. 2015), que se baseiam na estratégia de model population analysis (MPA) para a otimização das caraterísticas dos espectros Raman, e serão estabelecidos modelos de regressão support vetor machine (SVM) com os respectivos números de onda caraterísticos optimizados. As vantagens potenciais dos dois métodos de VCPA e BOSS na mineração de caraterísticas espectrais Raman de óleo comestível são reflectidas pela comparação do desempenho do modelo SVM.

Por conseguinte, o objetivo deste estudo é estabelecer um modelo quantitativo fiável e razoável do valor de acidez do óleo alimentar através do espetro Raman. (1) Recolha de espectros Raman e medição do valor ácido de amostras de óleo comestível durante diferentes períodos de armazenamento; (2) Utilização de Savitzky-Golay (SG) combinado com correção de dispersão múltipla (MSC) para pré-processar os espectros Raman adquiridos; (3) Introdução de VCPA e BOSS para otimizar os números de onda caraterísticos dos espectros Raman pré-processados; (4) Estabelecimento de modelos quantitativos SVM baseados nos números de onda caraterísticos optimizados por VCPA e BOSS; e (5) análise dos resultados do modelo.

2.2 Materiais e métodos

2.2.1 Preparação da amostra

A fim de escolher as amostras diversificadas e representativas que eram populares entre os

Consumidores chineses, doze garrafas de óleo comestível foram compradas no supermercado local, em Zhenjiang, província de Jiangsu, China, incluindo óleo de soja, óleo de colza, óleo de milho e óleo de semente de girassol, e cada variedade foi comprada de três marcas diferentes. Dado que o ano de produção da amostra também é uma variável importante (Kwofie et al. 2020a, b), por isso, ao selecionar as amostras de óleo comestível, tentamos escolher óleos comestíveis com datas de produção semelhantes para as experiências de armazenamento, de modo a obter a mesma frescura possível a partir do momento em que os óleos comestíveis saíram da fábrica, e utilizamos a técnica de espetroscopia Raman para monitorizar as alterações no seu valor ácido. A especificação de cada garrafa de óleo era de 5 kg/garrafa. As datas de produção de todos os óleos alimentares foram fixadas num mês antes da experiência, para garantir a sua frescura. Para simular as condições de armazenamento do armazém ou da prateleira durante o processo de venda, todas as amostras de óleo comestível foram armazenadas numa sala escura a 20 °C e a humidade relativa era inferior a 15%. Os óleos alimentares armazenados foram objeto de amostragem de 1 em 1 mês, sendo recolhidas três amostras de cada óleo alimentar de cada vez. Em seguida, foram determinados os espectros Raman e o índice de acidez das três amostras, e a média das três medições foi utilizada como amostra do óleo alimentar no momento da amostragem. Desta forma, podem ser obtidas doze amostras de óleo alimentar por mês. Após 7 meses de armazenamento, obteve-se um total de 84 amostras de óleo alimentar, que foram utilizadas para a determinação química do índice de acidez e para a aquisição de espectros Raman.

2.2.2 Aquisição e pré-processamento de espectros Raman

Os espectros Raman das amostras de óleo alimentar foram recolhidos num Microscópio Raman DXR (Thermo Fisher. Co, EUA). O software OMNIC Atlps (Sistema DXR, Thermo Fisher Co., Waltham, EUA) foi utilizado para a aquisição de dados espectrais Raman. Antes da aquisição do espetro, os parâmetros do instrumento foram definidos da seguinte forma: fonte de laser: 532 nm; potência do laser: 10 mW; densidade de potência do laser: 7,56 x 105 W/cm^2 ; focagem da ocular: x 10; objetiva microscópica: x 50; tempo de integração: 10 s; gama de varrimento do espetro: 100-3300 cm^{-1} ; e temperatura ambiente: 20 °C, respetivamente. Durante a recolha de espectros, uma amostra de óleo comestível de 0,5 ml foi pipetada para o chip de silício e colocada na plataforma experimental do espetrómetro Raman para aquisição de espectros. Cada amostra foi medida três vezes, e a média das três medições foi considerada como o espetro original da amostra. Neste estudo, os espectros na gama de 800~1800 cm^{-1} foram preliminarmente selecionados como os espectros Raman originais das amostras de óleo comestível.

A figura 2.1a mostra os espectros Raman em bruto de todas as amostras de óleos alimentares. Como se pode ver na Figura 2.1a, para além da informação da amostra no espetro Raman original, havia também numerosos ruídos de alta frequência, desvios da linha de base e informação de fundo, que teriam efeitos no estabelecimento do modelo. Por conseguinte, foi necessário pré-processar o espetro Raman original para aumentar a fiabilidade dos resultados da análise multivariada antes da análise. Neste estudo, a suavização SG foi usada para reduzir as rebarbas de ruído, o MSC foi usado para eliminar os efeitos de dispersão (Jiang et al. 2020; Kar et al. 2018), os mínimos quadrados penalizados iterativamente reponderados adaptativos (airPLS) foram considerados como um algoritmo rápido e flexível para corrigir o desvio da linha de base causado pelo ambiente e equipamento de aquisição (Zhang et al. 2010), e a normalização foi utilizada para minimizar a variação causada por pequenas diferenças de alcance ótico. A Figura 1b mostra os espectros após o pré-processamento, cuja curva ficou mais suave e a informação de ruído foi basicamente eliminada. Aqui, o tamanho da janela e a ordem polinomial da suavização SG foram 19 e 5, respetivamente.

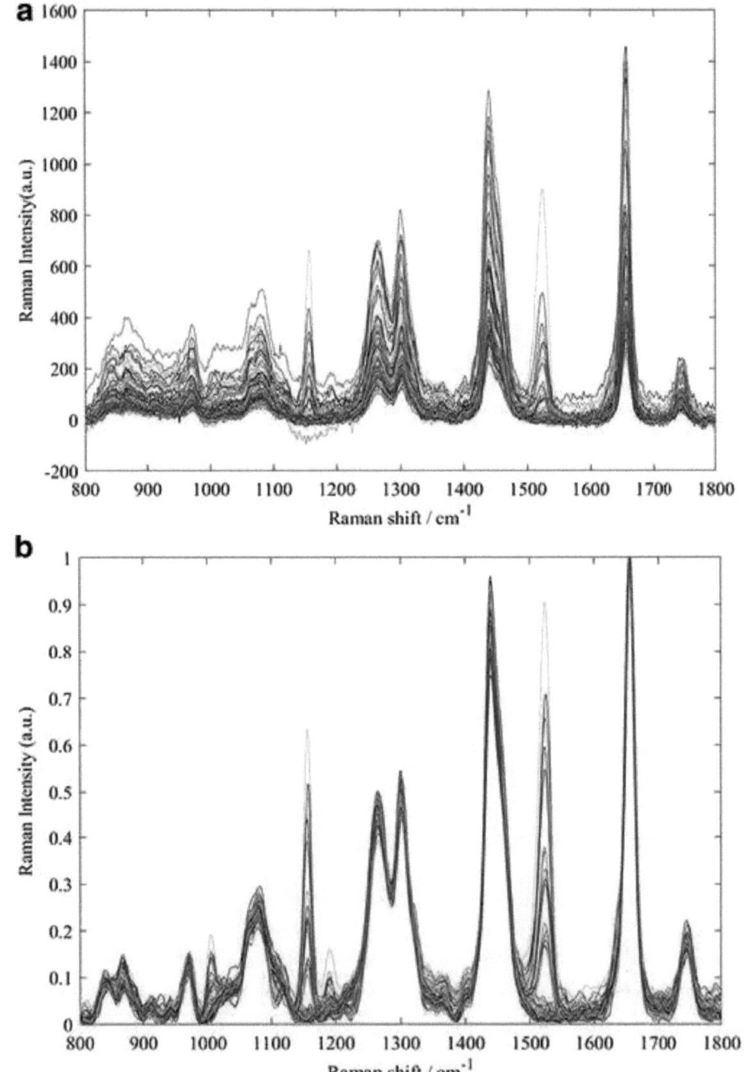

Figura 2.1 Os espectros Raman em bruto (a) e os espectros Raman pré-processados (b) de 84 amostras de óleo alimentar.

2.2.3 Medição do valor ácido

O índice de acidez é geralmente expresso em termos de um miligrama de solução-padrão de hidróxido de potássio (KOH) necessário para neutralizar todos os constituintes ácidos presentes na amostra de óleo de 1 g, que é o principal indicador para medir a rancidez do óleo alimentar. Quanto mais baixo for o índice de acidez, melhor será a qualidade do óleo. No presente estudo, o valor de acidez das amostras foi medido de acordo com a norma nacional chinesa (GB/T 5530-2005). Os passos específicos foram os seguintes: em primeiro lugar, 50 ml de solução de etanol contendo 0,5 ml de indicador de fenolftaleína foram colocados num erlenmeyer e aquecidos até à ebulição. Quando a temperatura do etanol era superior a 70 °C, a solução de KOH 0,1 mol/L foi titulada até a solução de etanol ficar descolorida e sem desvanecimento. Em seguida, a solução de etanol neutralizada foi transferida para um frasco cónico cheio de amostras de óleo para misturar e ferver. Finalmente, a amostra de óleo foi titulada com uma solução padrão de KOH e agitada cuidadosamente durante a titulação. Quando a cor da solução mudou e não se desvaneceu durante 15 s, foi o ponto final da titulação. As medições químicas foram efectuadas três vezes em paralelo e o resultado final foi a média. O valor de acidez da amostra foi calculado pelo volume da solução padrão de KOH consumida no ponto final da titulação. A fórmula de cálculo do índice de acidez da amostra de óleo é a seguinte: em que X_{AV} representa o índice de acidez e V é o volume da solução-padrão de KOH consumida, C e M representam a concentração da solução-padrão de KOH e a qualidade da amostra de óleo alimentar, respetivamente.

$$X_{AV} = \frac{V \times C \times 56.1}{M} \tag{2.1}$$

2.2.4 Divisão do conjunto de amostras

Antes da análise dos dados, as amostras de óleo comestível recolhidas foram divididas num conjunto de calibração e num conjunto de previsão, com o objetivo de otimizar os números de onda caraterísticos do espetro Raman e estabelecer o modelo SVM, respetivamente. Considerando o papel do conjunto de calibração e do conjunto de previsão, é certo que o valor de referência do conjunto de previsão deve ser incluído no valor de referência do conjunto de calibração e que o valor de referência deve ser distribuído uniformemente. Os critérios de partição foram os seguintes: em primeiro lugar, todas as amostras foram ordenadas de acordo com o valor ácido por ordem crescente. Em seguida, a amostra que se encontrava na posição intermédia de cada três amostras foi incluída no conjunto de previsão; as restantes amostras foram classificadas no conjunto de calibração. Deste modo, havia 56 amostras no conjunto de calibração e 28 amostras no conjunto de previsão. O quadro 2.1 apresenta as estatísticas do índice de acidez das amostras de óleo alimentar nos conjuntos de calibração e de previsão. O quadro 2.1 mostra que a média e o desvio-padrão do valor de acidez medido não apresentam diferenças óbvias entre os conjuntos de calibração e de previsão. Além disso, o valor mínimo do conjunto de previsão é superior ao do conjunto de calibração e o valor máximo do conjunto de previsão é inferior ao do conjunto de calibração. Por conseguinte, é razoável estudar a divisão do conjunto de calibração e das amostras de previsão.

Tabela 2.1 A distribuição estatística dos valores de ácido no conjunto de calibração e no conjunto de previsão.

Subconjuntos	Número de amostras	Unidades	Mínimo	Máximo	Média	Desvio padrão
Conjunto de calibração	56	mg/g	0.113	1.804	0.439	0.399
Conjunto de previsões	28	mg/g	0.169	1.565	0.467	0.390

2.2.5 Métodos de análise dos dados

2.2.5.1 Retração suave de bootstrapping

A retração suave por bootstrapping (BOSS) é um método de seleção de variáveis baseado na amostragem por bootstrap ponderado (WBS) e na análise da população modelo (MPA) (Deng et al. 2016). O algoritmo BOSS baseia-se num critério favorável de retração e utiliza a informação dos coeficientes de regressão em vez da estratégia tradicional de retração rígida. O algoritmo BOSS, que se baseia nas técnicas de amostragem bootstrap (BBS) e de amostragem bootstrap ponderada (WBS) (Jiang e Chen 2019), é utilizado para determinar os números de onda da combinação aleatória e para estabelecer os submodelos. A MPA é aplicada para extrair subconjuntos de variáveis informativas dos submodelos desenvolvidos com base na regressão PLS.

Neste estudo, os parâmetros BOSS foram definidos da seguinte forma: o número de amostras bootstrap foi definido para 1000, o método de pré-processamento foi "center" e o número máximo de componentes principais (PCs) foi definido para 15.

2.2.5.2 Análise populacional da combinação de variáveis

O método de análise da população de combinação de variáveis (VCPA) é um método de seleção de variáveis que tem em consideração a possível influência da interação entre variáveis através de combinações aleatórias (Yun et al. 2015). Inclui principalmente um novo método de amostragem de variáveis denominado amostragem de matriz binária (BMS), a redução forçada de variáveis através da função exponencial decrescente (EDF), a modelação de subconjuntos de variáveis com o menor erro médio quadrático de validação cruzada (RMSECV) obtido através da aplicação da análise da população de modelos (MPA) e a seleção de variáveis com base no RMSECV mais baixo de 10% (Jiang et al. 2019b).

Neste estudo, os parâmetros do VCPA foram definidos da seguinte forma: o número de execuções do EDF e do BMS foi fixado em 50 e 1000, o rácio entre o melhor modelo e o pior modelo dos k submodelos foi de 10% e o número de variáveis restantes na execução final do EDF foi de 100.

2.2.5.3 Máquina de vetor de suporte

A máquina de vectores de suporte (SVM) é um algoritmo amplamente utilizado para classificação e regressão (Gammermann 2000). Procura a minimização do risco estruturado para melhorar a capacidade de generalização da máquina de aprendizagem para minimizar o risco empírico e o intervalo de confiança e alcança boas leis estatísticas mesmo com amostras de pequena dimensão. Além disso, tem as vantagens de baixo erro de generalização, fácil interpretação e baixa complexidade computacional, o que é fácil de resolver problemas de alta dimensão (Jiang et al. 2017).

Neste estudo, a SVM foi utilizada para estabelecer um modelo de deteção quantitativa do valor de acidez do óleo alimentar com base em diferentes caraterísticas de entrada. A função de base radial (RBF) foi selecionada como função de núcleo durante a criação do modelo SVM. Além disso, o coeficiente de penalização C e o parâmetro de kernel g da SVM têm um impacto direto no desempenho do modelo. Por conseguinte, foi aplicado o método de pesquisa em grelha para otimizar estes dois parâmetros em simultâneo, com o intervalo de $2'_{10}$, $2^{-9.5}$,- , $2^{9.5}$, $_{210}$. Todos os algoritmos foram implementados no Matlab R2018a (Mathworks, Natick, EUA) no sistema Windows 10.

2.2.6 Avaliação do modelo

No processo de otimização do número de onda caraterístico pelos algoritmos BOSS e VCPA, o número ideal de componentes principais foi determinado pelo método de validação cruzada de cinco vezes, e a raiz do erro quadrático médio da validação cruzada (RMSECV) foi utilizada como base para a seleção do número de onda caraterístico. Os valores da raiz do quadrado médio de calibração (RMSEC), do quadrado de calibração (R_c), da raiz do quadrado médio de previsão (RMSEP) e do quadrado de previsão (Rp) foram selecionados para avaliar a estabilidade e a
desempenho de generalização do modelo SVM. A fórmula de cálculo é a seguinte:

$$RMSEC = \sqrt{\frac{\sum_{i=1}^{N_{cal}}(y_i - \hat{y}_i)^2}{N_{cal}}} \qquad (2.2)$$

$$R_C^2 = 1 - \frac{\sum_{i=1}^{N_{cal}}(y_i - \hat{y}_i)^2}{\sum_{i=1}^{N_{cal}}(y_i - \bar{y}_i)^2} \qquad (2.3)$$

Aqui, $y_{t\ s}$ y_t e y_t representam os valores experimentais do valor de acidez das amostras de óleo alimentar no conjunto de calibração, os valores previstos do espetro Raman e os valores médios experimentais de todas as amostras, respetivamente. N_{cal} representa o número de amostras do conjunto de calibração. Além disso, as fórmulas de cálculo do RMSEP e do Rp são semelhantes às do RMSEC e do (Rc), respetivamente.

2.3 Resultados e discussão

2.3.1 Modelo BOSS-SVM

Para evitar a influência da aleatoriedade do algoritmo nos resultados da seleção de variáveis, o BOSS foi realizado repetidamente 50 vezes, e o número de onda caraterístico do melhor modelo PLS obtido no processo de 50 execuções independentes foi considerado como o melhor resultado da otimização do método BOSS. A Figura 2.2 mostra o processo iterativo do algoritmo BOSS para obter os melhores resultados. Como se pode ver na Figura 2.2a, as variáveis selecionadas diminuíram rapidamente à medida que o número de iterações aumentou e tornaram-se 1 após 21 iterações. Entretanto, a tendência do valor RMSECV no submodelo PLS dividiu-se em duas fases: primeiro, o valor

RMSECV apresentou uma tendência decrescente à medida que o número de iterações aumentava. Posteriormente, o valor RMSECV apresentou uma tendência ascendente. Quando o número de iterações foi de 11, o valor RMSECV atingiu um mínimo de 0,089. Aqui, foi obtido o melhor subconjunto de variáveis, que continha um total de 29 números de onda e a sua distribuição na região de espetro total foi mostrada na Figura 2.3a. A Figura 2.3b demonstrou a distribuição dos pesos dos 29 números de onda caraterísticos. Quanto maior o peso, maior a importância do número de onda correspondente. Os números de onda mais informativos foram finalmente obtidos a aproximadamente 858, 992, 1244 e 1660 cm^{-1} . É de notar que as bandas entre 1140-1175 cm^{-1} e 1500-1555 cm^{-1} são os picos caraterísticos únicos do óleo de colza. As variáveis selecionadas pelo BOSS têm quatro variáveis localizadas na gama acima referida. De modo a manter a consistência dos espectros, estas cinco variáveis foram removidas durante a modelação.

Os 25 números de onda optimizados pelo algoritmo BOSS foram considerados como a entrada do SVM, e os parâmetros internos C e g do SVM foram optimizados pelo método de pesquisa em grelha. Quando a combinação óptima $C=2,828$ e $g=0,088$, o modelo SVM teve o melhor desempenho com R£ e RMSEC de 0,956 e 0,115, respetivamente. Quando o melhor modelo previu amostras independentes do conjunto de previsão, o seu Rp e RMSEP foram 0,890 e 0,175, respetivamente.

2.3.2 Modelo VCPA-SVM

Do mesmo modo, para verificar a reprodutibilidade e a estabilidade do algoritmo, o estudo executou 50 vezes o VCPA e registou os melhores resultados de otimização do número de onda caraterístico de acordo com o valor mínimo de RMSECV do modelo PLS. A Figura 2.4 mostra os resultados do número de variáveis e do RMSECV com a execução do EDF. Com a redução do espaço das variáveis, o RMSECV teve uma tendência geral para diminuir, o que implicou que as restantes variáveis foram gradualmente selecionadas como o subconjunto ótimo de variáveis. Eventualmente, quando a combinação selecionada de variáveis de número de onda foi 857, 858, 964, 995, 996, 1139, 1197, 1265, 1305, 1308, 1656, 1657 cm^{-1} , o valor RMSECV do modelo PLS estabelecido atingiu um mínimo, considerando a análise estatística de 50 resultados de operações independentes. Assim, os 12 números de onda foram os melhores números de onda caraterísticos optimizados pelo VCPA, e a sua distribuição na região do espetro completo foi apresentada na Figura 2.5A.

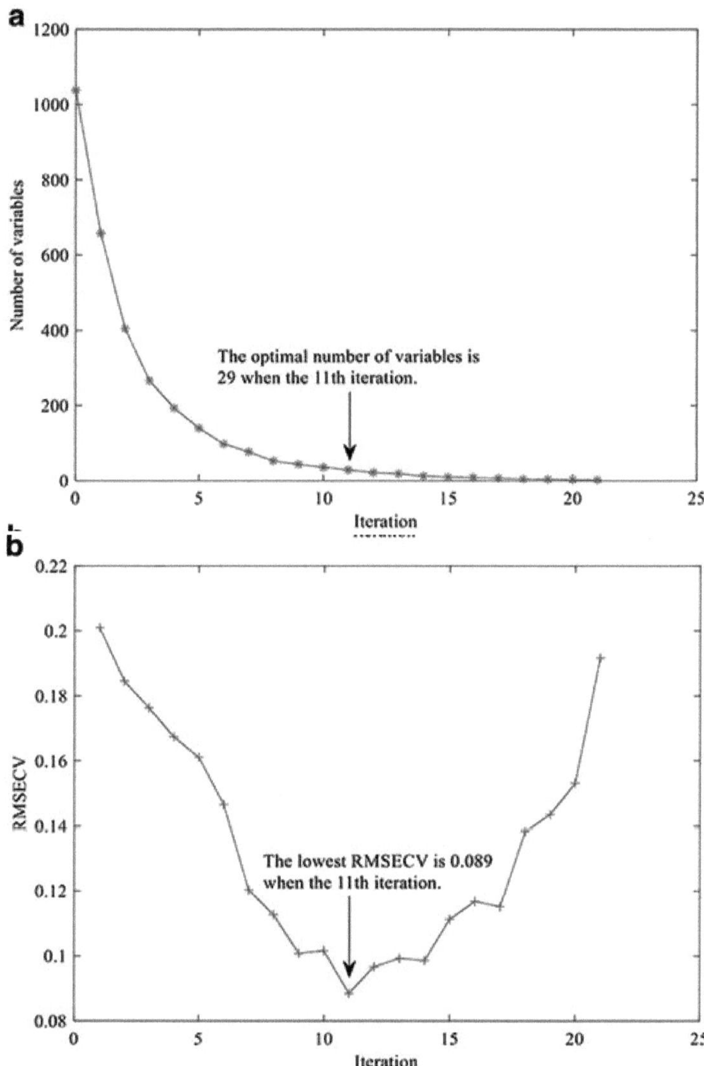

Figura 2.2 Evolução do número de variáveis (a) e do RMSECV (b) em cada iteração dos submodelos no algoritmo BOSS.

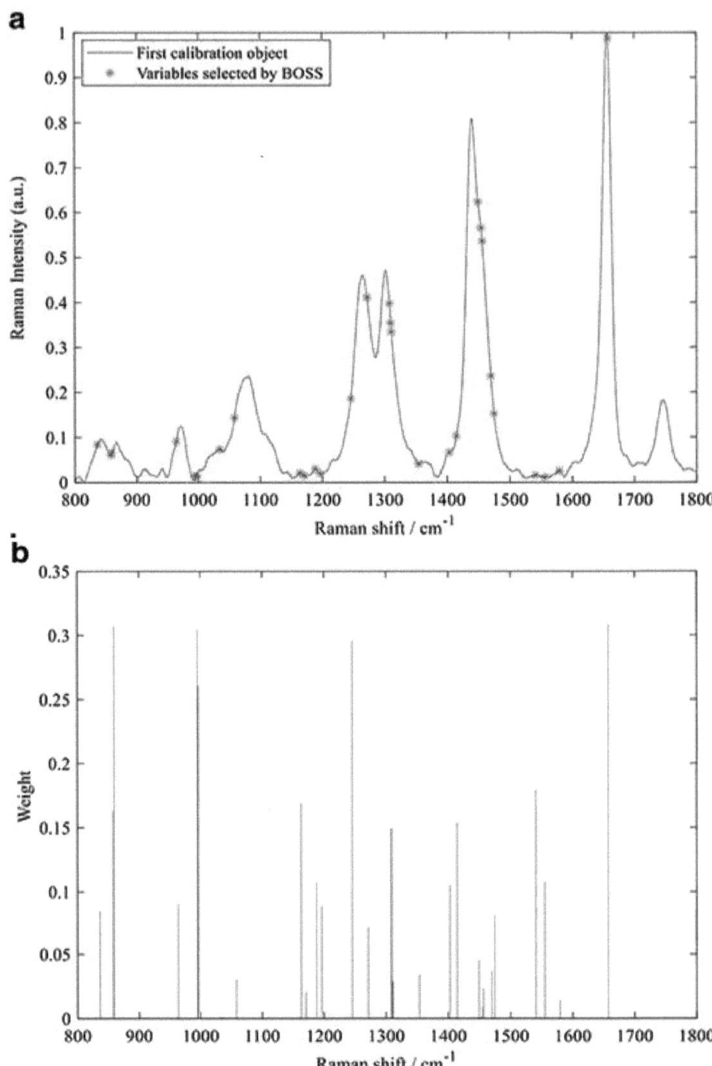

Figura 2.3 O índice das variáveis (a) e os pesos das variáveis (b) no submodelo ótimo na décima primeira iteração utilizando o algoritmo BOSS.

Neste caso, as intensidades dos picos Raman a 857 cm^{-1} e 858 cm^{-1} correspondiam à vibração de estiramento do (-(-CH2)$_n$-), 964 cm^{-1} correspondia ao pico da vibração de flexão C=C do trans (RCH=CHR), 1305 cm^{-1} e 1305 cm^{-1} eram movimentos de torção do metileno em fase; Além disso, o pico caraterístico do espetro Raman da ligação C=C dos ácidos gordos insaturados correspondia aos números de onda caraterísticos de 1646 cm^{-1} selecionados pelo VCPA. É de notar que nenhuma das 12 variáveis selecionadas pelo VCPA existe no intervalo de banda Raman caraterístico do óleo de colza. Na modelação, os 12 desvios Raman caraterísticos optimizados pelo VCPA foram utilizados como entrada do modelo SVM para estabelecer um modelo de deteção quantitativa do valor de acidez do óleo comestível durante o armazenamento. A Figura 2.5B mostra uma vista tridimensional da procura dos valores óptimos *de C* e *g* do modelo SVM com núcleo RBF através de diferentes RMSECV com base no conjunto de calibração. Quando *C* = 1024, *g = 0*,008, o modelo SVM obteve o melhor desempenho de previsão com R£ e RMSEC de 0,959 e 0,111, e quando o melhor modelo de previsão de amostras independentes do conjunto de previsão, o Rp e o RMSEP alcançados foram 0,932 e 0,153, respetivamente. A Figura 2.5C apresenta a referência medida versus o modelo VCPA-SVM previsto para os valores de ácido e o rácio de erro no conjunto de previsão. Os valores medidos estavam próximos do valor previsto, o que ilustrou que o modelo SVM estabelecido com números de onda caraterísticos optimizados pela VCPA tinha um desempenho de generalização satisfatório.

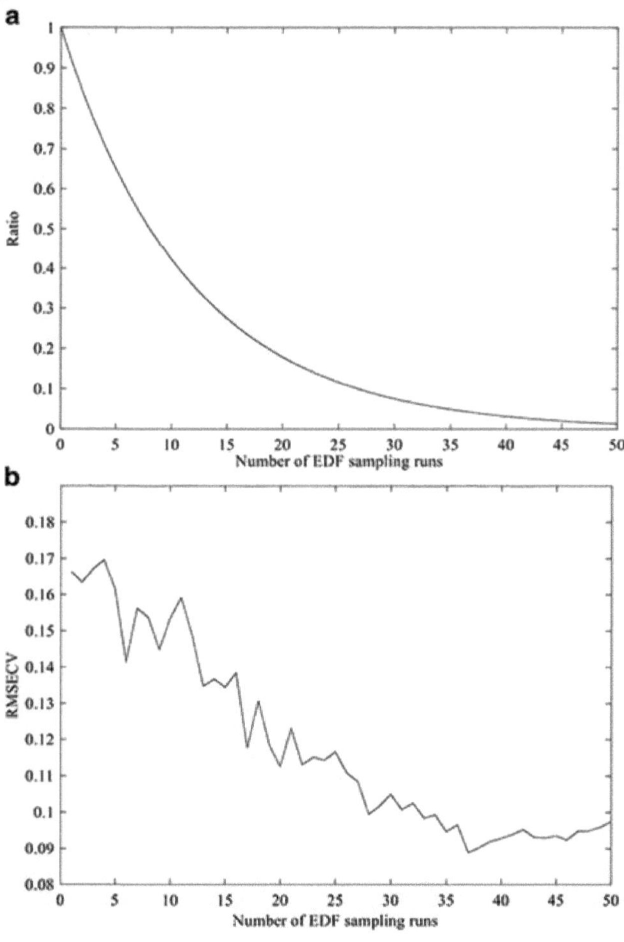

Figura 2.4 Evolução do número de variáveis retidas (a) e dos valores médios de RMSECV quíntuplo (b) das execuções de amostragem EDF no algoritmo VCPA.

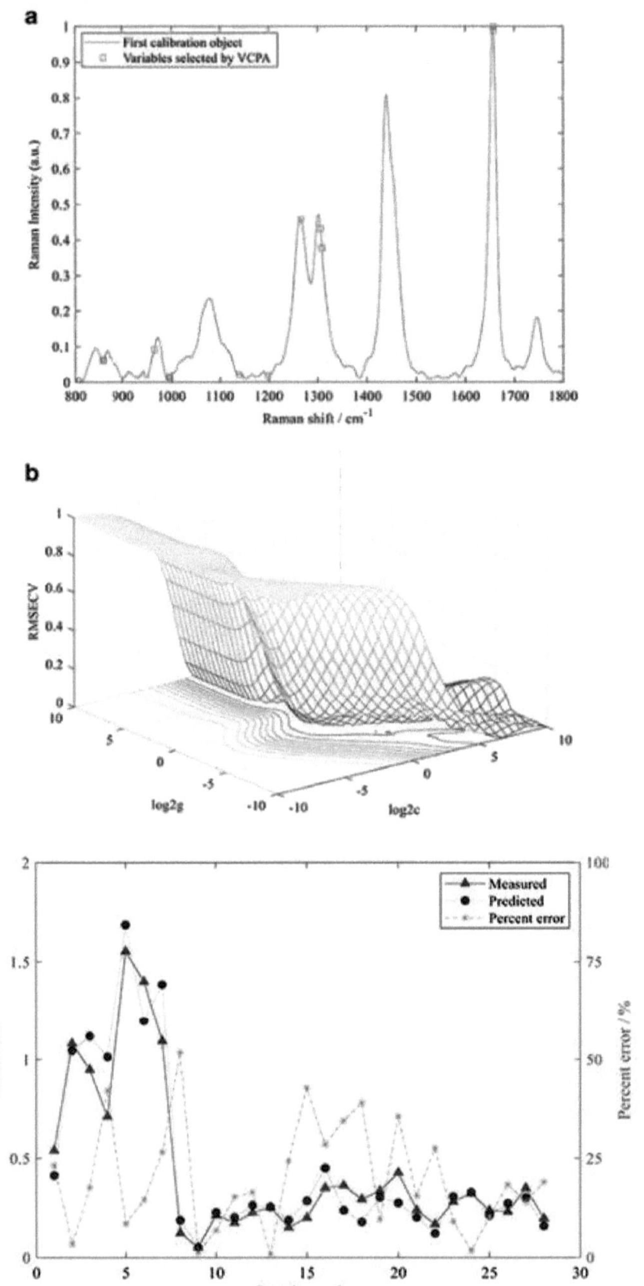

Figura 2.5 Distribuição dos números de onda caraterísticos (a) na região de espetro total

optimizada por VCPA, vista tridimensional (b) para a procura de valores óptimos de C e g do modelo SVM com núcleo RBF através dos diferentes RMSECV com base no conjunto de calibração e os valores de ácido medidos versus os valores de ácido previstos (c) do modelo VCPA-SVM no conjunto de previsão. 2.3.3 Comparação e discussão dos resultados óptimos de diferentes

Modelos SVM

A Tabela 2.2 apresenta os resultados óptimos de previsão de diferentes modelos no conjunto de calibração e no conjunto de previsão. Pode ver-se na Tabela 2.2 que o modelo SVM construído com base no espetro completo teve um grave fenómeno de sobreajuste, que pode ser causado pelos dados de elevada dimensão. Pelo contrário, o número de números de onda caraterísticos optimizados pelos métodos VCPA e BOSS foi de 12 e 25, representando apenas 1% e 2% do total de dados espectrais, respetivamente, o que reduziu consideravelmente a complexidade computacional e evitou eficazmente a ocorrência de sobreajustamento no processo de validação do modelo SVM. Além disso, em comparação com o modelo BOSS-SVM, o modelo VCPA-SVM selecionou menos variáveis e o Rp do conjunto de previsão atingiu 0,932, o que indicou que o modelo VCPA-SVM tinha um melhor desempenho de generalização ao prever amostras independentes. Existem várias razões que podem explicar o melhor desempenho de previsão do modelo VCPA-SVM, como se segue:

Tabela 2.2 Os resultados óptimos dos modelos SVM baseados em diferentes variáveis.
Pré-processamento dos espectros Seleção das variáveis Número de variáveis Conjunto de calibração Conjunto de previsão

			RMSEC	R_c^2	RMSEP	R^2_P
/	/	1038	0.071	0.984	0.272	0.815
SG+MSC+arPLS+Nor	/	1038	0.023	0.999	0.297	0.832
SG+MSC+arPLS+Nor	BOSS	25	0.115	0.956	0.175	0.890
SG+MSC+arPLS+Nor	APCV	12	0.111	0.959	0.153	0.932

Em primeiro lugar, o óleo alimentar era suscetível de sofrer rancidez oxidativa durante o armazenamento devido às influências da luz e do ar. No entanto, houve muitas perturbações incontroláveis no processo de amostragem e deteção, tais como factores ambientais, erros de funcionamento e outras razões, resultando em muita informação inútil em todo o espetro, o que teria impacto no desempenho de previsão do modelo SVM. No entanto, o modelo SVM baseado nos números de onda caraterísticos optimizados poderia não só reduzir a complexidade do estabelecimento do modelo, mas também eliminar o problema de sobreajuste que pode ocorrer durante o estabelecimento do modelo. Consequentemente, foi necessário otimizar os números de onda caraterísticos com contribuições representativas e grandes antes de estabelecer um modelo de calibração quantitativo.

Em segundo lugar, verificou-se que o modelo VCPA-SVM tinha o melhor desempenho de generalização e um RMSEP mais baixo dos resultados de previsão entre o modelo BOSS-SVM e o modelo VCPA-SVM. Embora tanto o BOSS como o VCPA tenham adotado a estratégia MPA, que extraiu informação estatística dos submodelos compostos por numerosos subconjuntos de variáveis.

Além disso, a estratégia MPA trata o resultado do objetivo como uma distribuição e não como um valor único. A razão pela qual o VCPA conseguiu obter uma melhor previsão foi o facto de, sempre que o EDF 73

Na execução da estratégia BMS, algumas variáveis com pequenas contribuições foram eliminadas para reduzir continuamente o espaço variável, o que evitou a influência de muitas variáveis não informadas e variáveis interferentes, e facilita a procura de uma melhor combinação de variáveis. Além disso, a aplicação da estratégia BMS garantiu que cada variável tivesse a mesma oportunidade de seleção.

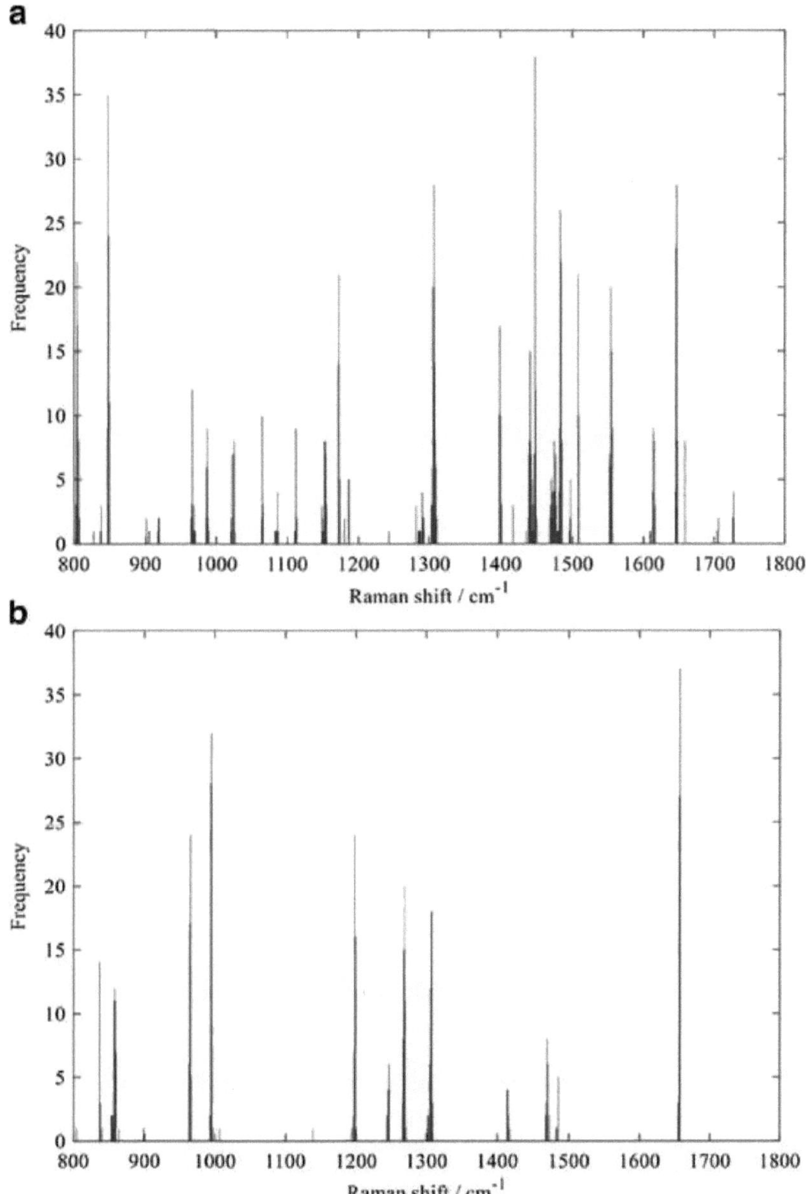

Figura 2.6 Frequências de variáveis selecionadas numa corrida de 50 vezes por BOSS (a) e VCPA (b).

No entanto, a estratégia de redução suave do BOSS atribuiu pesos mais pequenos aos números de onda com menos informação, que poderiam ainda participar na construção do submodelo para considerações de avaliação adicionais na etapa seguinte. Assim, pode haver algumas variáveis de interferência que reduzem o desempenho da previsão. Além disso, as frequências selecionadas das variáveis espectrais foram calculadas em 50 execuções replicadas do BOSS e do VCPA, e foram apresentadas na Figura 2.6. Quanto mais alta a frequência, mais importante era a variável, que contribuía mais para o objeto alvo. As variáveis selecionadas pelo BOSS estavam distribuídas uniformemente em toda a gama de espectros, enquanto as selecionadas pelo VCPA estavam relativamente concentradas. Durante o processo de oxidação do óleo armazenado, a ligação dupla cis localizada a 1656 cm^{-1} e 1256 cm^{-1} será isomerizada e rearranjada numa ligação dupla trans estável (localizada a 964 cm^{-1}), e a frequência mais elevada tende para essas bandas, tornando os números de onda selecionados mais interpretativos. Também se pode concluir que, quando as variáveis selecionadas estão distribuídas ao longo do eixo principal e apresentam uma forte regularidade, é possível obter os resultados ideais de previsão do modelo na modelação subsequente. Por conseguinte, o modelo SVM estabelecido pelo número de onda optimizado por VCPA teve o melhor desempenho de generalização com menos variáveis na deteção quantitativa do valor de acidez durante o armazenamento de óleo alimentar por espetroscopia Raman.

2.4 Resumo

Este trabalho verificou a viabilidade da aplicação da espetroscopia Raman e da análise multivariada para efetuar a análise quantitativa do valor de acidez do óleo alimentar durante o processo de armazenamento. Durante o estabelecimento do modelo de calibração, foram comparados e analisados os efeitos de otimização do BOSS e do VCPA, que se basearam na estratégia MPA, nos desvios Raman caraterísticos do espetro Raman do óleo alimentar. Os resultados da investigação demonstraram que o desempenho dos modelos SVM que tinham sido optimizados após os desvios Raman caraterísticos foi significativamente melhorado e, em particular, que os modelos optimizados pelo VCPA eram mais interpretáveis e orientados.

Além disso, este estudo é apenas uma exploração preliminar do modelo reduzido de espectros Raman na análise quantitativa do índice de acidez do óleo alimentar durante o período de armazenamento, mostrando o potencial de aplicação da técnica de espetroscopia Raman combinada com métodos estequiométricos adequados na deteção da qualidade do óleo alimentar durante o período de armazenamento. Os estudos de acompanhamento devem incluir amostras de diferentes anos de produção, diferentes variedades de óleos alimentares e marcas. Para tal, será necessário um grupo de amostras maior do que o utilizado no presente estudo, reforçando assim a universalidade do modelo da técnica de espetroscopia Raman.

Referência

Chen Q, Zhang D, Pan W, Ouyang Q, Li H, Urmila K, Zhao J (2015) Desenvolvimentos recentes de técnicas analíticas verdes na análise da qualidade e nutrição do chá Tendências em Ciência e Tecnologia Alimentar 43:63-82 doi:10.1016/j.tifs.2015.01.009

Deng BC et al. (2016) Uma abordagem de encolhimento suave de bootstrapping para seleção de variáveis em modelação química Analytica Chimica Ata 908:63-74 doi:10.1016/j.aca.2016.01.001

Deng Z-y, Zhang B, Dong W, Wang X-p (2013) Investigação sobre o método de previsão do teor de ácidos gordos em óleo comestível com base na espetroscopia Raman e na máquina de regressão de vectores de suporte de mínimos quadrados de saída múltipla Espectroscopia e Análise Espectral 33:3003-3007 doi:10.3964/j.issn.1000-0593(2013)11-2997-05

Dong W, Zhang Y, Zhang B, Wang X (2013) Previsão rápida da composição de ácidos gordos de óleo vegetal por espetroscopia Raman associada a máquinas de vectores de suporte de mínimos quadrados Journal of Raman Spectroscopy 44:1739-1745 doi:10.1002/jrs.4386

Du S et al. (2019) Discriminação direta do tipo de óleo comestível, oxidação e adulteração por espetroscopia Raman de superfície interfacial líquida reforçada ACS Sensors 4:1798-1805 doi:10.1021/acssensors.9b00354

El-Abassy RM, Donfack P, Materny A (2009) Rapid determination of free fatty acid in extra virgin olive oil by Raman spectroscopy and multivariate analysis Journal of the American Oil Chemists Society 86:507511 doi:10.1007/s11746-009-1389-0

Gammermann A (2000) Support vetor machine learning algorithm and transduction Computational Statistics 15:31-39 doi:10.1007/s001800050034

Geng DC, Chen B, Chen MJ (2019) Espectroscopia de fluorescência de correlação 2D com perturbação de polarização de óleos comestíveis: um estudo piloto J Food Meas Charact 13:1566-1573 doi:10.1007/s11694-019-00072-0

Hassan MM et al. (2019a) Previsão quimiométrica acoplada baseada em rGO-NS SERS de resíduos de acetamipride no chá verde Journal of Food and Drug Analysis 27:145-153 doi:10.1016/j.jfda.2018.06.004

Hassan MM et al. (2019b) Substrato SERS baseado em nanoestruturas Au@Ag para a determinação simultânea de resíduos de pesticidas no chá através de extração em fase sólida acoplada a calibração multivariada LWT-Food Science and Technology 105:290-297 doi:10.1016/j.lwt.2019.02.016

Jiang H, Chen QS (2019) Determinação do teor de adulteração no azeite virgem extra utilizando a espetroscopia FT-NIR combinada com o algoritmo BOSS-PLS Molecules 24:10 doi:10.3390/molecules24112134

Jiang H, Wang W, Mei CL, Huang YH, Chen QS (2017) Diagnóstico rápido de condições normais e anormais na fermentação de bioetanol em estado sólido utilizando a espetroscopia de infravermelhos próximos com transformada de Fourier Energy & Fuels 31:12959-12964 doi:10.1021/acs.energyfuels.7b02170

Jiang H, Xu W, Chen Q (2019a) Identificação qualitativa de alta precisão das fases de crescimento da levedura utilizando espectros de fusão molecular Microchemical Journal 151 doi:10.1016/j.microc.2019.104211

Jiang H, Xu W, Ding Y, Chen Q (2020) Análise quantitativa do processo de fermentação de levedura usando espetroscopia Raman: Comparação de CARS e VCPA para seleção de variáveis Spectrochimica Ata Part A- Molecular and Biomolecular Spectroscopy 228 doi:10.1016/j.saa.2019.117781

Jiang H, Xu WD, Chen QS (2019b) Comparação de algoritmos para seleção de variáveis de comprimento de onda a partir de espectros de infravermelho próximo (NIR) para monitorização quantitativa de culturas de levedura (Saccharomyces cerevisiae) Spectrochimica Ata Part a-Molecular and Biomolecular Spectroscopy 214:366-371 doi:10.1016/j.saa.2019.02.038

Jimenez-Sanchidrian C, Rafael Ruiz J (2016) Utilização da espetroscopia Raman para analisar óleos vegetais comestíveis
Applied Spectroscopy Reviews 51:417-430 doi:10.1080/05704928.2016.1141292

Kar S, Tudu B, Bag AK, Bandyopadhyay R (2018) Aplicação da espetroscopia de infravermelhos próximos para a deteção do amarelo do metanil em pó de curcuma Food Analytical Methods 11:1291-1302 doi:10.1007/s12161-017- 1106-9

Kim J, Lee JH, Ko D-K (2014) Determinação do grau de insaturação em óleos alimentares utilizando espetroscopia de dispersão Raman anti-Stokes coerente Journal of Raman Spectroscopy 45:591-595 doi:10.1002/jrs.4494

Kutsanedzie FYH, Agyekum AA, Annavaram V, Chen Q (2020) Sensores SERS com sinal reforçado de AgNPs acopladas a CAR-PLS e GA-PLS para deteção de ocratoxina A e aflatoxina B1 Food Chemistry 315 doi:10.1016/j.foodchem.2020.126231

Kutsanedzie FYH, Guo Z, Chen Q (2019) Avanços nos métodos não destrutivos para a monitorização da qualidade e segurança da carne Food Reviews International 35:536-562 doi:10.1080/87559129.2019.1584814

Kwofie F, Lavine BK, Ottaway J, Booksh K (2020a) Differentiation of edible oils by type using Raman spectroscopy and pattern recognition methods Applied Spectroscopy 74:645-654 doi:10.1177/0003702819888220

Kwofie F, Lavine BK, Ottaway J, Booksh K (2020b) Incorporar a variabilidade da marca na classificação de óleos comestíveis por espetroscopia Raman Journal of Chemometrics 34 doi:10.1002/cem.3173

Li H, Chen Q, Ouyang Q, Zhao J (2017) Fabrico de um novo aptasensor baseado na espetroscopia Raman para deteção rápida de Salmonella typhimurium Food Analytical Methods 10:3032-3041 doi:10.1007/s12161-017- 0864-8

Mo X-X, Sun T, Liu M-H, Ye Z-N (2017) Deteção quantitativa rápida e otimização de modelos de ácidos gordos trans em óleos vegetais comestíveis por espetroscopia de infravermelhos próximos Chinese Journal of Analytical Chemistry 45:1694-1702 doi:10.11895/j.issn.0253-3820.170329

Nunes CA (2014) Espectroscopia vibracional e quimiometria para avaliar a autenticidade, adulteração e parâmetros de qualidade intrínseca de óleos e gorduras comestíveis Food Research International 60:255-261 doi:10.1016/j.foodres.2013.08.041

Tavakoli J, Sedaghat N, Khaneghah AM (2019) Efeitos das condições de embalagem e armazenamento nos grãos de pistácio selvagem iraniano e avaliação da estabilidade oxidativa do óleo extraído comestível J Food Process Preserv 43 doi:10.1111/jfpp.13911

Wojcicki K, Khmelinskii I, Sikorski M, Sikorska E (2015) Espectroscopia de infravermelho próximo e médio e análise multivariada de dados em estudos de oxidação de óleos comestíveis Food Chemistry 187:416-423 doi:10.1016/j.foodchem.2015.04.046

Wu D, Chen X, Shi P, Wang S, Feng F, He Y (2009) Determinação do ácido alfa-linolénico e do ácido linoleico em óleos alimentares utilizando espetroscopia de infravermelhos próximos melhorada por transformada wavelet e eliminação de variáveis não informativas Analytica Chimica Ata 634:166-171 doi:10.1016/j.aca.2008.12.024

Xu Y, Kutsanedzie FYH, Hassan M, Zhu J, Ahmad W, Li H, Chen Q (2020) Sensor baseado em SERS de nanopartículas de ouro ordenadamente espaçadas suportado por sílica mesoporosa para deteção de pesticidas em alimentos Food Chemistry 315 doi:10.1016/j.foodchem.2020.126300

Yang H, Irudayaraj J, Paradkar MM (2005) Discriminant analysis of edible oils and fats by FTIR, FT-NIR and FT-Raman spectroscopy Food Chemistry 93:25-32 doi:10.1016/j.foodchem.2004.08.039

Yun Y-H et al. (2015) Utilização da análise populacional de combinação de variáveis para a seleção de variáveis na calibração multivariada Analytica Chimica Ata 862:14-23 doi:10.1016/j.aca.2014.12.048

Zhang Z-M, Chen S, Liang Y-Z (2010) Correção da linha de base utilizando mínimos quadrados penalizados com ponderação iterativa adaptativa Analyst 135:1138-1146 doi:10.1039/b922045c

Zhao Q, Li J, Xu Y, Lv D, Rakariyatham K, Zhou D (2019) Extração rápida de ácidos gordos livres de óleo comestível após armazenamento acelerado com base em nanoesferas de sílica magnética modificadas com aminoácidos Analytical Methods 11:4520-4527 doi:10.1039/c9ay01082c

Zhou Y, Liu T, Li J, Chen Z (2015) Identificação rápida de óleo comestível e óleo sujo cozinhado em lavandaria utilizando espetroscopia de infravermelhos próximos e classificação de representação esparsa Analytical Methods 7:2367-2372 doi:10.1039/c4ay02900c

Zhu J, Agyekum AA, Kutsanedzie FYH, Li H, Chen Q, Ouyang Q, Jiang H (2018) Análise qualitativa e quantitativa de resíduos de clorpirifos no chá por espetroscopia Raman melhorada pela superfície (SERS) combinada com modelos quimiométricos LWT-Food Science and Technology 97:760-769 doi:10.1016/j.lwt.2018.07.055

Zou X, Zhao J, Povey MJW, Holmes M, Mao H (2010) Métodos de seleção de variáveis na espetroscopia de infravermelhos próximos Analytica Chimica Ata 667:14-32 doi:10.1016/j.aca.2010.03.048

Capítulo 3

Monitorização da aflatoxina B1 em óleo alimentar

3.1 Introdução

O óleo alimentar é um dos condimentos indispensáveis na nossa vida quotidiana e é também uma das fontes importantes de nutrientes de que o nosso corpo necessita [1]. No passado, as pessoas consumiam mais gorduras animais, como a banha e o sebo. Atualmente, com o desenvolvimento da tecnologia agrícola, os óleos vegetais de alta qualidade e baratos, representados pelo óleo de soja e pelo óleo de amendoim, começaram a chegar à mesa de jantar das pessoas. Em comparação com as gorduras animais, os óleos vegetais são menos dispendiosos e mais fáceis de produzir em grande escala. Simultaneamente, o óleo vegetal é rico em várias vitaminas, como a vitamina E e a vitamina K, e a quantidade de ácidos gordos insaturados e de ácidos gordos essenciais nele contidos é superior à do óleo animal, o que não só é benéfico para a saúde humana, como também reduz consideravelmente a probabilidade de ocorrência de algumas doenças [2].

A China é um grande produtor e consumidor de óleo vegetal. Com o aumento da procura, os problemas de segurança da produção de óleo vegetal comestível são gradualmente expostos. Na era da melhoria contínua do poder de consumo e do conceito de consumo, as pessoas estão mais preocupadas com as necessidades de nível mais elevado, como a nutrição e a segurança, do que apenas em comer o suficiente, como no passado. A qualidade e a segurança do óleo alimentar tornaram-se gradualmente um tema de discussão e preocupação acesas. Devido às propriedades das matérias-primas e às propriedades de processamento dos óleos vegetais comestíveis, estes são altamente susceptíveis à contaminação por aflatoxinas [3]. Entre elas, a aflatoxina B1 (AFB1) tem uma elevada estabilidade térmica e pode causar mutação, teratogenicidade e danos no fígado, sendo a aflatoxina mais tóxica. Por conseguinte, a avaliação exacta do teor de AFB1 no óleo comestível é um requisito inevitável para garantir a segurança alimentar.

Atualmente, os métodos tradicionais de controlo da qualidade e segurança dos óleos alimentares são os métodos físicos e químicos e a cromatografia [4-8]. No entanto, os métodos físicos e químicos apenas permitem avaliar se o óleo alimentar cumpre a norma de utilização para um único componente caraterístico, mas não podem avaliar com exatidão o tipo e o teor de substâncias nocivas presentes no óleo alimentar. O método cromatográfico tem uma precisão de deteção muito elevada, pode ser uma deteção qualitativa e quantitativa, mas o método requer o instrumento - a cromatografia líquida de alta resolução é dispendiosa, a medição é demorada, o custo de deteção é elevado, o pré-tratamento da amostra é complexo e a tecnologia de funcionamento exige elevados requisitos. Na China, o GB 5009.22-2016 (ou seja, Determinação das Aflatoxinas do Grupo B e do Grupo G nos Alimentos) fornece métodos para a determinação da AFB1 nos alimentos [9], incluindo cromatografia líquida de diluição isotópica-espetrometria de massa em tandem, cromatografia líquida de alta resolução-derivação pré-coluna, cromatografia líquida de alta resolução-derivação pós-coluna, etc. Os métodos acima referidos são todos métodos de ensaio laboratorial e o processo de pré-tratamento da amostra é complicado, o tempo de deteção é longo, o custo é elevado e é difícil satisfazer as necessidades de resultados de deteção rápida de ensaios no local. Por conseguinte, é urgente encontrar um método mais simples, mais rápido e mais fiável para satisfazer as necessidades modernas de deteção do grau e nível de contaminação por micotoxinas no óleo alimentar.

Nos últimos anos, a tecnologia de análise espectroscópica tem sido utilizada com sucesso na deteção de micotoxinas nos alimentos devido ao facto de ser não destrutiva, rápida e amiga do ambiente [10-12]. A espetroscopia Raman fornece informações sobre várias frequências vibracionais normais e níveis de energia vibracional dentro da molécula com base na dispersão Raman da amostra a ser detectada, identificando assim os grupos funcionais contidos na molécula [13]. De facto, as etapas experimentais para a utilização da espetroscopia Raman na deteção de amostras são principalmente a aquisição de dados, o pré-processamento de dados espectrais, a seleção de variáveis de comprimento de onda caraterístico, a seleção e treino de modelos razoáveis e o teste da capacidade dos modelos. Em geral, os dados espectrais originais têm de ser processados e reduzidos dimensionalmente antes da análise final do modelo. Por conseguinte, o pré-processamento dos dados espectrais e a seleção das variáveis caraterísticas do comprimento de onda desempenham um papel importante em todo o processo de análise. Atualmente, o processamento de dados espectrais e a seleção de variáveis caraterísticas têm atraído a atenção de muitos académicos, tendo sido propostos muitos métodos e relatórios para abordar esta questão [14]. Entre eles, os métodos de pré-processamento espetral mais utilizados são a suavização, a correção, etc. Os métodos comuns de seleção de variáveis de caraterísticas espectrais incluem o algoritmo de projeção, o método iterativo da variável de informação retida, o método iterativo de redução do espaço da variável de intervalo, etc. [15]. Através do processamento dos métodos acima referidos, quando da calibração do modelo de previsão qualitativa ou quantitativa final, não só a informação relacionada com a composição química da substância a analisar pode ser extraída dos espectros, como também o desempenho do modelo pode ser relativamente melhorado e a complexidade do modelo pode ser reduzida [16-18]. No entanto, não existe uma regra uniforme a seguir para escolher o método de pré-processamento adequado para diferentes tipos de espectros (como a espetroscopia de infravermelhos próximos e a espetroscopia Raman). Normalmente, vários ou mais métodos são selecionados de acordo com a experiência para analisar e processar os dados e, em seguida, o método de análise relativamente melhor é determinado pela comparação dos resultados obtidos pela análise. No entanto, devido à influência de muitos factores, os métodos que funcionam bem num conjunto de dados são ineficazes em novos conjuntos de dados. Para a extração de caraterísticas, a maioria dos algoritmos de seleção de caraterísticas de dados espectrais tem vários graus de factores aleatórios. Além disso, comparando várias ou mesmo dezenas de variáveis retidas após a seleção de caraterísticas, a dimensão dos dados é grandemente reduzida, o que eliminará, em certa medida, muita informação útil e acabará por afetar o desempenho do modelo. Por conseguinte, se for possível encontrar um método abrangente que combine o pré-processamento e a seleção de variáveis caraterísticas, este poderá não só melhorar o desempenho do modelo, mas também reduzir a necessidade de conhecimentos prévios e de mão de obra, o que compensará em grande medida as deficiências e defeitos no domínio da estequiometria da análise espectrométrica.

A aprendizagem profunda tem sido muito desenvolvida devido à sua aprendizagem espontânea para lidar com as leis subjacentes aos grandes volumes de dados [19]. Atualmente, a aprendizagem profunda tem sido aplicada com êxito em muitos domínios para resolver tarefas complexas, como a classificação de imagens [20-22] ou o reconhecimento de voz [23-25]. Os modelos de aprendizagem profunda estão a ganhar cada vez mais atenção no meio académico devido à sua capacidade sem precedentes para explorar grandes volumes de dados e aprender ativamente estruturas ocultas significativas. No domínio da quimiometria espectroscópica, a aplicação da aprendizagem profunda está num período de expansão [26]. Tendo em conta este facto, o presente estudo concebeu novas estruturas de rede para construir modelos de aprendizagem profunda com base nas caraterísticas estruturais dos dados espectrais Raman do óleo comestível, a fim de monitorizar o grau de contaminação e o nível de AFB1 no óleo comestível, o que pode constituir um método alternativo ecológico e preciso para a monitorização rápida no local dos departamentos de supervisão da qualidade dos cereais e do óleo.

3.2 Materiais e métodos

3.2.1 Preparação das amostras de óleo alimentar

Em primeiro lugar, foram comprados 50 kg de amendoins brancos num supermercado local, com origem em Henan, na China. Em seguida, os amendoins comprados foram colocados, em média, em quatro caixas de plástico, nas quais foram colocados um termómetro e um higrómetro, respetivamente. A fim de melhorar o processo do míldio do amendoim, foi regularmente pulverizada água todos os dias para manter a humidade na caixa de plástico a cerca de 85% e a temperatura a 26-30 °C.

Na preparação de amostras de óleo de amendoim contaminado com aflatoxinas (50 ml), foram colhidas amostras de amendoim (600 g) em locais diferentes, em quatro caixas de plástico, de duas em duas semanas, e as amostras de amendoim foram colocadas numa estufa a 100 °C para aquecimento a temperatura constante durante 20 minutos. De seguida, ligou-se a prensa de óleo (prensa de óleo doméstica M9, Guangdong Jiahemei Oil Press Factory, Guangdong, China) para pré-aquecer durante 30 minutos e, em seguida, prensar o óleo. Neste estudo, o óleo extraído foi submetido a três etapas de filtração, sedimentação e centrifugação. Primeiro, o óleo de amendoim extraído foi passado através de um filtro de aço inoxidável para filtrar o resíduo de óleo. De seguida, o óleo de amendoim filtrado foi deixado durante 12 horas e o sobrenadante foi retirado para obter o óleo em bruto. Depois, o óleo em bruto foi colocado numa centrífuga (TGL-16M High Speed Centrifuge, Hunan Xiangyi Centrifuge Instruments Co., Ltd, Changsha, China) e centrifugado a 11000 r/min com uma força centrífuga máxima de 12840 g durante 10 minutos para obter a amostra de óleo de amendoim. Finalmente, as amostras de óleo de amendoim preparadas foram armazenadas num frigorífico a 4 °C para utilização posterior.

Os filetes de peito de frango utilizados neste estudo foram adquiridos no supermercado Auchan local e transportados para o nosso laboratório no espaço de 20 minutos. Em seguida, cada filete foi cortado num pedaço de 25 g, com uma faca asséptica e uma tesoura, para formar uma amostra cuboide com o tamanho de 4 cm x 4 cm x 1 cm. Todas as 106 amostras preparadas foram colocadas num saco de plástico selado e armazenadas num frigorífico a 4 °C. Nos 9 dias seguintes, algumas amostras foram retiradas do frigorífico para a realização de experiências de um em um dia.

3.2.2 Determinação da aflatoxina B1

Neste estudo, o teor de AFB1 nas amostras de óleo de amendoim foi determinado pelo primeiro método da norma GB 5009.22-2016 (ou seja, Determinação de Aflatoxinas dos Grupos B e G em Alimentos), nomeadamente a cromatografia líquida de diluição isotópica-espetrometria de massa em tandem [9].

O princípio de deteção deste método é o seguinte: Em primeiro lugar, a AFB1 presente na amostra é extraída com uma solução de acetonitrilo-água ou com uma solução de metanol-água. Em seguida, o extrato é diluído com uma solução tampão fosfato contendo 1% de TritonX-100, com purificação e enriquecimento por coluna de imunoafinidade. Finalmente, após concentração, volume constante e filtração, o líquido purificado é separado por cromatografia líquida e quantificado por deteção por espetrometria de massa em tandem e método isotópico de padrão interno.

3.2.3 Aquisição de espectros Raman

Neste estudo, foi utilizado um espetrómetro Raman a laser DXR (Thermo Fisher. Co, EUA) para recolher espectros Raman de amostras de óleo comestível e o software OMNIC (Thermo Fisher. Co, EUA) para registar os dados espectrais das amostras de óleo comestível. Antes da recolha de espectros, os parâmetros do instrumento foram definidos da seguinte forma: O comprimento de onda da fonte de luz laser foi de 532 nm, a potência laser foi de 10 mW, a distância focal da ocular foi de 10X, o tempo de integração foi de 10 segundos, a gama de varrimento espetral foi de 50-3400 cm^{-1} , e a temperatura ambiente foi controlada a cerca de 20 °C±3 °C.

Durante a recolha espetral, a amostra (0,5 pL) foi desenhada na bolacha de silício por uma pipeta para recolher o espetro da amostra. Ajustar lentamente o botão de ajuste grosseiro do espetrómetro Raman para fazer incidir a lente objetiva sobre a amostra e utilizar a bancada de trabalho do software OMNIC para observar a imagem espetral. Em seguida, afinar o botão e, quando o espetro estiver estável e o ruído for reduzido, efetuar o exame final. Os espectros Raman brutos de todas as amostras são apresentados na Figura 3.1.

3.2.4 Métodos de análise dos dados

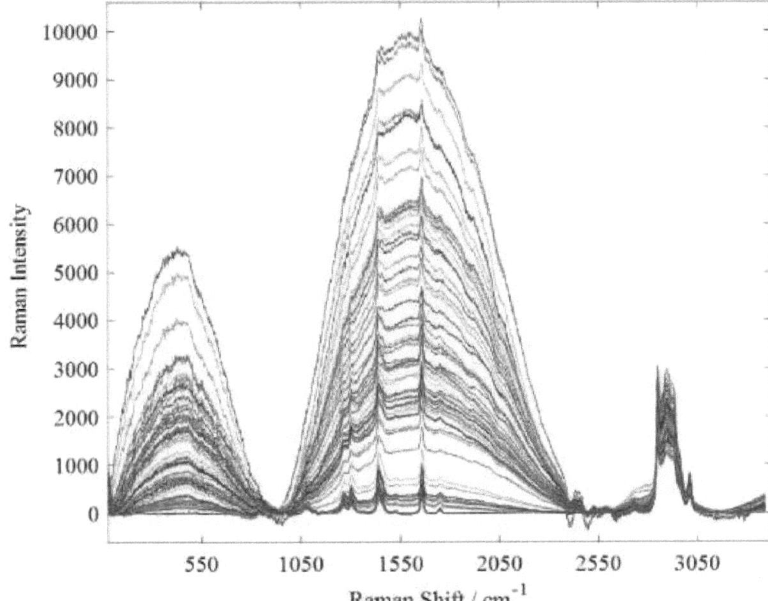

Figura 3.1 Espectros Raman em bruto de todas as amostras de óleos alimentares.

3.2.4.1 Tecnologia de sobreamostragem de minorias sintéticas

A aprendizagem automática é uma disciplina interdisciplinar multi-disciplinar que combina a teoria das probabilidades, a análise convexa e a teoria da complexidade algorítmica. O seu principal objetivo é conceber algoritmos que permitam aos computadores "aprender" de forma autónoma. Este tipo de algoritmo descobre as leis ocultas e os conhecimentos efectivos nos dados a partir de uma grande quantidade de conhecimentos prévios e a posteriori, e utiliza-os para previsão ou classificação. Para os problemas de classificação, a maior parte dos classificadores na investigação existente são geralmente concebidos com base na premissa de que a distribuição do conjunto de dados é equilibrada, enquanto a distribuição desequilibrada do conjunto de dados terá um maior impacto no efeito de classificação do classificador. De facto, em aplicações práticas, para reduzir a taxa de perda discriminativa, o classificador enviesará as amostras da classe maioritária durante o processo de classificação face a tarefas de classificação de conjuntos de dados desequilibrados, afectando assim os resultados da classificação [27]. Por conseguinte, o problema da classificação do conjuntos de dados desequilibrados deve ser resolvido na origem e não no final, sacrificando parte do desempenho do classificador. De facto, os estudos demonstraram que, no processamento de conjuntos de amostras desequilibrados, podemos utilizar algoritmos adequados para expandir corretamente os conjuntos de dados que participam na formação, de modo a atingir o requisito de conjuntos de amostras equilibrados.

Neste estudo, partimos dos próprios dados experimentais e alcançamos o objetivo de uma distribuição equilibrada do conjunto de dados, fazendo ajustamentos adequados ao conjunto de dados que participam na formação. Por conseguinte, este estudo introduz uma técnica de sobreamostragem de classes minoritárias sintéticas para gerar novos dados semelhantes da mesma classe [28]. O algoritmo gera novas amostras com base no algoritmo de agrupamento e interpolação. Os passos específicos de implementação são os seguintes: (i) Em primeiro lugar, seleciona-se aleatoriamente uma amostra x_i do conjunto de amostras da classe minoritária e utiliza-se o vizinho mais próximo K baseado na distância euclidiana para encontrar as k amostras vizinhas mais próximas da amostra. (ii) Uma amostra $\%_7$ é selecionada aleatoriamente a partir das k amostras vizinhas mais próximas na primeira etapa e sintetiza várias novas amostras da classe minoritária de acordo com a fórmula (3.1). (iii) Repetir os passos (i) e (ii) para sintetizar o número predefinido de amostras.

$$s_i = x_i + (x_i - x_j) \times \lambda \qquad (3.1)$$

em que, Я é um número aleatório de 0 a 1, e s_i é uma amostra recentemente gerada.

3.2.4.2 Aprendizagem profunda

A aprendizagem profunda pertence a um domínio de investigação na categoria da tecnologia de aprendizagem automática [29]. O algoritmo de aprendizagem profunda é diferente da rede neural tradicional na sua "profundidade". Utiliza uma rede neural de várias camadas para extrair ativamente caraterísticas complexas com vários níveis de abstração. A principal caraterística da aprendizagem profunda são as estratégias orientadas para os dados que extraem caraterísticas ocultas de dados brutos sem ergonomia e conhecimento prévio [30]. Por este motivo, os algoritmos de aprendizagem profunda desenvolveram-se rapidamente nos últimos anos e têm sido aplicados com êxito em vários domínios. Entre eles, a rede neural convolucional (CNN) e a rede neural recorrente (RNN) são os algoritmos mais representativos dos algoritmos de aprendizagem profunda. O seu advento melhorou significativamente o desempenho do processamento de imagens e do reconhecimento de voz, e começou a ser utilizado no domínio da análise quimiométrica.

A estrutura básica da CNN consiste numa camada de entrada, uma camada convolucional, uma camada de agrupamento, uma camada totalmente ligada e uma camada de saída [31]. Geralmente, as camadas convolucionais e as camadas de pooling alternam-se ao longo da CNN, ou seja, uma camada convolucional está ligada a uma camada de pooling, que é seguida por uma camada convolucional, e assim por diante. Entre elas, a camada de convolução utiliza múltiplos núcleos de convolução, que extraem as caraterísticas dos dados de entrada através de operações de convolução para gerar superfícies de caraterísticas. Os níveis das caraterísticas extraídas por diferentes camadas convolucionais são diferentes e as camadas convolucionais de nível superior extraem caraterísticas de nível superior. A camada de pooling reduz ainda mais a dimensão da informação extraída pela camada de convolução e reduz a quantidade de computação. A camada totalmente ligada combina todas as caraterísticas extraídas e envia-as para cada classificador ou preditor. A camada de saída tem a tarefa de determinar o tipo de previsão de que necessitamos, dependendo das diferentes funções de ativação e do número de neurónios selecionados para determinar a decisão necessária. A Figura 3.2 mostra a estrutura da rede CNN concebida para a análise qualitativa e quantitativa do grau de contaminação e do nível de AFB1 no óleo alimentar neste estudo.

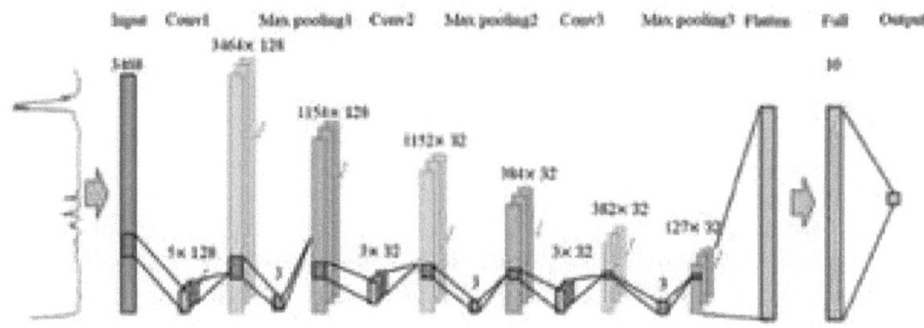

Figura 3.2 A estrutura do modelo de rede neural convolucional.

A RNN é um dos representantes típicos do processamento de dados de séries temporais [32]. Pode processar eficazmente os dados de entrada com caraterísticas de séries temporais e explorar conscientemente as leis ocultas nos dados. O modelo de rede neural de memória de longo e curto prazo (LSTM) é o algoritmo mais utilizado na RNN. Durante o treino, pode colmatar as deficiências dos gradientes que desaparecem, dos gradientes que explodem e da fraca memória a longo prazo das RNN normais. Assim, o LSTM tem sido utilizado com êxito em investigação relacionada com a linguagem de texto (como o reconhecimento da fala), multimédia (como o processamento de dados de vídeo e áudio) e outros domínios. Nos últimos anos, devido à semelhança entre dados espectrais e dados de séries temporais, o LSTM começou também a ser aplicado à aprendizagem de caraterísticas de dados espectrais. A Fig. 3 mostra a rede LSTM de duas camadas concebida para a análise qualitativa e quantitativa do grau e nível de contaminação da AFB1 no óleo alimentar neste estudo. Em comparação com a RNN normal, a unidade de memória da LSTM tem três entradas e duas saídas num determinado momento t. Ao mesmo tempo, a LSTM consegue controlar o fluxo de informação atual adicionando três portas de controlo. Além disso, são introduzidos dois estados diferentes para a retenção ou transferência de informação, nomeadamente o estado oculto e o estado celular. Entre eles, a saída *(f$_t$) da* porta de esquecimento é determinada pela entrada *(x$_t$)* no momento atual e pelo estado oculto (ft$_t$ _i) no momonto anterior, e é calculada com o estado celular *(C$_t$)*, que é a informação que precisa de ser descartada. A porta de entrada determina que nova informação precisa de ser adicionada ao estado da célula de acordo com a entrada no momento atual e o estado oculto no momento anterior, e actualiza o estado da célula de acordo com a saída da porta de esquecimento e da porta de entrada. A porta de saída actualiza o estado oculto de acordo com a combinação da informação de entrada no momento atual com o estado oculto do momento anterior e o estado atualizado da célula. O mecanismo de funcionamento interno da unidade de memória do LSTM pode ser resumido na seguinte fórmula:

$$f_t = \sigma(W_f \times [x_t, \; h_{t-1}] + b_f) \tag{3.2}$$

$$i_t = \sigma(W_i \times [x_t, \; h_{t-1}] + b_i) \tag{3.3}$$

$$O_t = \sigma(W_o \times [x_t, \; h_{t-1}] + b_o) \tag{3.4}$$

$$\tilde{C}_t = tanh(W_g \times [x_t, \; h_{t-1}] + b_g) \tag{3.5}$$

$$C_t = (f_t \times C_{t-1} + i_t \times \tilde{C}_t) \tag{3.6}$$

$$h_t = tanh(C_t) \times O_t \tag{3.7}$$

em que *a* é a função sigmoide normalmente utilizada, os elementos do vetor de dados representado por "x" são multiplicados de forma correspondente, W_f, W_t, W_o, Wg representam o parâmetro de peso da operação correspondente, b_f, b_t, b_o, bg representam o parâmetro de polarização correspondente.

3.2.5 Figura de mérito

Neste estudo, a capacidade de cada modelo de deteção quantitativa treinado utilizando o algoritmo de aprendizagem profunda foi avaliada através da raiz quadrada média (RMSEC), do coeficiente de determinação da correção (R£), da raiz quadrada média do erro de previsão (RMSEP), do coeficiente de determinação preditiva (Rp) e do rácio de previsão para desvio (RPD). Para cada modelo de reconhecimento qualitativo treinado pelo algoritmo de aprendizagem profunda, a precisão da classificação é utilizada para discutir a capacidade de classificação de cada modelo, e a matriz de confusão é utilizada para visualização.

3.2.6 Software

Neste estudo, todos os algoritmos de aprendizagem profunda foram implementados no Anaconda 3.6 (Python 3.6.5, EUA) com as estruturas Tensorflow2.4.1 e Keras2.4.3 instaladas. Os dados experimentais foram todos realizados num computador com CPU AMD Ryzen 7 5700G (EUA), 16 GB de memória e o sistema operativo win10.

3.3 Resultados e discussão

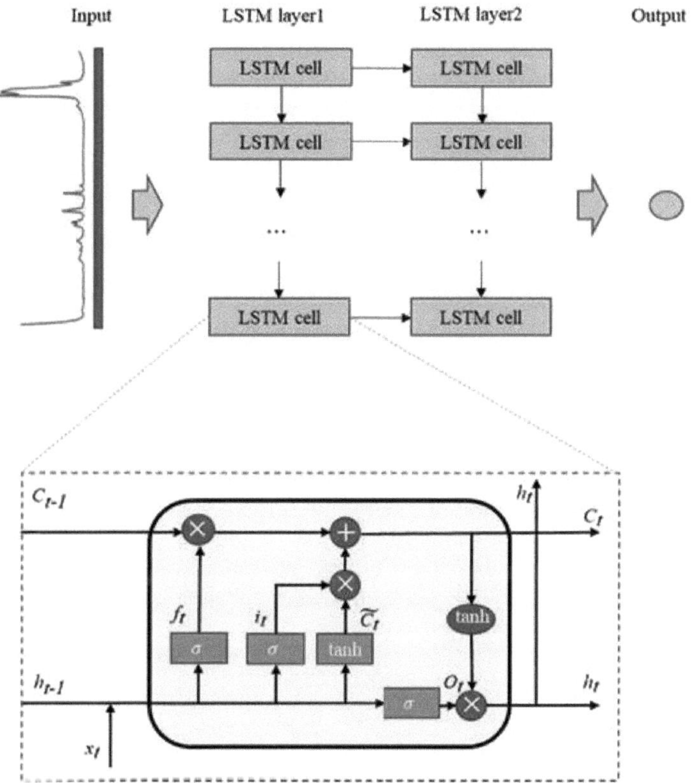

Figura 3.3 Diagrama da estrutura do LSTM de duas camadas e da sua célula de memória.

3.3.1 Divisão dos conjuntos de amostras

De acordo com as normas de segurança nacionais chinesas para o óleo comestível, se o teor de AFB1 no óleo comestível for inferior a 20 pg^kg^{-1} , este é considerado um produto qualificado (designado por classe I). Se o teor DE AFBi no óleo comestível não for inferior a 20 pg^kg^{-1} e inferior a 100 pg^kg^{-1} , é considerado uma contaminação ligeira (designada por classe II). Se o teor de AFB1 no óleo alimentar não for inferior a 100 pg^kg^{-1} , é considerado uma contaminação pesada (designada por classe III). 90

De acordo com os critérios de classificação acima referidos, o número de amostras de três tipos de óleos alimentares obtidas neste estudo é apresentado no Quadro 3.1. Destas, há 45 amostras qualificadas (i.e., Classe I), 20 amostras de Classe II e 45 amostras de Classe III. Uma vez que o estudo permitiu que as plantas oleaginosas se tornassem naturalmente mofadas durante a experiência, isto levou diretamente a um desequilíbrio no número de amostras de diferentes categorias. A fim de obter um modelo de aprendizagem profunda razoável, este estudo utilizou a tecnologia de sobreamostragem de classes minoritárias sintéticas antes do estabelecimento do modelo de reconhecimento, de modo a que o número de amostras das classes II e III atingisse 60, que era o mesmo que o número de amostras da classe I, de modo a garantir o equilíbrio do número de amostras de diferentes classes no conjunto de amostras. Quando o modelo de reconhecimento foi estabelecido, 15 amostras de cada categoria foram selecionadas aleatoriamente como conjunto de previsão e as restantes amostras foram utilizadas como conjunto de calibração. Finalmente, para a análise qualitativa, havia 135 amostras no conjunto de calibração (das quais 20% foram utilizadas para o conjunto de validação durante a formação) e 45 amostras no conjunto de previsão (todas utilizadas para validação externa independente).

Quadro 3.1 Estatísticas sobre o número de amostras de óleo alimentar contaminadas com diferentes níveis de aflatoxina.

Dimensão da amostra	A gama de aflatoxinas B_i		Grau de contaminação
60	Menos de 20 pg^kg^{-1}		Isento de contaminação (I)
20	Maior ou igual a	20pg^kg^{-1} , e menor que 100 pg^kg^{-1}	Contaminação ligeira (II)
45	Maior ou igual a	100pg^kg^{-1}	Contaminação grave (III)

Além disso, 80 amostras contendo AFB1 foram efetivamente detectadas pela experiência para análise quantitativa. Primeiro, as 80 amostras foram ordenadas por ordem crescente de acordo com o teor de AFB1 medido. Em seguida, uma de cada quatro amostras foi retirada como amostra do conjunto de previsão. Assim, o conjunto de calibração tinha 60 amostras de óleo comestível (das quais 20% foram utilizadas para o conjunto de validação durante a formação) e o conjunto de previsão tinha 20 amostras (todas utilizadas para validação externa independente). O quadro 3.2 apresenta os resultados estatísticos do teor de AFB1 das amostras dos dois conjuntos.

Quadro 3.2 Diagrama esquemático do sistema E-nose baseado num conjunto de sensores colorimétricos.

Subconjuntos	Número da amostra	Máximo /pg^kg^{-1}	Mínimo Wkg^{-1}	Média Wkg^{-1}	Desvio padrão /pg^kg^{-1}
Conjunto de calibração	60	701.72	0.097	233.71	221.34
Conjunto de previsões	20	691.49	0.10	246.54	237.92

3.3.2 Resultados da análise qualitativa

Este estudo utilizou algoritmos típicos de aprendizagem profunda (ou seja, o modelo CNN e o modelo RNN) combinados com a tecnologia de deteção de espetroscopia Raman para identificar qualitativamente o grau de contaminação por aflatoxina no óleo comestível. A estrutura e os parâmetros de ambos os modelos foram determinados após várias afinações, tendo em conta o sobreajuste e o subajuste. Neste estudo, as principais configurações das arquitecturas de rede da CNN e da RNN foram as seguintes. Na CNN, o estudo utilizou três camadas de convolução e três camadas de pooling para extrair as caraterísticas dos dados espectrais e, em seguida, ligou uma camada totalmente ligada e uma camada de saída; na RNN, o estudo utilizou uma camada LSTM de duas camadas para a extração da informação da sequência espetral e, em seguida, ligou uma camada de saída para o resultado da classificação. No processo de treino da CNN e da RNN, a precisão da classificação foi selecionada por ambos os modelos como função de avaliação, a função de entropia cruzada como função de perda e o algoritmo Adam como algoritmo de otimização, a função de ativação de cada camada foi a função tanh e a função de ativação da camada de saída foi a função softmax. Entre eles, os hiperparâmetros do Adam são definidos como: taxa de aprendizagem a=0,001, expoente de decaimento de primeira ordem *fi1* =0,9, expoente de decaimento de segunda ordem *fi2=0,99*, e=10^{-8} . E o número de amostras do lote de treino da rede foi batch_size=45. Além disso, os tempos de treino dos modelos CNN e RNN foram fixados em 200 e 500, respetivamente. A Figura 3.4 mostra o processo de treinamento dos dois modelos.

Pode ver-se na Figura 3.4 que as funções de perda dos dois modelos no processo de treino diminuem com o aumento da exatidão da classificação e tendem a ficar estáveis. Isto mostra que, à medida que o número de treinos aumenta, os dois modelos aprendem caraterísticas comuns nos dados espectrais. Além disso, observando a Figura 3.4B e a Figura 3.4D, a exatidão dos dois modelos flutuou até certo ponto na fase inicial do treino, mas ambas flutuaram dentro de um intervalo muito pequeno. Por outro lado, embora o modelo RNN seja treinado 500 vezes, o modelo convergiu para 1 na exatidão do conjunto de treino e validação depois de o modelo atingir 150 vezes de treino, e as funções de perda dos dois modelos também são consistentes. Isto mostra que o desempenho dos dois modelos é semelhante e relativamente estável. Finalmente, a exatidão da classificação dos dois modelos no conjunto de previsão atingiu 100% após o treino. A Figura 3.4E mostra a matriz de confusão da precisão do modelo.

3.3.3 Resultados da análise quantitativa

3.3.3.1 Calibração do modelo

A arquitetura do modelo quantitativo é a mesma que a do modelo qualitativo, mas as diferenças em relação ao modelo qualitativo são as seguintes (1) A função de ativação de cada camada no modelo qualitativo é a função tanh, a função de ativação da camada de saída é a função softmax e cada camada no modelo quantitativo utiliza a função relu. (2) O número de neurónios em cada camada é diferente. (3) No processo de formação do modelo quantitativo, o RMSE foi utilizado como função de perda e o R^2 foi utilizado como índice de avaliação. Além disso, os lotes de amostras no treinamento dos modelos CNN e RNN são definidos como batch_size=20. A Figura 3.5 mostra o processo de treinamento dos dois modelos quantitativos.

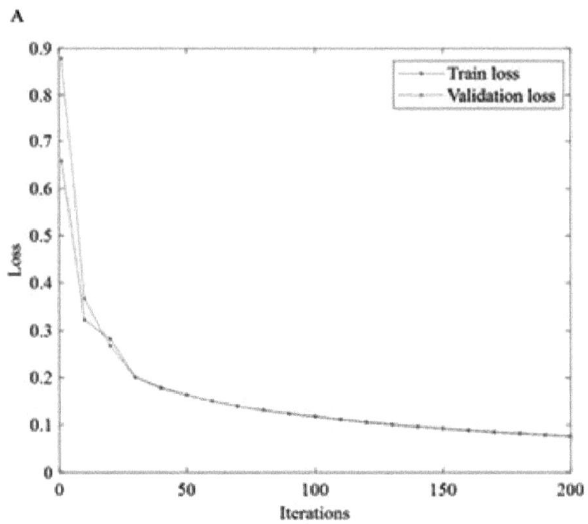

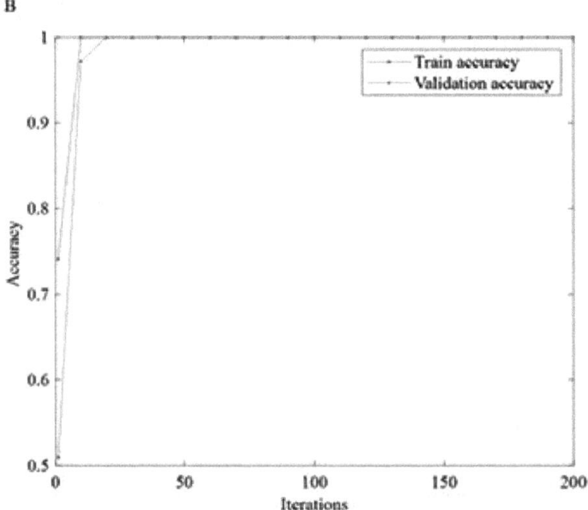

C

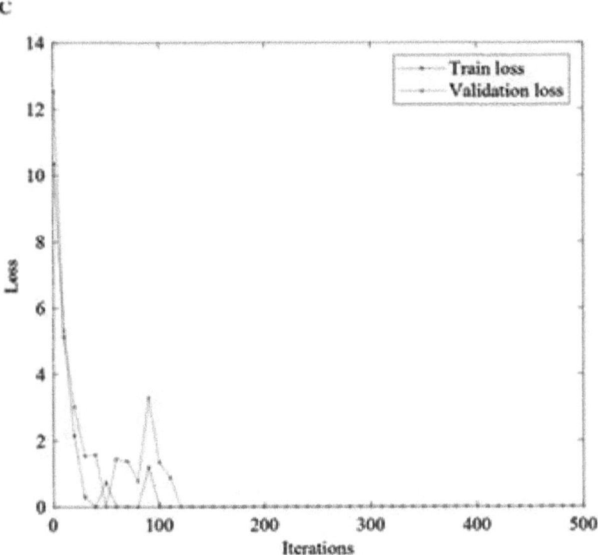

D

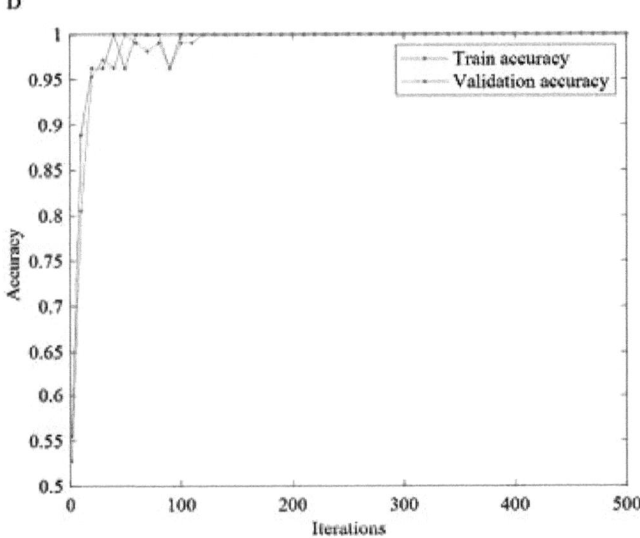

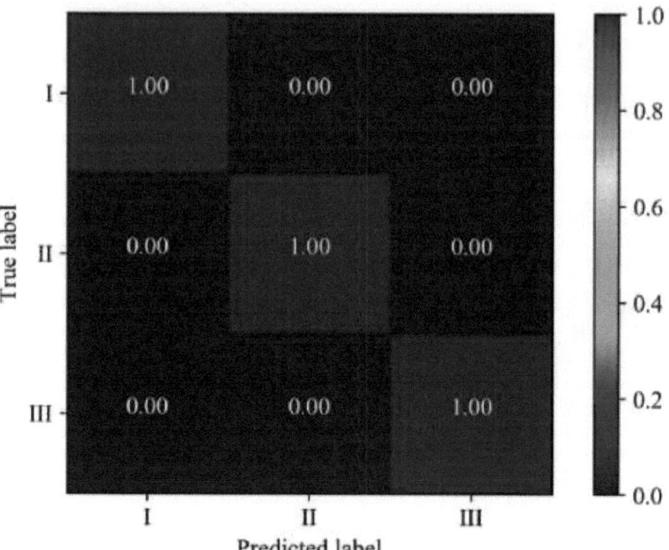

Figura 3.4 Resultados qualitativos do treino do modelo. (A) e (B): O processo de treinamento da rede neural convolucional. (C) e (D): O processo de treino da rede neural recorrente. (E): A matriz de confusão de previsões do modelo no conjunto de previsões.

Pode ver-se na Figura 3.5 que as tendências de alteração da função de perda (RMSE) e da exatidão (R^2) dos dois modelos durante o processo de treino são consistentes e que a exatidão continua a aumentar com o aumento dos tempos de treino. Isto sugere que cada modelo está a procurar caraterísticas associadas ao teor de AFB1 nos óleos alimentares. Uma análise mais aprofundada da Figura 3.5B e da Figura 3.5D mostra que o processo de treino do modelo tende gradualmente a estabilizar-se a partir da instabilidade, e os pontos estáveis do modelo durante o processo de treino aparecem todos por volta da milésima vez. No entanto, a precisão do modelo RNN é ligeiramente superior na convergência final e a variação da precisão é menor, o que revela que o modelo RNN tem um melhor desempenho na deteção da AFB1 do óleo alimentar.

A

Train loss
Validation loss
Loss
300
250
200
150
100
50
0
500
1000
1500
Iterations

B

Train
Validation
R²
1
0.9
0.8
0.7
0.6
0.5
0.4
0.3
0.2
0.1
0
0
500
1000
1500
Iterations

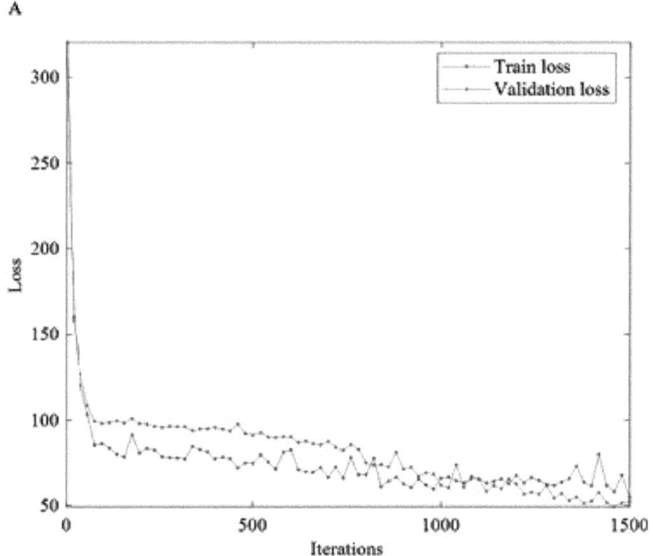

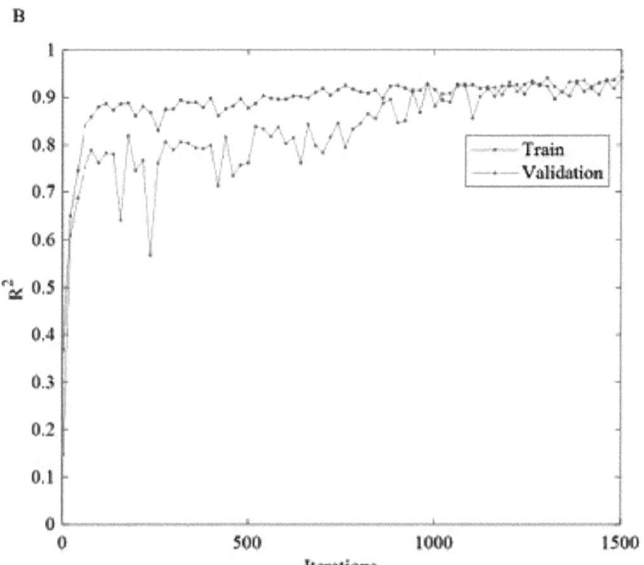

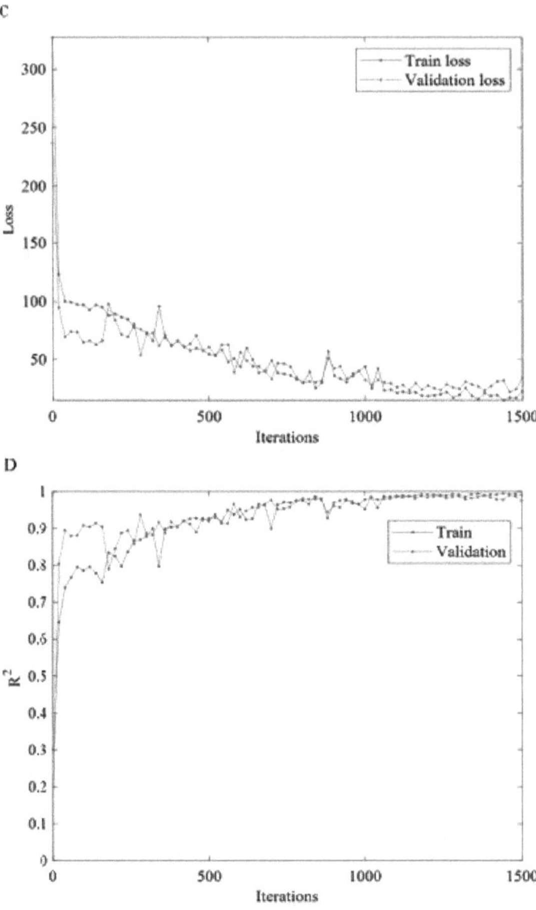

Figura 3.5 Resultados quantitativos do treino do modelo. (A) e (B): O processo de treinamento da rede neural convolucional. (C) e (D): O processo de treino da rede neural recorrente.

3.3.3.2 Comparar e discutir os resultados óptimos de diferentes modelos

A Tabela 3.3 apresenta as estatísticas dos resultados de previsão dos modelos CNN e RNN. A Tabela 3.3 mostra que os coeficientes de determinação dos modelos CNN e RNN nos dois conjuntos de amostras são ambos superiores a 0,90, o que pode satisfazer os requisitos de exatidão da previsão. Em comparação com o modelo CNN, o modelo RNN tem um melhor desempenho nos dois conjuntos de amostras. O seu coeficiente de determinação no conjunto de previsão é de 0,95, ligeiramente superior ao do modelo CNN em 0,03; o valor RPD é de 4,86, quase 1,2 superior ao do modelo CNN; o valor RMSEP é de 53,74 $_{pg^{\wedge}kg-1}$, quase 11 inferior ao do modelo CNN. Por conseguinte, pode considerar-se que o modelo RNN tem um melhor desempenho do que o modelo CNN quando se trata de dados de sequências espectrais. Por conseguinte, consideramos que o modelo RNN proposto neste estudo é mais adequado para a deteção quantitativa da AFB1 em óleos alimentares. A Figura 3.6 mostra o gráfico de dispersão entre os resultados de previsão do melhor modelo RNN para as amostras do conjunto de previsão e os valores efetivamente medidos.

Tabela 3.3 Estatísticas dos indicadores de avaliação de modelos quantitativos em conjuntos de dados.

Modelos	RMSEC/^g-kg^{-1}	$R\,c^2$	RMSEP/^g-kg^{-1}	R^2_P	RPD
CNN	50.08	0.95	64.94	0.92	3.58
RNN	24.66	0.99	53.74	0.95	4.86

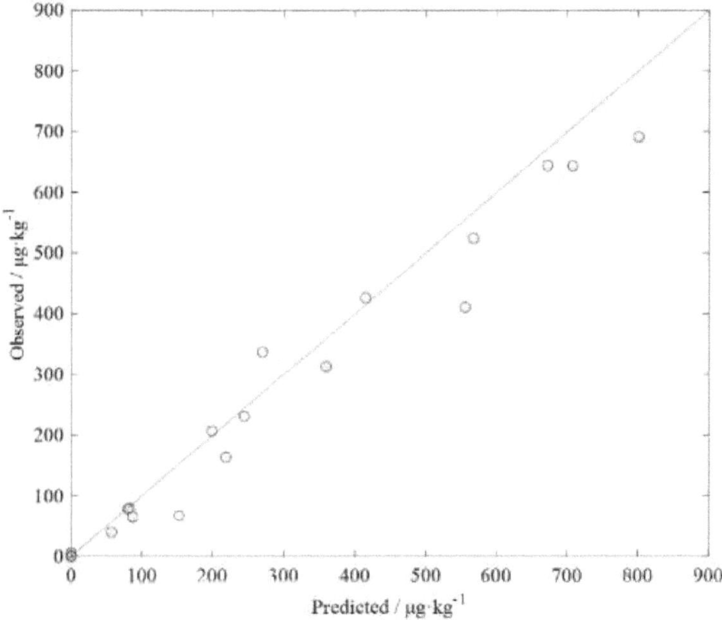

Figura 3.6 A relação entre o valor medido e o valor previsto do modelo RNN.

3.4 Resumo

O estudo de viabilidade propõe diferentes arquitecturas de modelos de aprendizagem profunda com base em caraterísticas espectrais Raman para conseguir monitorizar o grau e o nível de contaminação por AFB1 no óleo comestível. Na identificação qualitativa do grau de contaminação por AFB1 no óleo comestível, os desempenhos dos modelos CNN e RNN foram semelhantes e ambos apresentaram um bom desempenho de identificação, tendo a exatidão da classificação das amostras independentes sido de 100%. Na deteção quantitativa do nível de contaminação AFB1 no óleo comestível, o desempenho do modelo RNN foi melhor do que o do modelo CNN, e o seu RPD atingiu 4,86. Os resultados revelam que o algoritmo de aprendizagem profunda combinado com a espetroscopia Raman pode realizar a monitorização rápida do grau e nível de contaminação por micotoxinas do óleo comestível com elevada precisão, e a aprendizagem profunda tem boas perspectivas de aplicação no domínio da análise quimiométrica espectroscópica.

85

Referências

[1] Y. Zhou, W. Zhao, Y. Lai, B. Zhang, D. Zhang, Edible plant oil: Status global, questões de saúde e perspectivas, Frontiers in Plant Science, 11 (2020).

[2] A.R. Patel, K. Dewettinck, Estruturação de óleos comestíveis: uma visão geral e actualizações recentes, Food & Function, 7 (2016) 20-29.

[3] F. Javanmardi, D. Khodaei, Z. Sheidaei, M. Bashiry, K. Nayebzadeh, Y. Vasseghian, A. Mousavi Khaneghah, Decontamination of aflatoxins in edible oils: Uma revisão abrangente, Food Reviews International, (2020).

[4] D. Afzali, M. Ghanbarian, A. Mostafavi, T. Shamspur, S. Ghaseminezhad, Um novo método para uma elevada pré-concentração de quantidades ultra-traço de aflatoxinas B-1, B-2, G(1) e G(2) em óleos comestíveis por microextracção líquido-líquido dispersiva após limpeza com coluna de imunoafinidade, Journal of Chromatography A, 1247 (2012) 35-41.

[5] L. Chen, A.E. Molla, K.M. Getu, A. Ma, C. Wan, Determinação de aflatoxinas em óleos comestíveis da China e da Etiópia usando coluna de imunoafinidade e HPLC-MS/MS, Journal of Aoac International, 102 (2019) 149-155.

[6] S. Huang, X. Chen, Y. Wang, F. Zhu, R. Jiang, G. Ouyang, Alto enriquecimento e análise ultra-traço de aflatoxinas em óleos comestíveis por uma técnica de microextracção de fase líquida de fibra oca modificada, Chemical Communications, 53 (2017) 8988-8991.

[7] F. Lei, C. Li, S. Zhou, D. Wang, Y. Zhao, Y. Wu, Hifenização de cromatografia de fluido supercrítico com espetrometria de massa em tandem para determinação rápida de quatro aflatoxinas em óleo comestível, Comunicações rápidas em espetrometria de massa, 30 (2016) 122-127.

[8] L.-x. Yang, Y.-p. Liu, H. Miao, B. Dong, N.-j. Yang, F.-q. Chang, L.-x. Yang, J.-b. Sun, Determination of aflatoxins in edible oil from markets in Hebei Province of China by liquid chromatography-tandem mass spectrometry, Food Additives & Contaminants Part B-Surveillance, 4 (2011) 244-247.

[9] G. 5009.22-2016, Determinação da aflatoxina do grupo B e do grupo G em alimentos, Administração Geral de Supervisão da Qualidade, Inspeção e Quarentena da República Popular da China, (2016).

[10] M.Z. Hossain, T. Goto, Near- and mid-infrared spectroscopy as efficient tools for detection of fungal and mycotoxin contamination in agricultural commodities, World Mycotoxin Journal, 7 (2014) 507-515.

[11] C. Levasseur-Garcia, Visão geral actualizada dos métodos de espetroscopia de infravermelhos para a deteção de micotoxinas em cereais (milho, trigo e cevada), Toxins, 10 (2018).

[12] W. Zhai, T. You, X. Ouyang, M. Wang, Progresso recente na deteção de micotoxinas com base na espetroscopia Raman aprimorada por superfície, Revisões abrangentes em ciência e segurança alimentar, 20 (2021) 18871909.

[13] J. Neng, Q. Zhang, P. Sun, Aplicação da espetroscopia Raman reforçada pela superfície na deteção rápida de substâncias tóxicas e nocivas nos alimentos, Biosensors & Bioelectronics, 167 (2020).

[14] Y.-H. Yun, H.-D. Li, B.-C. Deng, D.-S. Cao, Uma visão geral dos métodos de seleção de variáveis na análise multivariada de espectros de infravermelho próximo, TRAC-Trends in Analytical Chemistry, 113 (2019) 102-115.

[15] X. Zou, J. Zhao, M.J.W. Povey, M. Holmes, H. Mao, Métodos de seleção de variáveis na espetroscopia de infravermelhos próximos, Analytica Chimica Ata, 667 (2010) 14-32.

[16] B.-C. Deng, Y.-H. Yun, D.-S. Cao, Y.-L. Yin, W.-T. Wang, H.-M. Lu, Q.-Y. Luo, Y.-Z. Liang, Uma abordagem de encolhimento suave de bootstrapping para seleção de variáveis em modelagem química, Analytica Chimica Ata, 908 (2016) 6374.

[17] H. Jiang, Y. He, Q. Chen, Determinação do valor ácido durante o armazenamento de óleo comestível usando um sistema de espetroscopia NIR portátil combinado com algoritmos de seleção de variáveis com base em uma estratégia baseada em MPA, Journal of the Science of Food and Agriculture, 101 (2021) 3328-3335.

[18] H. Jiang, W. Xu, Y. Ding, Q. Chen, Análise quantitativa do processo de fermentação de

levedura usando espetroscopia Raman: Comparação de CARS e VCPA para seleção de variáveis, Spectrochimica Ata Parte A: Espectroscopia Molecular e Biomolecular, 228 (2020) 117781.

[19] Y. LeCun, Y. Bengio, G. Hinton, Deep learning, Nature, 521 (2015) 436-444.

[20] B. Debus, H. Parastar, P. Harrington, D. Kirsanov, Aprendizagem profunda em química analítica, Trac-Trends in Analytical Chemistry, 145 (2021).

[21] A. Kamilaris, F.X. Prenafeta-Boldu, Aprendizagem profunda na agricultura: A survey, Comput. Electron. Agric., 147 (2018) 70-90.

[22] M. Kim, J. Yun, Y. Cho, K. Shin, R. Jang, H.-j. Bae, N. Kim, Aprendizagem profunda em imagens médicas, Neurospine, 16 (2019) 657-668.

[23] R.A. Khalil, E. Jones, M.I. Babar, T. Jan, M.H. Zafar, T. Alhussain, Reconhecimento de emoção de fala usando técnicas de aprendizado profundo: Uma revisão, IEEE Access, 7 (2019) 117327-117345.

[24] W. Lee, J.J. Seong, B. Ozlu, B.S. Shim, A. Marakhimov, S. Lee, Sensores de bio sinais e reconhecimento de fala baseado em aprendizagem profunda: Uma revisão, Sensores, 21 (2021).

[25] E. Lieskovska, M. Jakubec, R. Jarina, M. Chmulik, Uma revisão sobre o reconhecimento da emoção da fala usando aprendizagem profunda e mecanismo de atenção, Electronics, 10 (2021).

[26] X. Zhang, J. Yang, T. Lin, Y. Ying, Avaliação da qualidade de alimentos e agroprodutos com base em espetroscopia e aprendizado profundo: Uma revisão, Tendências em Ciência e Tecnologia de Alimentos, 112 (2021) 431-441.

[27] X.W. Liang, A.P. Jiang, T. Li, Y.Y. Xue, G.T. Wang, LR-SMOTE - Uma sobreamostragem melhorada de conjuntos de dados desequilibrados baseada em K-means e SVM, Knowledge-Based Systems, 196 (2020).

[28] X. Yi, Y. Xu, Q. Hu, S. Krishnamoorthy, W. Li, Z. Tang, ASN-SMOTE: um método de sobreamostragem de minoria sintética com seleção de sintetizador qualificado adaptável, Sistemas Complexos e Inteligentes, (2022).

[29] X. Cao, Y. Wang, B. Chen, N. Zeng, inteligência adaptável ao domínio para diagnóstico de falhas com base na aprendizagem de transferência profunda de plataformas de teste científico para aplicações industriais, Neural Computing & Applications, 33 (2021) 4483-4499.

[30] D. Xiao, B.T. Le, Análise rápida das caraterísticas do carvão com base na aprendizagem profunda e na espetroscopia de infravermelhos visíveis, Microchemical Journal, 157 (2020).

[31] X. Wu, Z. Zhao, R. Tian, Z. Shang, H. Liu, Identificação e quantificação de óleo de sésamo falsificado por espetroscopia de fluorescência 3D e rede neural convolucional, Food Chemistry, 311 (2020).

[32] Y. Yu, X. Si, C. Hu, J. Zhang, Uma revisão das redes neurais recorrentes: Células LSTM e arquiteturas de rede, Neural Computation, 31 (2019) 1235-1270.

Capítulo 4

Determinação da aflatoxina B1 no milho

4.1 Introdução

O milho é uma importante cultura alimentar, forrageira e de rendimento, que ocupa uma posição extremamente significativa na produção agrícola mundial e no desenvolvimento económico. De acordo com as estatísticas, a produção e o consumo de milho a nível mundial registaram uma tendência crescente nos últimos dez anos [1]. Além disso, o próprio milho também contém uma variedade de nutrientes necessários ao corpo humano, incluindo muitas vitaminas B, minerais básicos e fibras [2]. No entanto, é fácil causar míldio no milho durante o transporte e o armazenamento devido à influência de factores ambientais ou humanos, produzindo assim micotoxinas. As micotoxinas e os seus derivados nos alimentos são biologicamente tóxicos e carcinogénicos, podendo ter efeitos nocivos na saúde humana [3]. A aflatoxina é um tipo de produto secundário que contém uma estrutura anelar diidrofurânica produzida por Aspergillus flavus e Aspergillus parasiticus, que afecta seriamente a segurança do milho e a segurança humana [4]. Nos últimos anos, a aflatoxina B1 (AFB1) tem sido objeto de uma atenção generalizada por ser a mais amplamente distribuída e a mais tóxica de entre muitas toxinas [5]. Por conseguinte, é de grande importância prática encontrar um método para a determinação rápida e quantitativa da AFB1 do milho.

Atualmente, os métodos convencionais de deteção de micotoxinas em cereais incluem principalmente a reação em cadeia da polimerase [6], o imunoensaio ligado a enzimas [7], a cromatografia gasosa e a cromatografia líquida de alta eficiência [8], etc. Embora estes métodos de deteção tradicionais apresentem as vantagens de uma elevada sensibilidade e precisão. Mas, de facto, há desvantagens como a operação complicada, demorada e trabalhosa, etc., que não podem satisfazer as necessidades da moderna inspeção no local da segurança alimentar no processo de inspeção real. Assim, é particularmente importante desenvolver um método ecológico para a deteção rápida, não destrutiva e quantitativa de micotoxinas em grãos.

Sendo uma tecnologia ótica nova e poderosa, a tecnologia de espetroscopia Raman tem sido amplamente utilizada na deteção não destrutiva de ingredientes específicos e adulterantes em vários alimentos [9]. A espetroscopia Raman tem vantagens óbvias na deteção de vibrações moleculares que causam alterações na polarizabilidade, que é insensível à água e fornece menos bandas sobrepostas [10]. Para além disso, a espetroscopia Raman pode perceber melhor a informação caraterística dos grupos funcionais químicos relevantes das micotoxinas e seus derivados [11]. A espetroscopia Raman é um método de deteção rápido e não destrutivo que não requer o pré-processamento da amostra. Tem sido amplamente utilizada em muitos domínios de investigação [12-16], tendo também sido aplicada na deteção quantitativa de micotoxinas [17-21]. No entanto, a maior parte da investigação atual baseada nesta tecnologia escolhe uma determinada banda

A variável correspondente ao atributo de deteção para construir um modelo de deteção linear, que exige que a precisão do resultado da deteção dependa da relação linear entre a variável e o atributo. No entanto, atualmente é impossível explicar teoricamente ou provar a relação linear entre elas. Por conseguinte, é difícil garantir a exatidão dos resultados do modelo se for utilizada uma única variável de banda para estabelecer um modelo de deteção. De facto, qualquer tipo de problema no mundo real pode ser considerado como um sistema não linear, e estes problemas podem ser resolvidos a partir de uma perspetiva não linear. Do mesmo modo, para a aplicação e deteção da tecnologia de espetroscopia Raman, também podemos considerar a relação entre a espetroscopia Raman e as propriedades de deteção como uma relação não linear e, em seguida, utilizar algoritmos de otimização para lidar com problemas de regressão não linear.

Por conseguinte, os objectivos específicos deste trabalho foram os seguintes (1) Construir um sistema portátil de deteção por espetroscopia Raman e adquirir os espectros Raman de amostras de milho com diferentes graus de míldio; (2) Foram aplicados três métodos de otimização de comprimentos de onda caraterísticos para otimizar os comprimentos de onda caraterísticos dos espectros Raman pré-processados; e (3) Foram estabelecidos modelos de deteção por máquina de vectores de apoio baseados na combinação de diferentes variáveis optimizadas de comprimentos de onda caraterísticos para realizar a deteção precisa da AFB1 no milho, e o desempenho de deteção de diferentes modelos optimizados foi comparado.

4.2 Materiais e métodos

4.2.1 Preparação das amostras de milho

As amostras de milho necessárias para a experiência foram adquiridas num grande supermercado local. Em primeiro lugar, a temperatura da incubadora de temperatura e humidade constantes (HWS-250B, Hong Nuo Instrument Co., Ltd., Tianjin, China) foi regulada para 30 ± 3 °C e a humidade para 80%-90%. Em seguida, os grãos de milho comprados foram espalhados num tabuleiro grande e colocados numa incubadora de temperatura e humidade constantes para a experiência de obtenção de amostras de milho com diferentes graus de míldio.

Com base nos resultados preliminares, foram retiradas amostras da incubadora a temperatura e humidade constantes de três em três ou de cinco em cinco dias. Em cada amostragem, foram retiradas 20 amostras de milho (cada amostra tinha cerca de 20 g) de diferentes locais do tabuleiro. Porque o processo de míldio em diferentes posições é diferente. Por conseguinte, esta forma de amostragem pode garantir a riqueza do conjunto de amostras. Desta forma, foi possível obter um total de 120 amostras de milho após seis amostragens. Todas as amostras de milho recolhidas foram pulverizadas até 300 mesh por um moinho multifuncional (BJ-150, Deqing Baijie Electrical Appliances Co., Ltd., Deqing, China) para experiências físicas e químicas e recolha de espectros Raman.

4.2.2 Determinação da aflatoxina B1 no milho

Neste estudo, foi utilizada uma tecnologia competitiva de ouro coloidal para detetar o valor de referência AFB1 das amostras de milho. Em primeiro lugar, a incubadora de temperatura constante foi ligada e pré-aquecida durante 15 minutos para que a temperatura atingisse 37 °C. Pesou-se com precisão 2±0,01 g de amostra de farinha de milho com uma balança eletrónica, colocou-se num tubo de centrifugação de 15 mL e adicionou-se 8 mL de metanol a 70% para extrair a AFB1 da amostra. O tubo de centrifugação foi colocado num oscilador de 1000 r/min durante 5 minutos. Após a oscilação, o líquido foi retirado e transferido para um tubo EP de 1,5 ml. Em seguida, o tubo EP foi colocado numa centrífuga de 10000 r/min durante 2 minutos. Após a centrifugação, 100 pL de sobrenadante foram retirados com uma pipeta para um tubo de 1,5 mL de EP e 400 pL de diluente de amostra foram adicionados repetidamente para inverter e agitar para misturar. Retirar o cartão de teste e incubá-lo com a amostra numa incubadora de temperatura constante pré-aquecida durante 5 minutos. Utilizar uma pistola de pipetas para aspirar 90 pL da amostra a testar e deixá-la cair no orifício de adição da amostra. Iniciar a contagem do tempo depois de terminada a adição da amostra. Após 8 minutos, o cartão de teste foi retirado e colocado no aparelho de teste para leitura dos resultados.

4.2.3 Aquisição de espectros Raman

Neste estudo, foi utilizado um espetrómetro Raman portátil construído pela equipa para recolher os espectros Raman das amostras de milho obtidas na experiência. A gama de números de onda do espetrómetro é de 200-3100 cm^{-1} , o comprimento de onda do laser é de 785 nm, a potência do laser é de 250 mW e o tempo de integração é de 10000 ms.

Durante a aquisição dos espectros Raman, o instrumento foi calibrado com um calibrador de poliestireno e, em seguida, foram retirados 3 g de farinha de milho triturada para a aquisição do espetro Raman. Cada amostra foi recolhida três vezes, e o espetro médio das três medições foi considerado o espetro original da amostra. A figura 4.1A mostra os espectros Raman originais de todas as amostras de milho.

4.2.4 Pré-processamento espetral

No processo de aquisição de espectros Raman, devido à influência do desvio da intensidade do laser, da colocação da amostra e da alteração do próprio instrumento experimental ou do ambiente circundante no sinal Raman, os espectros Raman obtidos apresentam frequentemente um grande ruído. Por conseguinte, é necessário pré-processar os espectros originais antes da calibração do modelo. No presente estudo, os espectros Raman brutos obtidos na experiência foram processados nas quatro etapas seguintes. Em primeiro lugar, os espectros brutos foram normalizados e, em seguida, os espectros normalizados foram submetidos à filtragem Savitzky-Golay (SG) [22], à redução do limiar wavelet e à filtragem de mínimos quadrados para eliminar o ruído nos espectros [23]. A Figura 4.1B mostra os espectros Raman após o pré-tratamento pelos métodos acima referidos.

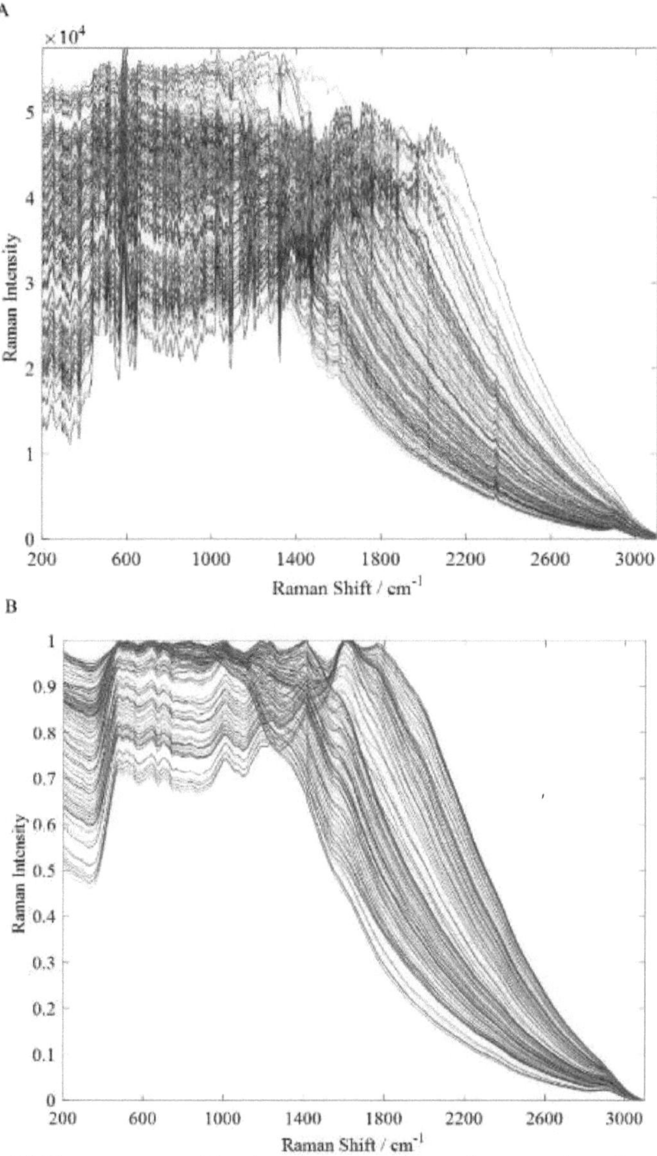

Figura 4.1 Diagrama esquemático do sistema E-nose baseado num conjunto de sensores colorimétricos.

Os parâmetros de cada método foram fixados da seguinte forma: a ordem do polinómio de filtragem SG e o tamanho da janela foram fixados em 2 e 193, respetivamente; o limiar rígido foi selecionado para o limiar wavelet, o padrão de seleção do limiar foi o limiar heurístico e o número de camadas de decomposição wavelet foi fixado em 3; a ordem do polinómio de filtragem dos mínimos quadrados e o tamanho da janela foram fixados em 2 e 63, respetivamente.

4.2.5 Métodos de seleção de variáveis
4.2.5.1 Retração suave de bootstrapping
O método de retração suave bootstrap (BOSS) deriva da ideia da amostragem bootstrap ponderada (WBS) e da análise da população de modelos (MPA) [24]. Este método utiliza a informação do coeficiente de regressão do modelo de uma forma favorável à contração suave. O trabalho deste método consiste em combinar aleatoriamente a tecnologia BSS e a tecnologia WBS para gerar conjuntos de variáveis quânticas e usar este subconjunto para construir um submodelo de regressão de mínimos quadrados parciais (PLS). O submodelo é analisado pelo MPA, e o peso da variável é atualizado de acordo com o valor absoluto do coeficiente de regressão. O processo de otimização segue a regra da redução suave, não elimina diretamente as variáveis sem importância, mas atribui pesos pequenos. O algoritmo é executado iterativamente e termina até que o número de variáveis atinja 1. Finalmente, é selecionado o conjunto ótimo de variáveis com o menor erro quadrático médio de validação cruzada (RMSECV).

Neste estudo, o BOSS foi aplicado à otimização das caraterísticas dos espectros Raman e o número de amostras bootstrap foi fixado em 1000 vezes.

4.2.5.2 Amostragem por reponderação adaptativa competitiva
O algoritmo de amostragem reponderada adaptativa competitiva (CARS) aplica o princípio da "sobrevivência do mais apto", que pode remover variáveis de informação inúteis ou não relacionadas no espetro [25]. Este método combina a tecnologia de amostragem de Monte Carlo (MCS) com o modelo PLS e tira partido do coeficiente de regressão PLS para filtrar a variável de comprimento de onda óptima. Através da amostragem adaptativa de reponderação da função de decaimento exponencial (EDF), são selecionadas as variáveis espectrais com grande valor absoluto do coeficiente de regressão no modelo de calibração e são eliminadas as variáveis com peso reduzido. A validação cruzada é utilizada para avaliar o valor RMSECV do subconjunto, e o subconjunto com o valor mais baixo é selecionado como o melhor subconjunto.

Neste estudo, o CARS foi utilizado para otimizar as variáveis do comprimento de onda caraterístico dos espectros Raman. O número de iterações do algoritmo foi fixado em 5, que foi repetido
50 vezes por uma validação cruzada de cinco vezes.

4.2.5.3 Análise populacional da combinação de variáveis
A análise populacional de combinação de variáveis (VCPA) é um método de otimização de variáveis baseado na ideologia MPA [26]. O método baseia-se na EDF e na amostragem de matriz binária (BMS) e, em seguida, o conjunto quântico de variáveis ótimo é selecionado através de um método iterativo. Em primeiro lugar, o VCPA utiliza o BMS para extrair K conjuntos de subconjuntos de variáveis do espaço de variáveis de amostra, em que cada variável tem a mesma probabilidade de ser selecionada. Estabelecer um modelo PLS para o subconjunto obtido de K variáveis e calcular o seu valor RMSECV. De acordo com o princípio do valor RMSECV mínimo, selecionar o subconjunto de variáveis em K grupos. Em seguida, calcula-se a probabilidade de cada variável nestes

conjuntos de variáveis quânticas e utiliza-se o EDF para remover as variáveis com menor frequência. Através do processo acima, as variáveis restantes são iteradas e os valores RMSECV de todas as combinações possíveis das variáveis restantes são calculados. Finalmente, a combinação de variáveis com o valor RMSECV mínimo é selecionada como a combinação óptima de variáveis da otimização VCPA.

Neste estudo, o VCPA foi utilizado para otimizar as variáveis do comprimento de onda caraterístico dos espectros Raman. Os tempos de execução do BMS deste método foram fixados em 1000, o EDF foi executado 50 vezes e a quota de subconjuntos óptimos foi de 0,1 (ou seja, o sub-modelo ótimo de 10% com um valor RMSECV pequeno foi extraído do grupo de sub-modelos de variáveis caraterísticas).

4.2.6 Máquina de vectores de suporte

A máquina de vectores de suporte (SVM) é um método de aprendizagem automática muito popular nos últimos anos e tem sido utilizada em muitos domínios [27]. A ideia da regressão SVM é melhorar a capacidade de generalização da máquina de aprendizagem e minimizar o risco empírico e o intervalo de confiança, procurando o risco estrutural mínimo. No caso de uma amostra estatística de pequena dimensão, também pode obter o objetivo de uma boa lei estatística. Mas, na prática, é frequente encontrarmos exemplos de indivisibilidade linear. Neste momento, a nossa prática comum é mapear as caraterísticas exemplares num espaço de alta dimensão através da função kernel.

Neste estudo, a SVM foi utilizada para construir um modelo de deteção quantitativa da AFB1 no milho com base em variáveis de comprimento de onda caraterísticas optimizadas. A função de base radial (RBF) foi utilizada como função de núcleo. O coeficiente de penalização C e o parâmetro da função de nucleo RBF y do SVM foram optimizados através de um método de validação cruzada de cinco vezes combinado com o método de pesquisa de grelha. O seu intervalo de valores foi de 2^{-10} -2^{10} , respetivamente.

4.2.7 Avaliação do modelo

Neste estudo, a fim de avaliar o desempenho dos três métodos de seleção de variáveis BOSS, VCPA e CARS, foi utilizada uma validação cruzada quíntupla para selecionar o número de componentes principais (PC) ideais, e o RMSECV mínimo foi utilizado como base de seleção das variáveis caraterísticas do comprimento de onda. Além disso, para a avaliação do desempenho do modelo SVM optimizado, foram utilizados a raiz do erro quadrático médio de calibração (RMSEC), o coeficiente de determinação da calibração (Rc), a raiz do erro quadrático médio de previsão (RMSEP), o coeficiente de determinação da previsão (Rp), o desvio relativo da previsão (RPD) e outros indicadores. As fórmulas de cálculo específicas são as seguintes

$$RMSEC=\sqrt{\frac{\sum_{i=1}^{n_c}(y_i-\hat{y}_i)^2}{n_c}} \qquad (4.1)$$

$$R_C^2 = 1 - \frac{\sum_{i=1}^{n_c}(y_i-\hat{y}_i)^2}{\sum_{i=1}^{n_c}(y_i-\bar{y}_i)^2} \qquad (4.2)$$

$$RPD=\frac{SD}{RMSEP} \qquad (4.3)$$

onde, y_t, $\$$ e y_t se referem ao valor medido, ao valor previsto e ao valor médio do conjunto de calibração. As fórmulas para RMSEP e Rp são semelhantes às de RMSEC e R$_:$, respetivamente. n_c é o número de amostras no conjunto de calibração e SD é o desvio padrão do conjunto de previsão.

4.3 Resultados e discussão

4.3.1 Divisão do conjunto de amostras

A fim de garantir a racionalidade dos resultados do modelo, 120 amostras de milho foram divididas de acordo com as seguintes regras. Em primeiro lugar, todas as amostras de milho foram ordenadas por ordem crescente de acordo com o valor de AFB1 detectado nas experiências físicas e químicas. Em seguida, do mínimo para o máximo, qualquer um dos meios de cada quatro amostras foi incluído no conjunto de previsão e as outras três amostras no conjunto de calibração. Deste modo, havia 90 amostras de milho no conjunto de calibração e 30 amostras de milho no conjunto de previsão. O quadro 4.1 apresenta os resultados estatísticos do teor de AFB1 nas amostras de milho do conjunto de calibração e do conjunto de previsão. O quadro 4.1 mostra que não existe uma diferença significativa entre a média e o desvio-padrão do teor de AFB1 das amostras de milho do conjunto de calibração e do conjunto de previsão. Não só o valor mínimo do conjunto de previsão é inferior ao valor mínimo do conjunto de calibração, como também o valor máximo do conjunto de previsão é inferior ao valor máximo do conjunto de calibração. Por conseguinte, a divisão das amostras do conjunto de calibração e do conjunto de previsão é razoável.

Quadro 4.1 Resultados estatísticos do teor de AFB1 em amostras de milho no conjunto de calibração e no conjunto de previsão.

Subconjuntos	S. N. a	Máximo/pg^kg^{-1}	Mínimo/pg^kg^{-1}	Média/pg^kg^{-1}	S. D. /pg^kg^{b-1}
Conjunto de calibração	90	63.0195	2.6214	24.5919	20.5718
Conjunto de previsões	30	61.2801	2.6289	24.0754	20.6479

S. N. a: número da amostra.
S. D.[b] : desvio padrão.

4.3.2 Resultados e comparação de diferentes métodos de seleção de variáveis

4.3.2.1 Resultados da seleção de caraterísticas de diferentes métodos

Neste estudo, o BOSS, o VCPA e o CARS foram utilizados para otimizar as variáveis do comprimento de onda caraterístico dos espectros Raman pré-tratados. Como os três métodos têm uma certa aleatoriedade durante a inicialização, para eliminar a influência da aleatoriedade nos resultados da otimização, os três métodos de otimização foram executados 50 vezes, respetivamente. E os resultados das 50 vezes foram analisados estatisticamente.

A Figura 4.2 mostra os resultados estatísticos do valor RMSECV do modelo PLS após 50 execuções dos três algoritmos. A Figura 4.2 mostra que a aleatoriedade dos três algoritmos existe, o que leva à alteração do valor RMSECV do modelo PLS após cada execução. E os resultados causados por este fator aleatório não têm regras a seguir, mas a influência dos factores aleatórios nos resultados do modelo PLS flutua apenas num pequeno intervalo.

4.3.2.2 Resultados dos modelos PLS baseados em diferentes comprimentos de onda caraterísticos

A Tabela 4.2 ilustra os resultados do teste do modelo PLS no conjunto de previsão após 50 execuções independentes de três métodos de otimização. Pode ver-se no quadro 4.2 que o coeficiente de determinação do modelo PLS baseado nas variáveis caraterísticas do comprimento de onda obtidas pelos três métodos de otimização é superior a 0,9 e que a estabilidade do modelo é bastante boa. Nos três métodos, o RMSEP médio do modelo BOSS-PLS é de 5,0037, o valor médio de Rp é de 0,9404, o valor médio de RPD é de 4,2157 e o desempenho da previsão é ligeiramente melhor do que o do modelo VCPA-PLS. Uma análise mais aprofundada da Tabela 4.2 mostra que o número de comprimentos de onda caraterísticos optimizados pelo método VCPA é muito inferior ao número de variáveis de comprimento de onda obtidas pelo método BOSS, o que explica que o método VCPA elimina variáveis mais importantes no processo de otimização. Por conseguinte, podemos deduzir que a razão para os resultados acima referidos pode ser o facto de as variáveis de caraterísticas retidas pelo método VCPA serem demasiado poucas para que o modelo não se ajuste corretamente. Em segundo lugar, o RMSEP médio do modelo CARS-PLS é de 4,5635, o Rp é de 0,9502 e o RPD é de 4,6272, o que apresenta um melhor desempenho de previsão do que o modelo VCPA-PLS e o modelo BOSS-PLS. No entanto, o número de variáveis retidas ao mesmo tempo é relativamente grande.

A

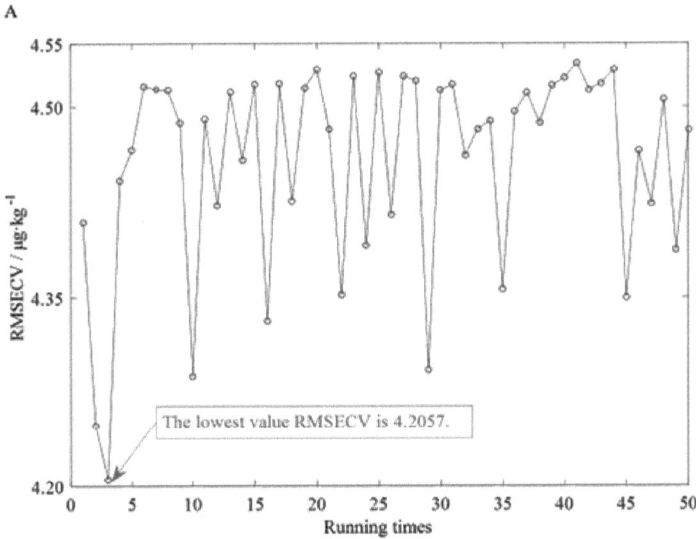

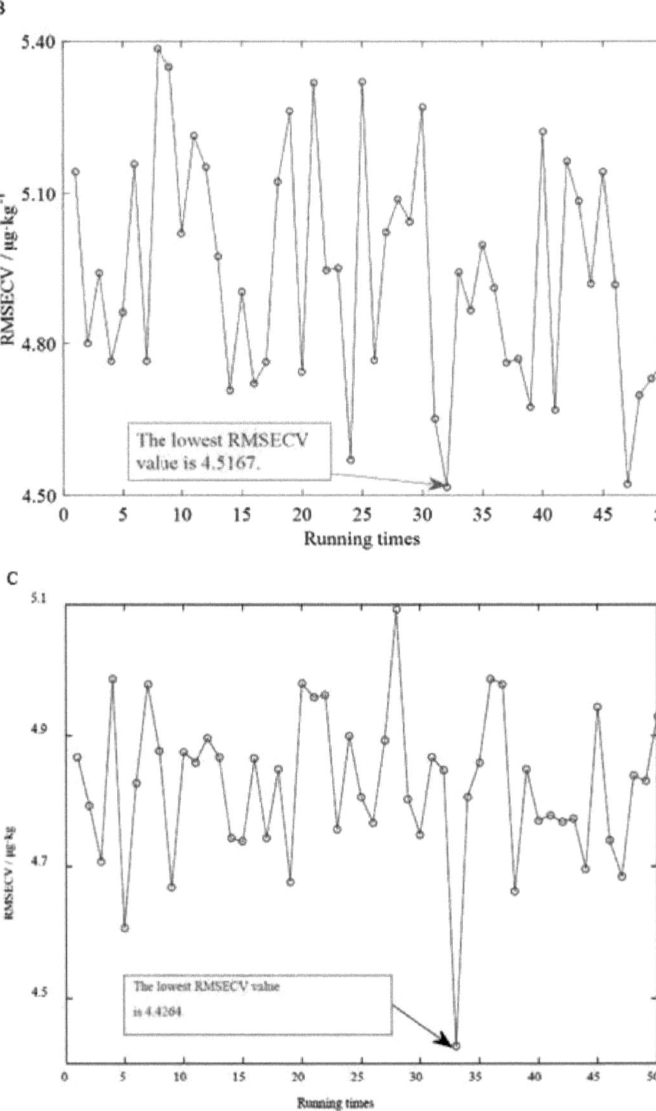

Figura 4.2 Resultados da variação RMSECV de 50 execuções com diferentes métodos de seleção de variáveis. A, BOSS; B, VCPA; C, CARS.

Tabela 4.2 Resultados estatísticos de diferentes métodos de seleção de variáveis em 50 execuções.

Métodos	nVARa	RMSEP/^g-kg^{-1}		Rp		RPD	
		Mín-Máx	Média±SDb	Mín-Máx	Média±SD	Mín-Máx	Média±SD
BOSS	25±10	3.5645 6.6062	5.0037±0.7674	0.8985 0.9705	0.9404±0.0186	3.1048 5.7622	4.2157±0.6739

96

	nVAR[a]						
VCPA	10±2	3.6328 7.8848	5.4079±0.9084	0.8613 0.9712	0.9299±0.0234	2.7048 5.5706	3.9004±0.6429
CARROS	130±70	3.5377 6.3510	4.5635±0.7924	0.9038 0.9715	0.9502±0.0184	3.2227 5.8257	4.6272±0.7447

nVAR[a] : número de variáveis.
SD[b] : O desvio padrão.

A Figura 4.3 mostra a distribuição das variáveis de comprimento de onda caraterístico correspondentes ao melhor modelo no espetro total após 50 vezes de funcionamento dos três métodos. Como se pode ver na Figura 4.3, embora existam algumas diferenças no número de variáveis de comprimento de onda caraterístico optimizadas pelos três métodos e nas suas posições no espetro total, algumas variáveis de comprimento de onda caraterístico são sempre selecionadas pelos três métodos ao mesmo tempo. Por exemplo, perto das bandas de onda de 600 cm^{-1} , 1500 cm^{-1} , 2000 cm^{-1} e 3000 cm^{-1} , a frequência dos três métodos para otimizar e selecionar o comprimento de onda caraterístico é elevada. Este fenómeno ilustra que as variáveis correspondentes a estes comprimentos de onda caraterísticos têm grandes flutuações na alteração do teor de AFB1 no milho, o que pode refletir melhor a alteração do teor de AFB1 no milho. De acordo com a literatura [28], o pico Raman a 859 cm^{-1} pertence à vibração de deformação do esqueleto do anel aromático, o pico Raman a 1120 cm^{-1} pertence à vibração de estiramento C=O no anel ciclopenteno, o pico Raman a 1254 cm^{-1} pertence à vibração de estiramento da ligação éter, e o pico Raman a 1343 cm^{-1} pertence à vibração de flexão de metilo, os picos Raman a 476 cm^{-1} e 1457 cm^{-1} são derivados da vibração relacionada com C-H do átomo de C no anel aromático, que estão relacionados com as alterações da matéria orgânica no milho durante o míldio.

4.3.3 Comparação e discussão dos resultados óptimos dos diferentes modelos

O quadro 4.3 apresenta os resultados do modelo SVM estabelecido pela melhor variável caraterística de comprimento de onda obtida após as 50 execuções do BOSS, do VCPA e do CARS, respetivamente. O quadro 4.3 mostra que o desempenho do modelo SVM não linear melhora ainda mais em comparação com o do modelo PLS linear (como indicado no quadro 4.2). Ao mesmo tempo, verifica-se que a precisão da deteção e o desempenho da generalização do modelo SVM baseado em variáveis de comprimento de onda caraterístico optimizadas são melhorados em comparação com o modelo SVM de espetro total. Entre eles, o modelo CARS-SVM tem o melhor desempenho de previsão, com RMSEP, Rp e RPD de 3,5377, 0,9715 e 5,8258, respetivamente. A Figura 4.4 mostra o diagrama de dispersão entre o valor previsto e o valor medido da AFB1 na previsão definida pelo modelo.

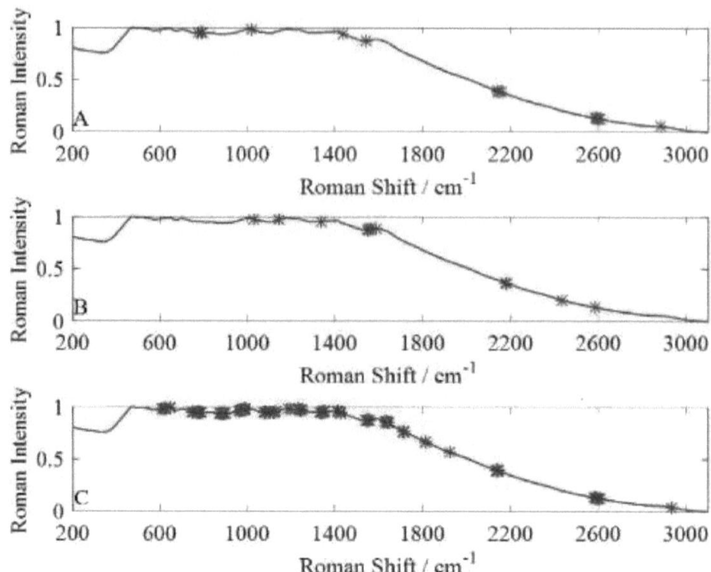

Figura 4.3 A distribuição dos comprimentos de onda caraterísticos optimizados por diferentes métodos de seleção de variáveis no espetro total. A, BOSS; B, VCPA; C, CARS

Tabela 4.3 Resultados estatísticos de diferentes métodos de seleção de variáveis em 50 execuções.

Modelos	nVARa	Combinações de parâmetros	RMSEC /iig^kg 1	Rc	RMSEP Aig^kg^1	^{R}P	RPD
FULL-SVM	2901	c=22,6274, g=0,0010	3.6540	0.9684	4.6670	0.9482	4.3595
BOSS-SVM	15	c=724.0773, g=0.0313	3.5605	0.9705	3.5645	0.9705	5.2351
VCPA-SVM	12	c=1024.0000, g=0.125	2.9228	0.9796	3.6328	0.9712	5.5706
CARROS-SVM	200	c=1024.0000, g=0.0028	3.9619	0.9639	3.5377	0.9715	5.8258

nVAR[a] : número de variáveis.

Uma análise mais aprofundada da Tabela 4.3 mostra que, embora os métodos VCPA e BOSS eliminem muita informação de redundância ou interferência, o desempenho de previsão do modelo SVM baseado nas variáveis de comprimento de onda caraterísticas optimizadas também foi melhorado. Mas os seus resultados globais são ligeiramente inferiores aos resultados do modelo SVM estabelecido pela variável de comprimento de onda optimizada com base no método CARS. Além disso, embora o método CARS tenha o melhor desempenho entre os três métodos. De facto, existem ainda centenas de variáveis. Pode ainda haver informação redundante entre as variáveis. Isto prova indiretamente que a eliminação de variáveis de informação irrelevante através de métodos específicos pode melhorar significativamente o desempenho do modelo. No entanto, a eliminação de variáveis de informação irrelevante e a retenção simultânea de informação redundante adequada podem melhorar o desempenho do modelo até um certo ponto. Por conseguinte, o modelo CARS-SVM atinge o melhor desempenho de deteção neste trabalho. Assim, consideramos que o modelo CARS-SVM pode ser utilizado como um modelo de tecnologia de espetroscopia Raman para a determinação de alta precisão da AFB1 no milho.

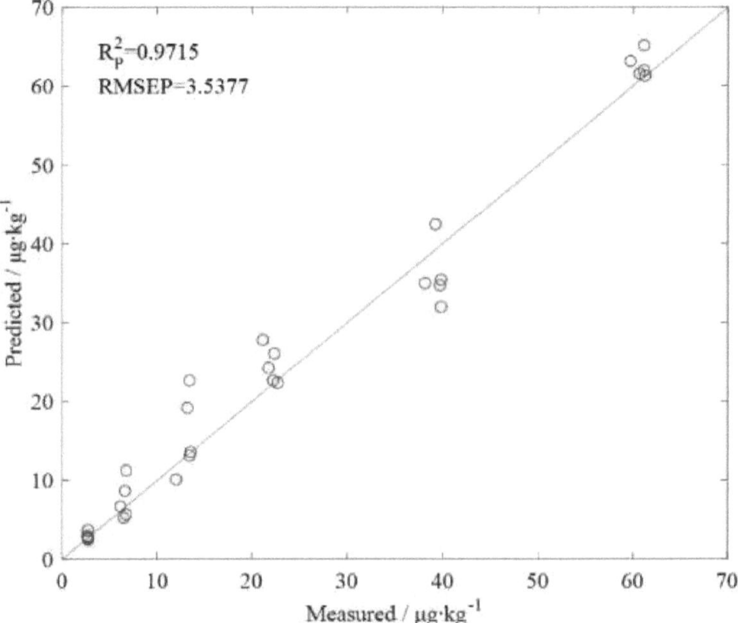

Figura 4.4 O gráfico de dispersão entre o valor previsto do modelo CARS-SVM optimizado e o valor medido de referência no conjunto de previsão.

Além disso, os desempenhos de generalização dos modelos quimiométricos adoptados neste estudo são superiores em comparação com os resultados dos modelos de estudos relacionados existentes. Por exemplo, Lee et al. efectuaram uma análise de viabilidade da deteção rápida de aflatoxina no milho com base na espetroscopia Raman de superfície melhorada (SERS). Os resultados mostraram que os modelos de regressão linear múltipla (MLR) apresentaram uma maior precisão de previsão com coeficientes de correlação mais fortes (r = 0,939-0,967) [29]. No mesmo ano, o seu outro estudo sobre o mesmo tópico mostrou que, entre os modelos de previsão para prever a concentração de aflatoxina, os modelos de regressão de mínimos quadrados parciais (PLSR) apresentaram a melhor qualidade de regressão
(declives de 0,939-0,990) e o mais alto coeficiente de determinação (r^2 = 0,941-0,957) [30]. No entanto, os modelos quimiométricos propostos neste estudo (ou seja, BOSS-SVM, VCPA-SVM e CARS-SVM) têm todos coeficientes de determinação acima de 0,97 para amostras independentes, mostrando um melhor desempenho de generalização.

4.4 Resumo

Foi explorado o potencial da espetroscopia Raman combinada com a quimiometria para a determinação quantitativa rápida e de alta precisão do teor de AFB1 no milho. Foram introduzidos três algoritmos de seleção de variáveis, BOSS, VCPA e CARS, para extrair eficazmente o comprimento de onda caraterístico dos espectros Raman. Foram estabelecidos os modelos de deteção SVM com base nas variáveis de comprimento de onda caraterístico optimizadas, respetivamente. Os resultados obtidos indicaram que o efeito de previsão dos quatro modelos SVM é CARS-SVM>VCPA-SVM>BOSS-SVM>SVM. Os resultados demonstram que a espetroscopia Raman combinada com métodos quimiométricos adequados pode realizar a determinação rápida de micotoxinas de cereais com elevada precisão, podendo tornar-se uma tecnologia de monitorização eficaz para garantir a segurança dos alimentos para consumo humano e animal.

Referências

[1]   M. Leite, A. Freitas, A.S. Silva, J. Barbosa, F. Ramos, Maize food chain and mycotoxins: A review on occurrence studies, Trends Food Sci. Technol. 115 (2021) 307-331.

[2]   N. Palacios-Rojas, L. McCulley, M. Kaeppler, T.J. Titcomb, N.S. Gunaratna, S. Lopez-Ridaura, S.A. Tanumihardjo, Mining maize diversity and improving its nutritional aspects within agro-food systems, Compr. Rev. Food Sci. F. 19 (2020) 1809-1834.

[3]   F. Wu, Global impacts of aflatoxin in maize: trade and human health [Impactos globais da aflatoxina no milho: comércio e saúde humana], World Mycotoxin J. 8 (2015) 137-142. [4] A. James, V.L. Zikankuba, A contaminação por micotoxinas no milho alarma a segurança alimentar na África Subsariana, Food Control 90 (2018) 372-381.

[5]   M. Hove, C. Van Poucke, E. Njumbe-Ediage, L.K. Nyanga, S. De Saeger, Revisão sobre a coocorrência natural de AFB1 e FB1 no milho e a toxicidade combinada de AFB1 e FB1, Food Control 59 (2016) 675-682.

[6]   F. Yeni, S. Acar, O.G. Polat, Y. Soyer, H. Alpas, Métodos rápidos e normalizados para a deteção de agentes patogénicos de origem alimentar e micotoxinas em produtos frescos, Food Control 40 (2014) 359-367.

[7]   M.Z. Zheng, J.L. Richard, J. Binder, A review of rapid methods for the analysis of mycotoxins, Mycopathologia 161 (2006) 261-273.

[8]   A. Garrido Frenich, R. Romero-Gonzalez, M. del Mar Aguilera-Luiz, Comprehensive analysis of toxics (pesticides, medicamentos veterinários e micotoxinas) in food by UHPLC-MS, TRAC-Trends Anal. Chem. 63 (2014) 158-169.

[9]   K.A. Esmonde-White, M. Cuellar, C. Uerpmann, B. Lenain, I.R. Lewis, Raman spectroscopy as a process analytical technology for pharmaceutical manufacturing and bioprocessing, Anal. Bioanal. Chem. 409 (2017) 637-649.

[10] X. Zhu, T. Xu, Q. Lin, Y. Duan, Desenvolvimento técnico da espetroscopia Raman: De tecnologias instrumentais a tecnologias combinadas avançadas, Appl. Spectrosc. Rev. 49 (2014) 64-82.

[11] Y. Li, C.A. Anderson, J.K. Drennen, III, C. Airiau, B. Igne, Desenvolvimento e validação de um método de tecnologia analítica de processo em linha para monitorização de misturas na estrutura de alimentação de comprimidos utilizando espetroscopia Raman, Anal. Chem. 90 (2018) 8436-8444.

[12] H. Li, S.A. Haruna, Y. Wang, M.M. Hassan, W. Geng, X. Wu, M. Zuo, Q. Ouyang, Q. Chen, Quantificação simultânea de desoximioglobina e oximioglobina em carne de porco por espetroscopia Raman associada a calibração multivariada, Food Chem. 372 (2022) 131146.

[13] H. Jiang, Y. He, W. Xu, Q. Chen, Deteção quantitativa do valor ácido durante o armazenamento de óleo comestível por espetroscopia Raman: Comparação dos efeitos de otimização dos algoritmos BOSS e VCPA nos espectros Raman caraterísticos de óleos comestíveis, Food Anal. Method. 14 (2021) 1826-1835.

[14] M.M. Hassan, W. Ahmad, M. Zareef, Y. Rong, Y. Xu, T. Jiao, P. He, H. Li, Q. Chen, Deteção rápida de mercúrio nos alimentos através do sinal de rodamina 6G utilizando a calibração

multivariada acoplada à dispersão Raman melhorada pela superfície, Food Chem. 358 (2021) 129844.

[15] Z. Guo, P. Chen, N. Yosri, Q. Chen, H.R. Elseedi, X. Zou, H. Yang, Deteção de metais pesados em alimentos e produtos agrícolas por espetroscopia Raman de superfície melhorada, Food Rev. Int. DOI: 10.1080/87559129.2021.1934005.

[16] Z. Guo, P. Chen, L. Yin, M. Zuo, Q. Chen, H.R. El-Seedi, X. Zou, Determinação de chumbo em alimentos por espetroscopia Raman de superfície com redução de nanopartículas de ouro regulada por aptâmero, Food Control 132 (2022) 108498.

[17] W.A. Tegegne, M.L. Mekonnen, A.B. Beyene, W.-N. Su, B.-J. Hwang, Deteção sensível e fiável da micotoxina deoxinivalenol em alimentos para suínos por espetroscopia Raman melhorada pela superfície em substrato de nanocubos de prata@polidopamina, Spectrochim. Ata A 229 (2020) 117940.

[18] B.D. Strycker, Z. Han, Z. Duan, B. Commer, K. Wang, B.D. Shaw, A.V. Sokolov, M.O. Scully, Identificação de espécies de bolores tóxicos através da espetroscopia Raman de conídios de fungos, Plos One, 15 (2020) e0242361.

[19] X. Ma, B. Shao, Z. Wang, aptasensor inter-nanogap baseado em nanodumbbells de ouro@prata para a determinação da ocratoxina A por espetroscopia Raman de superfície, Anal. Chim. Ata 1188 (2021) 339189.

[20] K.-M. Lee, TJ Herrman, U. Yun, Aplicação da espetroscopia Raman para análise qualitativa e quantitativa de aflatoxinas em amostras de milho moído, J. Cereal Sci. 59 (2014) 70-78.

[21] I. Clemente, M. Aznar, J. Salafranca, C. Nerin, Raman spectroscopy, electronic microscopy and SPME- GC-MS to elucidate the mode of action of a new antimicrobial food packaging material, Anal. Bioanal. Chem. 409 (2017) 1037-1048.

[22] L. Su, W. Shi, X. Chen, L. Meng, L. Yuan, X. Chen, G. Huang, Simultaneamente e quantitativamente analisar os metais pesados em Sargassum fusiforme por espetroscopia de decomposição induzida por laser, Food Chem. 338 (2021) 127797.

[23] Y. Xu, L. Meng, X. Chen, X. Chen, L. Su, L. Yuan, W. Shi, G. Huang, Uma estratégia para melhorar significativamente a precisão da classificação dos dados LIBS: aplicação para a determinação de metais pesados em Tegillarca granosa, Plasma Sci. Technol. 23 (2021) 085503.

[24] B.-C. Deng, Y.-H. Yun, D.-S. Cao, Y.-L. Yin, W.-T. Wang, H.-M. Lu, Q.-Y. Luo, Y.-Z. Liang, Uma abordagem de encolhimento suave de bootstrapping para seleção de variáveis em modelagem química, Anal. Chim. Ata 908 (2016) 63-74.

[25] H. Li, Y. Liang, Q. Xu, D. Cao, Key wavelengths screening using competitive adaptive reweighted sampling method for multivariate calibration, Anal. Chim. Ata 648 (2009) 77-84.

[26] Y.-H. Yun, W.-T. Wang, B.-C. Deng, G.-B. Lai, X.-b. Liu, D.-B. Ren, Y.-Z. Liang, W. Fan, Q.-S. Xu, Usando análise de população de combinação de variáveis para seleção de variáveis em calibração multivariada, Anal. Chim. Ata 862
(2015) 14-23.

[27] A. Gammermann, Support vetor machine learning algorithm and transduction, Computation. Stat. 15 (2000) 31-39.

[28] K.-M. Lee, J. Davis, T.J. Herrman, S.C. Murray, Y. Deng, Uma avaliação empírica de três métodos espectroscópicos vibracionais para a deteção de aflatoxinas no milho, Food Chem. 173 (2015) 629-639.

[29] K.M. Lee, T.J. Herrman, Y. Bisrat, S.C. Murray, Viabilidade da espetroscopia Raman com reforço de superfície para a deteção rápida de aflatoxinas no milho, J. Agr. Food Chem. 62 (2014) 4466-4474.

[30] K.M. Lee, T.J. Herrman, U. Yun, Aplicação da espetroscopia Raman para análise qualitativa e quantitativa de aflatoxinas em amostras de milho moído, J. Cereal Sci. 59 (2014) 70-78.

Capítulo 5

Monitorização de resíduos de clorpirifos em óleo de milho

5.1 Introdução

O clorpirifos tem a designação química de O, O-dietil-O-(3,5,6-tricloro-2-piridil) fosforo-rotioato, com uma fórmula molecular de $C_9H_{11}Cl_3NO_3PS$ e um peso molecular de 350,6. O clorpirifos é uma substância granular cristalina branca com um ligeiro odor a mercaptano [1]. Trata-se de um inseticida e acaricida não sistémico de largo espetro, sendo também um inseticida ideal para as culturas oleaginosas [2]. O clorpirifos é um inibidor da acetilcolinesterase e um dos insecticidas organofosforados. Tem um efeito controlador sobre os problemas de pragas de culturas económicas como o milho, a soja e o amendoim. Pode inibir a atividade da acetilcolinesterase no sistema nervoso das pragas, perturbando assim a condução normal dos impulsos nervosos [3]. Por conseguinte, o clorpirifos tem sido amplamente utilizado em todo o mundo para aumentar o rendimento de várias culturas económicas. No entanto, devido à sua utilização generalizada e à sua persistência, acumula-se no ambiente e pode migrar para os corpos vegetais visados, afectando o seu metabolismo fisiológico e a qualidade das culturas [4]. Esta situação pode facilmente conduzir a resíduos excessivos de clorpirifos no processamento subsequente de culturas oleaginosas, como o milho e a soja, reduzindo assim a qualidade do óleo comestível e colocando em risco a saúde física e mental dos consumidores.

O óleo alimentar é um bem de consumo crucial que fornece ao corpo humano nutrientes vitais, como energia e ácidos gordos essenciais. Além disso, ajuda na absorção de vitaminas lipossolúveis, desempenhando também várias funções essenciais no organismo [5]. Em 2020, o consumo nacional de óleo vegetal ultrapassou pela primeira vez os 40 milhões de toneladas. Em 2021, o consumo total de óleo vegetal no país atingiu 42,545 milhões de toneladas, um aumento de 4,5% em relação ao ano anterior, e a escala global de consumo atingiu um novo máximo. Durante o processo de plantação das culturas oleaginosas, estas são frequentemente atacadas por pragas e doenças, tornando essencial o controlo por pesticidas [6]. No entanto, devido ao elevado teor de gordura do óleo comestível, os pesticidas lipossolúveis podem acumular-se facilmente durante a transformação do óleo comestível e entrar no corpo humano através do consumo alimentar, constituindo uma ameaça para a saúde dos consumidores. Por conseguinte, é necessário efetuar análises de resíduos de pesticidas no óleo alimentar. Nos últimos anos, a questão dos resíduos de pesticidas no óleo comestível tem merecido uma atenção crescente por parte dos departamentos de gestão de pesticidas, e o clorpirifos, o dimetoato, o imidaclopride e o metomil são resíduos de pesticidas comuns no óleo de milho [7]. Os métodos actuais de deteção de resíduos de pesticidas envolvem normalmente cromatografia gasosa [8], cromatografia gasosa-espetrometria de massa [9], cromatografia líquida de alta eficiência [10], cromatografia líquida-espetrometria de massa [11] e métodos de deteção rápida, como a inibição enzimática [12], o imunoensaio [13] e os biossensores [14]. Entre eles, os métodos de deteção rápida só podem ser utilizados como métodos de rastreio, e os resultados qualitativos e quantitativos não podem ser utilizados como base para a determinação. Os métodos de cromatografia têm as desvantagens de procedimentos qualitativos fastidiosos (normalmente exigindo uma análise qualitativa com duas colunas), de uma interferência significativa da matriz da amostra e de limitações nos parâmetros de deteção. Embora a espetrometria de massa de fase única seja rápida na análise qualitativa durante a deteção, tem os inconvenientes de uma elevada interferência da matriz, limites de deteção elevados e quantificação imprecisa [15]. Por conseguinte, é essencial desenvolver uma nova abordagem que possa detetar com rapidez e precisão resíduos de pesticidas em óleos alimentares sem causar poluição.

A tecnologia de análise espectroscópica Raman é um método de deteção rápido, não destrutivo e amigo do ambiente, que tem sido aplicado à análise qualitativa e quantitativa de resíduos de pesticidas em produtos agrícolas e alimentares [16]. A espetroscopia Raman, também conhecida como efeito Raman, foi descoberta pela primeira vez pelo cientista indiano C.V. Raman e é uma forma de espetroscopia de dispersão [17]. Ao analisar o espetro da luz dispersa, é possível obter informações estruturais relacionadas com a vibração molecular, a rotação e os níveis de energia, o que permite a identificação e a caraterização de substâncias. Com o desenvolvimento de técnicas de melhoramento do sinal Raman, a complexidade da espetroscopia Raman foi grandemente reduzida, tornando-a amplamente aplicável em vários domínios, como a alimentação, a agricultura, os materiais e o ambiente. Na análise da qualidade do óleo alimentar, a espetroscopia Raman, combinada com métodos quimiométricos, tem sido aplicada com êxito [18-20]. Estes estudos ilustram o potencial da espetroscopia Raman para a análise qualitativa da qualidade e adulteração de óleos alimentares. No entanto, a investigação sobre a análise quantitativa de resíduos de pesticidas, nomeadamente resíduos de clorpirifos no óleo de milho, por espetroscopia Raman é limitada.

Além disso, na análise multivariada da espetroscopia Raman, a deteção de resíduos de pesticidas em produtos agrícolas ou géneros alimentícios é geralmente estudada utilizando o método de banda larga ou de banda total. Devido ao grande número de variáveis contidas nos dados da espetroscopia Raman, estas variáveis reflectem não só a composição química e o conteúdo da amostra medida, mas também a resposta espetral causada por factores como a temperatura, a textura da superfície, a cor e a densidade da amostra. Estes ruídos terão um certo impacto na análise espetral. Normalmente, o primeiro passo no processamento de diferentes tipos de espectros é o pré-processamento. Normalmente, escolhemos vários métodos de pré-processamento com base na nossa própria experiência para processar e analisar os dados. No entanto, devido à influência de múltiplos factores, a capacidade de generalização deste método é fraca. Muitas vezes, tem efeitos significativos no conjunto de dados atual, mas quando o conjunto de dados é alterado, o efeito diminui drasticamente. Nos últimos anos, os algoritmos de aprendizagem profunda com estruturas profundas revelaram grandes vantagens no processamento de grandes volumes de dados, especialmente no processamento de dados de imagens bidimensionais, e registaram progressos significativos. Os dados de espetroscopia Raman têm geralmente as caraterísticas de uma ampla largura de banda espetral, elevada dimensionalidade, forte sobreposição de picos espectrais e caraterísticas de informação interna complexas. No processamento de informações complexas, as redes de aprendizagem profunda têm melhores efeitos. Na quimiometria espetral, a utilização da aprendizagem profunda está atualmente a registar avanços significativos [21-23]. Com base na análise supramencionada, esta investigação visa utilizar amostras de óleo de milho contendo diferentes concentrações de clorpirifos para estudar os seus efeitos. O objetivo é conceber uma arquitetura de rede de aprendizagem profunda eficaz que permita a auto-aprendizagem de caraterísticas e o treino de modelos utilizando espectros Raman de amostras de óleo de milho. O objetivo final é quantificar com precisão a presença de resíduos de clorpirifos no óleo de milho. O desenvolvimento deste estudo pode oferecer uma alternativa rápida e precisa para o departamento de supervisão de qualidade de grãos e óleo para monitorar resíduos de pesticidas em óleo comestível.

5.2 Materiais e métodos experimentais

5.2.1 Obtenção e preparação de amostras para experimentação

O padrão de clorpirifos foi obtido da Shanghai Aladdin Company (concentração superior a 99%); e o N-hexano (grau cromatográfico) da Shanghai Aladdin Company. Nove tipos de amostras de óleo de milho foram adquiridos na JD.com, e as marcas foram Happy swallow, Jiusan, Fortune, Golden dragon fish, Knife, Long Flower, Nissin, COFCO e Lion&Globe.

Ao preparar amostras de óleo comestível, começar por dissolver 250 mg de padrão de clorpirifos em solvente n-hexano. Em seguida, preparar uma série de 21 soluções-padrão de clorpirifos com concentrações variáveis, nomeadamente 1800, 500, 400, 300, 180, 150, 100, 50, 40, 30, 15, 12, 10, 5, 4, 3, 1,8, 1, 0,8, 0,5 e 0,3 mg/kg. Por último, dissolver as soluções-padrão de clorpirifos de diferentes concentrações numa proporção de massa de 1:9 no óleo de milho comprado no supermercado, resultando em 189 amostras de óleo de milho com diversos níveis de clorpirifos. Os gradientes de concentração das amostras são 180, 50, 40, 30, 18, 15, 10, 5, 4, 3, 1,5, 1,2, 1, 0,5, 0,4, 0,3, 0,18, 0,1, 0,08, 0,05 e 0,03 mg/kg.

5.2.2 Aparelho experimental

Os espectros Raman das amostras de óleo de milho foram recolhidos utilizando um espetrómetro Ocean Optics QE Pro Raman obtido da Ocean Optics Inc., situada em Dunedin, FL, EUA. O espetrómetro Raman + laser Raman e os dados espectrais foram registados com o software OceanView. A cuvete de quartzo utilizada para as amostras tinha uma largura de 5 mm.

5.2.3 Amostragem espetral de amostras

O instrumento foi regulado para aquisição espetral com uma fonte laser de 532 nm a 300 mW de potência e um tempo de integração de 1000 ms. O varrimento espetral foi efectuado na gama de 844540 cm^{-1} a uma temperatura ambiente de aproximadamente 25 °C. Para obter os espectros Raman em bruto das amostras, foram efectuadas três medições para cada amostra e foi gerado um espetro médio a partir dessas medições. A figura 5.1 mostra os espectros Raman em bruto das amostras.

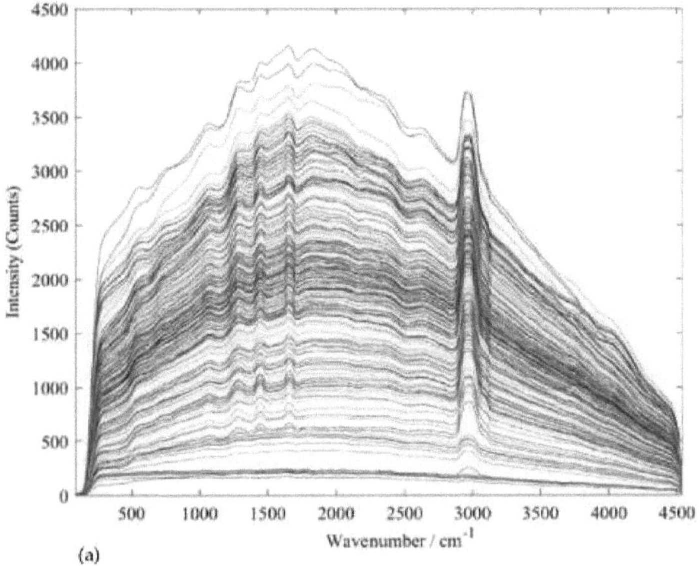

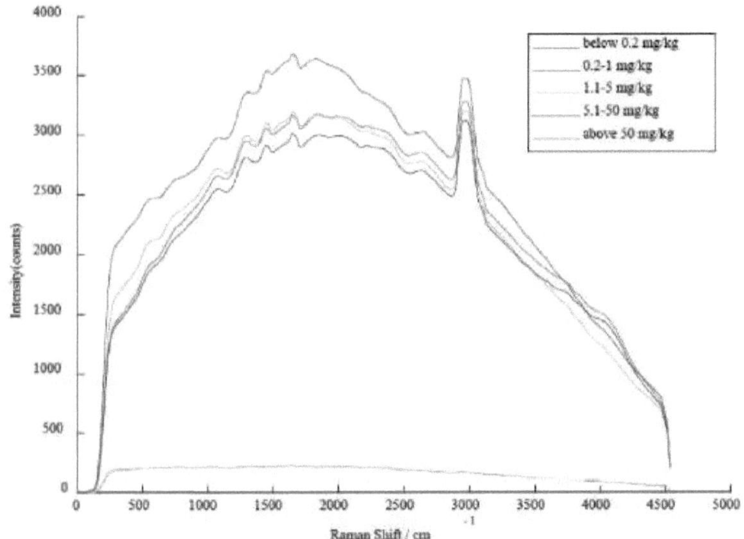

(b)

Figura 5.1 (a) Espectros Raman em bruto de 189 amostras de óleo de milho; e (b) espectros Raman em bruto de óleo de milho com diferentes teores de clorpirifos.

5.2.4 Métodos de análise dos dados

5.2.4.1 Panorâmica das redes neuronais convolucionais (CNN)

Recentemente, a CNN tem sido amplamente utilizada no domínio da análise quimiométrica espetral [24]. As camadas convolucionais, as camadas de ativação, as camadas de agrupamento e as camadas totalmente ligadas são componentes essenciais de uma CNN. A camada convolucional efectua operações de correlação cruzada entre os pesos de entrada e os pesos do núcleo convolucional e produz uma saída após a adição de desvios escalares. Portanto, os dois parâmetros treinados na camada convolucional são os pesos do kernel convolucional e as polarizações escalares. Assim como inicializamos aleatoriamente as camadas totalmente conectadas antes de treinar modelos baseados em camadas convolucionais, também inicializamos aleatoriamente os pesos do kernel convolucional ao treinar modelos baseados em camadas convolucionais. A camada de ativação é utilizada para efetuar transformações não lineares nos sinais de saída da camada convolucional e da camada totalmente ligada. Geralmente, é adicionada uma função de ativação após a camada convolucional e a camada totalmente ligada para melhorar a capacidade de expressão não linear do modelo. Estudos demonstraram que diferentes funções de ativação têm um impacto significativo no desempenho do modelo, e as funções de ativação sigmoide, tangente hiperbólica (tanh) e unidade linear rectificada (ReLU) são atualmente as mais comuns. O pooling, também conhecido como subamostragem ou downsampling, é utilizado principalmente para reduzir a dimensionalidade das caraterísticas, comprimir dados e reduzir o número de parâmetros, melhorando simultaneamente a tolerância do modelo a falhas e reduzindo o sobreajuste. Após várias operações convolucionais e de ativação e agrupamento, chegamos finalmente à camada de saída, onde o modelo liga as caraterísticas de alta qualidade aprendidas. A introdução de operações de eliminação antes da camada totalmente ligada pode evitar o sobreajuste que pode ocorrer se o número de neurónios for demasiado grande e a capacidade de aprendizagem for forte. Este método elimina aleatoriamente alguns neurónios da rede neural, melhorando o seu desempenho global. A normalização local, o aumento de dados e outras operações também podem ser efectuadas para aumentar a robustez. Para determinar a função de ativação e a contagem de neurónios adequadas, consideramos a tarefa de previsão específica em causa. Os requisitos para diferentes previsões variam e, como resultado, a função de ativação e a contagem de neurónios também variam.

Com base na análise anterior, a estrutura da rede CNN para analisar os resíduos de clorpirifos no óleo de milho é apresentada na Figura 5.2. Nesta arquitetura, foi utilizado um modelo 1D-CNN para criar um sistema de deteção para prever a presença de clorpirifos em amostras de óleo de milho. Para demonstrar as vantagens dos algoritmos de aprendizagem profunda na análise espetral, os dados espectroscópicos Raman foram submetidos a um pré-processamento através da normalização. O estudo utilizou uma arquitetura CNN que incluía três camadas convolucionais e três camadas de pooling para extrair caraterísticas de dados espectrais. Uma camada totalmente conectada e uma camada de saída foram então conectadas para estabelecer o modelo CNN com a função de ativação definida como Relu. O objetivo é permitir que os pontos de caraterísticas espectrais (um total de 996 pontos de caraterísticas) reflictam totalmente o resíduo de clorpirifos. Os parâmetros do modelo foram determinados através de repetidas depurações, tendo em conta as situações de sobreajuste e subajuste.

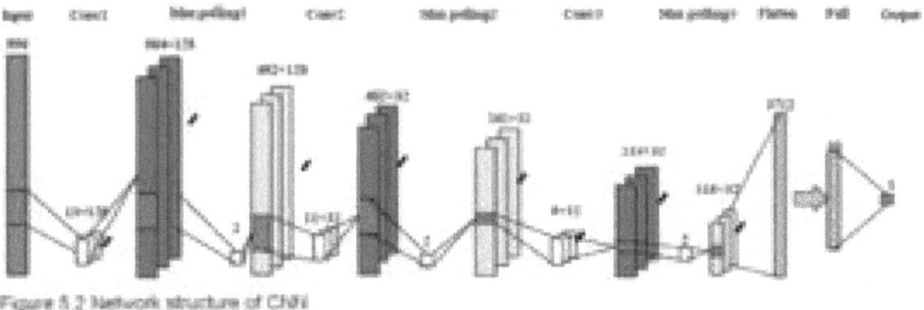

Figure 5.2 Network structure of CNN

5.2.4.2 Visão geral das redes neuronais de memória de curto prazo

A rede de memória de curto prazo longa (LSTM) é uma melhoria em relação à rede neural recorrente (RNN), que só consegue memorizar caraterísticas sequenciais de curto prazo [25]. É um tipo de modelo que se destaca na aprendizagem de caraterísticas de séries temporais na tecnologia de aprendizagem profunda. Uma vez que a RNN é boa na memória de curto prazo, o desempenho do modelo será mais fraco para sequências de dados mais longas e a profundidade da rede conduzirá a problemas como o desaparecimento do gradiente, que pode impedir o êxito do treino do modelo. Por conseguinte, este estudo escolheu o modelo LSTM como um método de melhoramento da RNN para efetuar a auto-aprendizagem de caraterísticas e a calibração do modelo em espectros Raman. A estrutura da rede LSTM concebida para a análise quantitativa da quantidade residual de clorpirifos no óleo de milho é apresentada na Figura 5.3.

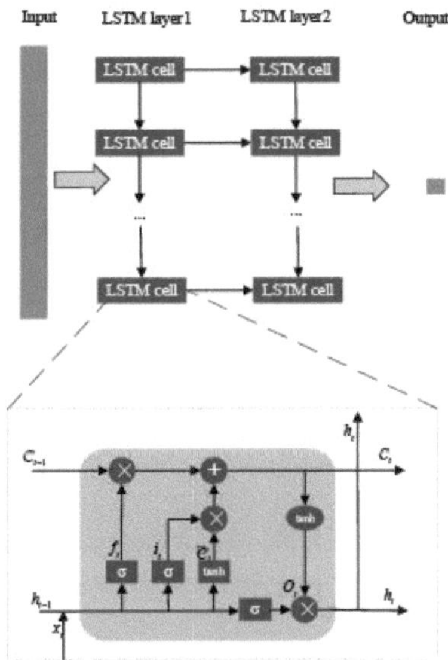

Figura 5.3 Estrutura da rede LSTM.

A Figura 5.3 ilustra em pormenor a estrutura interna da unidade LSTM da rede. Aqui, t representa o passo de tempo; x_t e h_t são os vectores de entrada e de saída da camada oculta, respetivamente; e c_t é a célula de memória. Cada unidade da estrutura LSTM inclui principalmente três tipos de controlo de porta: porta de entrada, porta de esquecimento e porta de saída. O mecanismo de funcionamento interno da célula de memória LSTM pode ser resumido pelas seguintes equações:

$$f_t = \sigma(W_f \times [x_t, h_{t-1}] + b_f) \tag{5.1}$$
$$i_t = \sigma(W_i \times [x_t, h_{t-1}] + b_i) \tag{5.2}$$
$$O_t = \sigma(W_o \times [x_t, h_{t-1}] + b_o) \tag{5.3}$$
$$\tilde{C}_t = tanh(W_c \times [x_t, h_{t-1}] + b_c) \tag{5.4}$$
$$C_t = (f_t \times C_{t-1} + i_t \times \tilde{C}_t) \tag{5.5}$$
$$h_t = tanh(C_t) \times O_t \tag{5.6}$$

em que *a(x)* é a função sigmoide mencionada acima e *W* e *b* denotam a matriz de pesos e o vetor de polarização da rede. A implementação desta expressão genérica baseia-se geralmente na função sigmoide e na operação do produto escalar. A regulação é semelhante ao papel da camada totalmente conectada, na medida em que ajuda as unidades LSTM a armazenar e atualizar a informação de forma mais eficiente. Mais concretamente, o gating de entrada serve para controlar o problema de ocupação, ou seja, a quantidade de dados de entrada no momento atual da rede que pode ser armazenada na célula de memória; o gating de esquecimento é utilizado para decidir o problema de troca de informação, ou seja, qual a informação que se pretende recordar ou esquecer; e o gating de saída é utilizado para controlar a saída específica no momento atual, ajustando a célula de memória c. Neste modelo, são construídos modelos de deteção utilizando redes LSTM para prever o teor de clorpirifos das amostras. À semelhança do modelo CNN, o único pré-processamento efectuado nos dados espectrais Raman é a normalização. Para extrair informações sobre a sequência espetral, o estudo utilizou duas camadas LSTM na rede. Uma camada de saída foi então conectada para gerar os resultados. O número de unidades ocultas incluídas no modelo de rede de previsão LSTM é 80, e o número máximo de ciclos de treinamento é definido como 1600.

5.2.4.3 Visão geral das redes neuronais LSTM-CNN

Os resultados de previsão obtidos pelos modelos CNN e LSTM para o mesmo conjunto de dados são diferentes. Isto deve-se ao facto de os diferentes métodos de previsão terem ideias diferentes e ângulos diferentes para lidar com o mesmo problema. Cada modelo tem as suas próprias vantagens e desvantagens, pelo que, na análise de dados habitual, será experimentada uma variedade de algoritmos diferentes, que serão depois ponderados de acordo com o efeito de verificação subsequente, os recursos do projeto e o valor, e será feita a escolha final.

O objetivo da construção do modelo é aumentar a precisão das previsões e minimizar a discrepância entre os valores previstos e os valores reais. Por conseguinte, a utilização dos dados brutos como entrada só pode prever a rede neural LSTM com base nas caraterísticas brutas dos dados de entrada, o que não é suficientemente exato. Como a LSTM resolve o problema das dependências a longo prazo e pode ser utilizada para a previsão de séries temporais, e a CNN é melhor na extração de caraterísticas, os dados processados pela LSTM podem ser utilizados como entrada da CNN. A Figura 5.4 mostra a arquitetura de um modelo LSTM-CNN que pode ser concebido para o mesmo fim. A arquitetura geral do modelo é composta por quatro partes, incluindo a camada LSTM, a camada convolucional, a camada de agrupamento e a camada totalmente ligada. Os módulos LSTM e CNN são concebidos como anteriormente, mas o LSTM é principalmente responsável pela aprendizagem das caraterísticas da espetroscopia Raman e o módulo CNN é principalmente responsável pela calibração do modelo multivariado. Desta forma, a estrutura LSTM-CNN pode aproveitar plenamente os pontos fortes do LSTM e da CNN, atingindo assim o objetivo de melhorar a precisão da previsão.

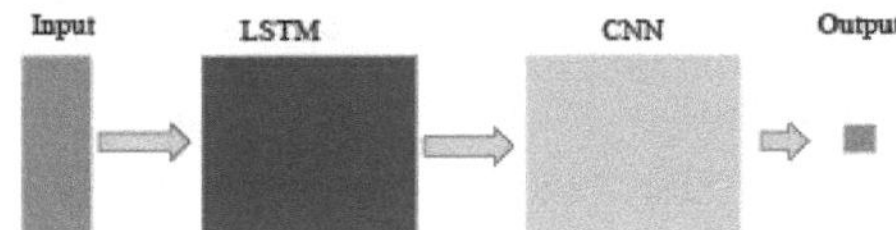

Figura 5.4 Estrutura da rede LSTM-CNN.

5.2.4.4 Diagnóstico da não linearidade

Neste estudo, a relação entre os sinais de espetroscopia Raman e as concentrações do pesticida clorpirifos é complexa. Para avaliar se existe uma relação linear entre os sinais de espetroscopia Raman e a concentração-alvo, este estudo assumiu a linearidade e utilizou um modelo de mínimos quadrados parciais (PLS) para prever o teor de clorpirifos nas amostras. O método do gráfico residual parcial médio (APaRP) recomendado por Mallows foi então utilizado para diagnosticar a não linearidade [26]. Utilizámos ferramentas numéricas quantitativas para determinar a não linearidade com base no método APaRP, com parâmetros que incluem n_+ (o número total de sequências residuais consecutivas positivas), n_- (o número total de sequências residuais consecutivas negativas) e u (o número de execuções). Em geral, as aproximações seguintes produzem resultados satisfatórios quando $n_+ > 10$ e $n_- > 10$.

$$\mu = \frac{2n_+ n_-}{n_+ + n_-} + 1 \tag{5.7}$$

$$\sigma^2 = \frac{2n_+ n_-(2n_+ n_- - n_+ - n_-)}{(n_+ + n_-)^2(n_+ + n_- - 1)} \tag{5.8}$$

$$z = \frac{u - \mu + 0.5}{\sigma} \tag{5.9}$$

onde z representa a medida de aleatoriedade desejada e, quando $|z|$ excede 1,96, indica uma relação não linear entre os dois conjuntos de dados.

5.2.5 Avaliação do modelo

A avaliação do modelo espetral Raman utiliza geralmente a raiz do erro quadrático médio (RMSE), o coeficiente de terminação (R2), o desvio percentual relativo (RPD) e outros indicadores para uma avaliação exaustiva. Estes índices podem avaliar a fiabilidade, a capacidade de previsão e o ajustamento do desempenho do modelo e são de grande importância para o estabelecimento de modelos espectrais Raman precisos e fiáveis. As fórmulas de RMSEP e R_p^2 são semelhantes às de RMSEC e R_C^2. Eis as equações de cálculo destas medidas:

$$RMSEC = \sqrt{\frac{\sum_{i=1}^{n_c}(y_i-\bar{y}_i)^2}{n_c}} \tag{5.10}$$

$$R_C^2 = 1 - \frac{\sum_{i=1}^{n_c}(y_i-\bar{y}_i)^2}{\sum_{i=1}^{n_c}(y_i-\bar{y}_i)^2} \tag{5.11}$$

$$RPD = \frac{SD}{RMSEP} \tag{5.12}$$

A fórmula envolve diversas variáveis, tais como o valor medido (y_f), o valor previsto (jzj) e o valor médio (34) do conjunto de calibração. Além disso, n_c representa o tamanho do conjunto de calibração e SD representa o desvio padrão do conjunto de previsão.

5.3 Resultados

5.3.1 Subsecção

Para a análise dos dados, foram escolhidas aleatoriamente sete amostras do gradiente de concentração idêntico do conjunto de treino, enquanto as restantes duas amostras foram designadas como conjunto de previsão. Por conseguinte, o conjunto de treino e o conjunto de previsão continham 147 e 42 amostras, respetivamente. Os resultados estatísticos do teor de clorpirifos das amostras de óleo de milho no conjunto de treino e no conjunto de previsão são apresentados no Quadro 5.1. A análise da Tabela 5.1 indica que a partição do conjunto de dados é razoável e adequada para o treino do modelo.

Tabela 5.1 Resultados da medição de referência do conjunto de treino e do conjunto de previsão do teor de clorpirifos no óleo de milho.

Subconjuntos	Número da amostra	Máximo /mg^kg^{-1}	Mínimo /mg^kg^{-1}	Média /mg^kg^{-1}	Desvio padrão /mg^kg^{-1}
Conjunto de treino	147	180	0.03	17.2	39.1
Conjunto de previsões	42	180	0.03	17.2	39.5

5.3.2 Resultados do diagnóstico da não linearidade

A Tabela 5.2 apresenta os resultados do teste, com um valor |z| de 24,1 indicando uma relação não linear entre os sinais de espetroscopia Raman e os valores de resíduos de clorpirifos. Para prever com precisão a quantidade residual de clorpirifos no óleo de milho, este estudo utilizou os algoritmos não lineares 1D-CNN, LSTM e LSTM-CNN para estabelecer um modelo de regressão para prever o resíduo de clorpirifos no óleo de milho.

Tabela 2. Resultados dos testes de funcionamento utilizados para detetar a não linearidade dos sinais espectrais Raman e dos valores de resíduos de clorpirifos pelo método APaRPs.

n_+	n_-	u	μ	σ	$|z|$	Conclusion
223.9	359.4	1	276.6	11.4	24.1	Nonlinearity

n_+: o número total de sequências residuais consecutivas positivas. n_-: o número total de sequências residuais consecutivas negativas. u: o número de execuções.

A estrutura molecular do clorpirifos é complexa, contendo múltiplos grupos funcionais como o fósforo, o oxigénio e o enxofre. A presença destes grupos funcionais leva a modos vibracionais complexos, resultando em espectros Raman complexos. A não linearidade entre o sinal espetral Raman e a concentração de clorpirifos pode ser atribuída ao efeito de adição. O efeito de adição resulta do facto de os sinais Raman de diferentes grupos funcionais no resíduo de clorpirifos serem aditivos, o que significa que o sinal Raman total do resíduo é a soma dos sinais Raman de cada grupo funcional. A interação entre diferentes grupos funcionais pode levar a alterações no sinal Raman, tornando este efeito mais complexo. Além disso, aquando da preparação da solução de clorpirifos, foi adicionado n-hexano para promover uma melhor mistura com o óleo de milho. Outros compostos presentes na amostra podem interferir com os espectros Raman, conduzindo a uma não linearidade.

5.3.3 Resultados e comparação de diferentes modelos

Os resultados do treino de vários modelos de aprendizagem profunda com arquitecturas de rede distintas são apresentados na Figura 5.5. Conforme ilustrado na Figura 5.5, a função de perda para cada modelo diminui à medida que o número de iterações de treino aumenta. Pode inferir-se que todos os modelos visam identificar as caraterísticas que correspondem ao nível residual de clorpirifos no óleo de milho. A Figura 5.5a-c foi examinada mais detalhadamente e verificou-se que o processo de treino de cada modelo estabiliza gradualmente, com os modelos a atingirem um ponto estável aproximadamente na 1400ª iteração. Os modelos CNN e LSTM-CNN têm vindo a reduzir continuamente os seus valores de perda, com uma velocidade de convergência rápida que atinge rapidamente um estado estável. Em particular, o valor de perda do modelo LSTM-CNN é marginalmente inferior ao do modelo CNN, indicando que o modelo LSTM-CNN tem um melhor desempenho na deteção do teor residual de clorpirifos no óleo de milho. O valor de perda do modelo LSTM oscila continuamente para a frente e para trás e atinge gradualmente um estado estável após 300 épocas. Isto implica que a complexidade do modelo LSTM é excessiva, fazendo com que o valor de perda oscile em torno do valor mínimo durante as fases iniciais do treino, mas sem o atingir. Com um aumento do número de iterações de treino, o modelo LSTM estabiliza-se gradualmente.

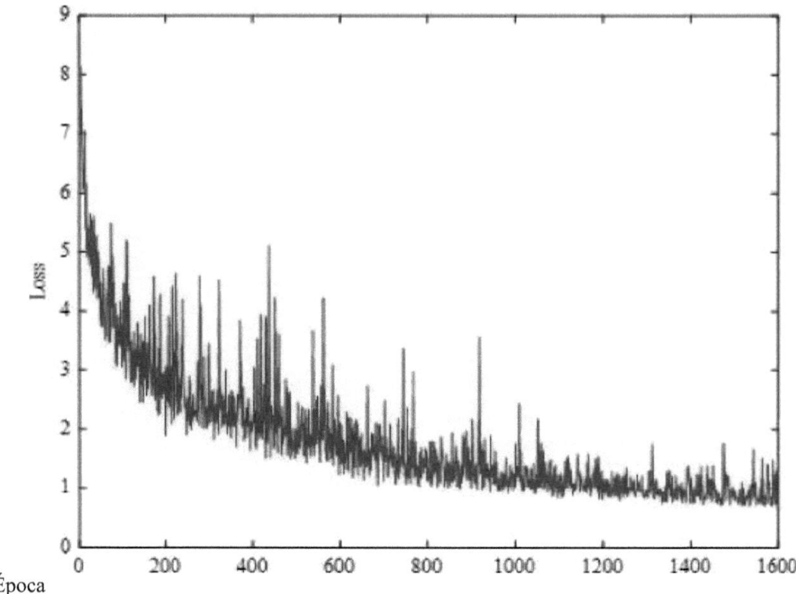
9
8
7
6
5
Loss
4
3
2
1
0
0   200   400   600   800   1000 1200 1400 1600
Época

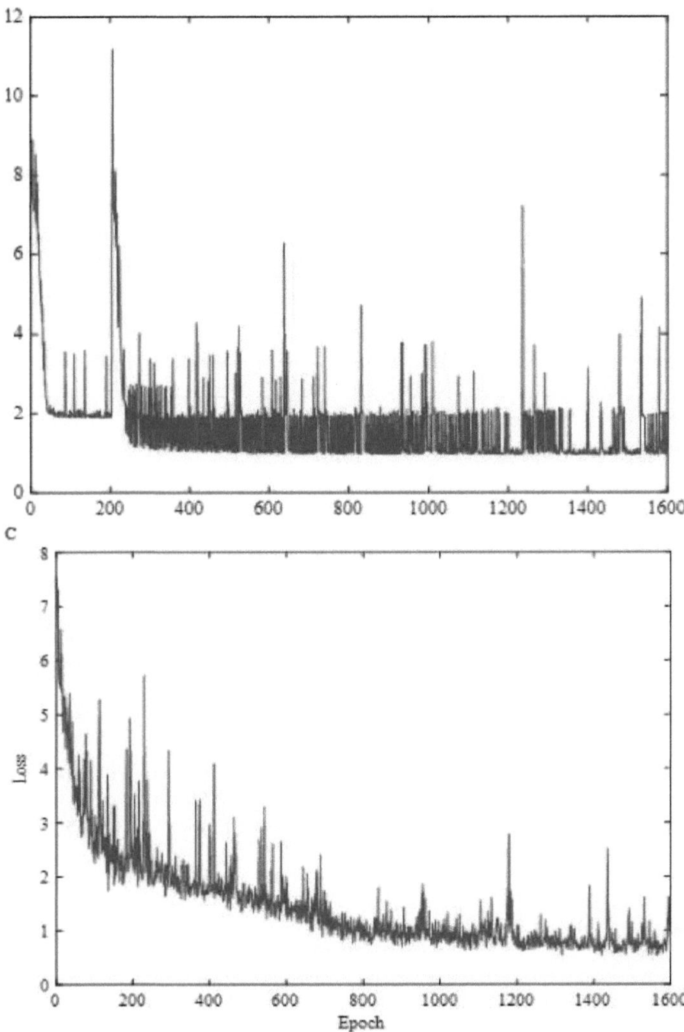

Figura 5.5 A perda dos modelos (a) CNN, (b) LSTM e (c) LSTM-CNN.

Os resultados na Tabela 5.3 demonstram que os valores *de Rp* para ambos os conjuntos de amostras são superiores a 0,87 para todos os modelos, incluindo os modelos CNN, LSTM e LSTM-CNN. Assim, os modelos de rede de aprendizagem profunda utilizados neste estudo são adequados para a análise multivariada de espectros Raman em amostras de óleo de milho e satisfazem os pré-requisitos da análise quimiométrica espectroscópica. Em geral, o modelo LSTM-CNN apresenta um desempenho superior em ambos os conjuntos de amostras em comparação com os modelos CNN e LSTM, com um valor *Rp* de 0,90 no conjunto de previsão. Este valor é ligeiramente superior ao do modelo CNN em 0,029 e ligeiramente superior ao do modelo LSTM em 0,025; os valores RMSEP e RPD do modelo proposto superam os dos modelos CNN e LSTM, sendo os

113

primeiros quase 1,7 e 1,5 inferiores, respetivamente. Além disso, o valor RPD é quase 0,38 e 0,34 superior ao dos modelos CNN e LSTM, respetivamente. Por conseguinte, podemos concluir que o modelo LSTM-CNN tem um melhor desempenho do que os modelos CNN e LSTM no processamento de dados de sequências de espetroscopia Raman.

5.4 Resumo

Este estudo validou a aplicação potencial do modelo de aprendizagem profunda LSTM-CNN na análise quimiométrica de espectros Raman. Na análise multivariada dos espectros Raman de amostras de óleo de milho, o modelo LSTM-CNN apresentou um desempenho de generalização superior ao dos modelos LSTM e CNN, com o Rp superior a 0,9 e o RPD de 3,2. Os resultados demonstram o potencial deste método para a deteção rápida e exacta de resíduos de pesticidas em óleos alimentares. As conclusões deste estudo apresentam um novo método de referência para a análise quimiométrica de espectros Raman, com potencial para aplicações práticas em várias indústrias, como a segurança alimentar, a farmacêutica e a monitorização ambiental. O desempenho e a eficiência melhorados do modelo LSTM-CNN poderão conduzir a uma deteção mais precisa e rápida de adulterações ou contaminantes, beneficiando, em última análise, a saúde e a segurança públicas.

Tabela 5.3 Avaliação de três redes neuronais.

Modelo	RMSEC/mg kg-1	R_c^2	RMSEP/mg kg-1	R_P^2	RPD
CNN	11.5	0.91	14.0	0.87	2.8
LSTM	13.8	0.87	13.7	0.88	2.9
LSTM-CNN	11.5	0.91	12.3	0.90	3.2

Referências

1. Zahran, M.; Khalifa, Z.; Zahran, M.A.H.; Azzem, M.A. Sensor abiótico para determinação eletroquímica de clorpirifós em água natural com base na inibição da oxidação de nanopartículas de prata. *Microchemical Journal* 2021, *165*, doi:10.1016/j.microc.2021.106173.
2. Liang, Y.; Wang, W.; Shen, Y.; Liu, Y.; Liu, X.J. Dinâmica e resíduos de clorpirifos e diclorvos em pepino cultivado em estufa. *Food Control* 2012, *26*, 231-234, doi:10.1016/j.foodcont.2012.01.029.
3. Cubuk, S.; Yetimoglu, E.K.; Caliskan, A.; Kahraman, M.V. Um novo sensor fluorimétrico à base de polímero para a determinação rápida e selectiva de clorpirifos. *Microchemical Journal* 2021, *165*, doi:10.1016/j.microc.2021.106098.
4. Anbarasan, R.; Jaspin, S.; Bhavadharini, B.; Pare, A.; Pandiselvam, R.; Mahendran, R. Redução do pesticida clorpirifos na soja através de tratamentos com plasma frio e ozono. *LWT-Food Science and Technology* 2022, *159*, doi:10.1016/j.lwt.2022.113193.
5. Salah, W.A.; Nofal, M. Revisão de algumas técnicas de deteção de adulteração de óleos comestíveis. *Journal of the Science of Food and Agriculture* 2021, *101*, 811-819, doi:10.1002/jsfa.10750.
6. Lopez-Ruiz, R.; Marin-Saez, J.; Prestes, O.D.; Romero-Gonzalez, R.; Garrido Frenich, A. Avaliação crítica dos métodos analíticos para a determinação de contaminantes orgânicos antropogénicos em óleos alimentares: An overview of the last five years. *Critical Reviews in Analytical Chemistry* 2022, doi:10.1080/10408347.2022.2040352.
7. Wang, S.; Li, X.; Li, M.; Li, X.; Zhang, Q.; Li, H. Método de emulsificação/desemulsificação acoplado a GC- MS/MS para análise de resíduos de pesticidas multiclasse em óleos comestíveis. *Food Chemistry* 2022, *379*, doi:10.1016/j.foodchem.2022.132098.
8. Doemoetoerova, M.; Matisova, E. Fast gas chromatography for pesticide residues analysis. *Journal of Chromatography A* 2008, *1207*, 1-16, doi:10.1016/j.chroma.2008.08.063.

9. Yang, X.; Wang, J.; Xu, D.C.; Qiu, J.W.; Ma, Y.; Cui, J. Determinação simultânea de 69 resíduos de pesticidas no café por cromatografia gasosa-espetrometria de massa. *Food Analytical Methods* 2011, *4*, 186195, doi:10.1007/s12161-010-9155-3.

10. Dong, H.; Bi, P.; Xi, Y. Determinação de resíduos de pesticidas piretróides em vegetais por sublação de solvente seguida de cromatografia líquida de alta eficiência. *Journal of Chromatographic Science* 2008, *46*, 622-626, doi:10.1093/chromsci/46.7.622.

11. Stachniuk, A.; Fornal, E. Cromatografia Líquida-Espectrometria de Massa na Análise de Resíduos de Pesticidas em Alimentos. *Food Analytical Methods* 2016, *9*, 1654-1665, doi:10.1007/s12161-015-0342-0.

12. Duford, D.A.; Xi, Y.; Salin, E.D. Determinação baseada na inibição enzimática de resíduos de pesticidas em vegetais e solo em dispositivos microfluídicos centrífugos. *Analytical Chemistry* 2013, *85*, 7834-7841, doi:10.1021/ac401416w.

13. Ji, H.; Xia, C.; Xu, J.; Wu, X.; Qiao, L.; Zhang, C. Um imunoensaio altamente sensível de resíduos de pesticidas e medicamentos veterinários em alimentos por conjugação em tandem de nanoesferas de sílica mesoporosa bifuncionais. *Analyst* 2020, *145*, 2226-2232, doi:10.1039/c9an02430a.

14. Buonasera, K.; Pezzotti, G.; Scognamiglio, V.; Tibuzzi, A.; Giardi, M.T. Nova plataforma de biossensores para pré-seleção de resíduos de pesticidas para apoiar análises laboratoriais. *Journal of Agricultural and Food Chemistry* 2010, *58*, 5982-5990, doi:10.1021/jf9027602.

15. Narenderan, S.T.; Meyyanathan, S.N.; Babu, B. Revisão da análise de resíduos de pesticidas em frutos e produtos hortícolas. Técnicas de pré-tratamento, extração e deteção. *Food Research International* 2020, *133*, doi:10.1016/j.foodres.2020.109141.

16. Yang, D.; Ying, Y. Aplicações da espetroscopia Raman na análise de produtos agrícolas e alimentares: Uma revisão. *Applied Spectroscopy Reviews* 2011, *46*, 539-560, doi:10.1080/05704928.2011.593216.

17. Mulvaney, S.P.; Keating, C.D. Raman spectroscopy. *Analytical Chemistry* 2000, *72*, 145R-157R, doi:10.1021/a10000155.

18. Deng, Z.-y.; Zhang, B.; Dong, W.; Wang, X.-p. Investigação sobre o método de previsão do teor de ácidos gordos em óleo comestível com base na espetroscopia Raman e na máquina de regressão de vectores de suporte de mínimos quadrados de saída múltipla. *Spectroscopy and Spectral Analysis* 2013, *33*, 3003-3007, doi:10.3964/j.issn.1000- 0593(2013)11-2997-05.

19. Carmona, M.A.; Lafont, F.; Jimenez-Sanchidrian, C.; Ruiz, J.R. Estudo de espetroscopia Raman de óleos comestíveis e determinação da estabilidade oxidativa a temperaturas de fritura. *European Journal of Lipid Science and Technology* 2014, *116*, 1451-1456, doi:10.1002/ejlt.201400127.

20. Muik, B.; Lendl, B.; Molina-Diaz, A.; Ayora-Canada, M.J. Diret monitoring of lipid oxidation in edible oils by Fourier transform Raman spectroscopy. *Chemistry and Physics of Lipids* 2005, *134*, 173-182, doi:10.1016/j.chemphyslip.2005.01.003.

21. Mishra, P.; Passos, D.; Marini, F.; Xu, J.; Amigo, J.M.; Gowen, A.A.; Jansen, J.J.; Biancolillo, A.; Roger, J.M.; Rutledge, D.N.; et al. Aprendizagem profunda para modelação de dados espectrais no infravermelho próximo: Hipóteses e benefícios. *Trac-Trends in Analytical Chemistry* 2022, *157*, doi:10.1016/j.trac.2022.116804.

22. Yang, J.; Xu, J.; Zhang, X.; Wu, C.; Lin, T.; Ying, Y. Aprendizagem profunda para análise espetral vibracional: Progresso recente e um guia prático. *Analytica Chimica Ata* 2019, *1081*, 6-17, doi: 10.1016 / j.aca.2019.06.012.

23. Zhang, X.; Lin, T.; Xu, J.; Luo, X.; Ying, Y. DeepSpectra: Uma abordagem de aprendizado profundo de ponta a ponta para análise espetral quantitativa. *Analytica Chimica* Acta2019, *1058*, 48-57, doi:10.1016/j.aca.2019.01.002.

24. Li, Z.; Liu, F.; Yang, W.; Peng, S.; Zhou, J. A Survey of Convolutional Neural Networks: Analysis, Applications, and Prospects [Análise, Aplicações e Perspectivas]. *Ieee Transactions on Neural Networks and Learning Systems* 2022, *33*, 6999-7019, doi:10.1109/tnnls.2021.3084827.

25. Pu, Z.; Liu, C.; Shi, X.; Cui, Z.; Wang, Y. Previsão de atrito da superfície da estrada usando rede neural de memória de curto prazo longa com base em dados históricos. *Jornal de Sistemas de Transporte Inteligentes* 2021, *26*, 3445, doi: 10.1080 / 15472450.2020.1780922.

26. Centner, V.; De Noord, O.; Massart, D. Deteção de não linearidade na calibração multivariada. *Analytica chimica ata* 1998, *376*, 153-168.

Capítulo 6

Determinação do teor de zearalenona em Trigo

6.1 Introdução

De acordo com as estatísticas da Organização das Nações Unidas para a Alimentação e a Agricultura, uma média de 2% da produção mundial de cereais é tornada não comestível devido à contaminação por fungos todos os anos [1]. Alguns cereais e produtos oleaginosos podem não apresentar sinais visíveis de crescimento de fungos, mas podem estar contaminados por micotoxinas, levando à toxicidade em seres humanos e animais, e certas micotoxinas podem até representar um risco cancerígeno. O trigo, como uma das culturas de base mais importantes do mundo, é amplamente utilizado na produção de massas, pão, pastelaria e outros produtos alimentares [2]. Constitui uma fonte crucial de hidratos de carbono e proteínas na alimentação diária de muitas pessoas. Para além disso, o trigo contém fibras alimentares abundantes, vitaminas (como a B e a E) e minerais (como o ferro, o zinco e o magnésio), que são essenciais para as funções corporais normais e para a saúde em geral [3]. Condições impróprias de armazenamento ou processamento inadequado do trigo após a colheita podem facilmente resultar na produção de zearalenona (ZEN), uma micotoxina predominantemente associada ao milho. Este facto constitui uma ameaça significativa para a saúde dos seres humanos e dos animais.

A ZEN é uma toxina natural produzida por fungos, encontrada principalmente no milho e noutras culturas de cereais. Pertence à classe dos compostos de esclerotina com atividade semelhante à dos fitoestrogénios [4]. A ZEN foi inicialmente descoberta na década de 1960 e, desde então, tem sido amplamente estudada. É um metabolito secundário produzido por certas espécies de fungos, como o Fusarium. Estes fungos são normalmente encontrados em ambientes húmidos e quentes e podem crescer em culturas como o milho e o trigo em campos agrícolas. Quando o trigo ou outras culturas infectadas são colhidas e processadas, isso leva à introdução de ZEN na cadeia alimentar, entrando subsequentemente no corpo humano e causando problemas de saúde [5]. Para garantir a segurança alimentar, muitos países estabeleceram limites regulamentares para os níveis de ZEN no milho e nos seus produtos. De acordo com GB 27612011 "Normas higiénicas para cereais", o nível máximo permitido de ZEN em cereais e produtos à base de cereais destinados ao consumo humano está fixado em 60 pg/kg [6]. Por conseguinte, os agricultores precisam de tomar medidas durante o cultivo e a colheita para reduzir o risco de contaminação das culturas por fungos. Além disso, as empresas de transformação de alimentos precisam de monitorizar e controlar o nível de ZEN nos seus produtos para garantir o cumprimento das normas de segurança. Atualmente, estão disponíveis vários métodos de deteção de ZEN em cereais, incluindo cromatografia líquida, espetrofotometria de fluorescência e cromatografia líquida-espetrometria de massa [7-9]. No entanto, estes métodos têm certas limitações, como a necessidade de equipamento dispendioso, a preparação complexa da amostra e processos de deteção morosos. Nos últimos anos, as técnicas de análise espectroscópica ganharam atenção no domínio da segurança alimentar para a deteção de micotoxinas em cereais devido às suas vantagens de análise rápida, não destrutiva e não invasiva. Em comparação com os métodos de deteção tradicionais, as técnicas espectroscópicas oferecem simplicidade, rapidez, eficiência e precisão, melhorando assim significativamente a eficiência da monitorização e do controlo de ZEN nas empresas de transformação de alimentos [10].

A espetroscopia Raman é uma técnica espectroscópica de grande valor utilizada para estudar as estruturas moleculares e as vibrações moleculares. O cientista indiano C.V. Raman foi o primeiro a descobri-la. [11]. A espetroscopia Raman revela informações sobre os modos de vibração molecular e a estrutura molecular, medindo as mudanças de frequência que ocorrem quando a luz interage com um material. Na espetroscopia Raman, ocorre um fenómeno designado por dispersão Raman quando uma parte da luz incidente sofre uma alteração de frequência depois de interagir com a substância [12]. A aplicação da espetroscopia Raman no contexto da análise de ZEN fornece um meio rápido, não destrutivo e fiável de analisar esta micotoxina. Auxilia na monitorização e controlo da contaminação por ZEN, garantindo assim a segurança alimentar. Em 2019, Guo et al. propuseram um método de análise quantitativa para ZEN em milho usando algoritmos multivariados combinados com espetroscopia Raman [13]. Os resultados da investigação deste estudo oferecem uma abordagem nova e viável para a monitorização da segurança alimentar e o controlo da qualidade dos produtos agrícolas, ajudando na monitorização e no controlo dos níveis de ZEN no milho para garantir a segurança alimentar. Em 2022, Yin et al. desenvolveram um imunossensor de fluxo lateral baseado na dispersão Raman melhorada pela superfície (SERS) para a deteção rápida e sensível de ZEN no milho [14]. Este sensor demonstra potenciais perspectivas de aplicação e pode desempenhar um papel significativo na monitorização da segurança alimentar e em domínios conexos. Os estudos acima referidos indicam a viabilidade da utilização da espetroscopia Raman na deteção de toxinas fúngicas, tornando-a assim aplicável à quantificação do teor de ZEN no trigo.

Os métodos tradicionais de análise da espetroscopia Raman incluem métodos de análise química e métodos de análise baseados na estatística [15]. Os métodos de análise química exigem frequentemente o pré-processamento da amostra, como a extração e a separação, o que pode introduzir erros adicionais. Os métodos de análise baseados na estatística envolvem técnicas de redução da dimensionalidade dos dados espectrais, como a análise de componentes principais e a regressão por mínimos quadrados parciais [16, 17], que podem reduzir o conteúdo informativo dos dados. Nos últimos anos, os algoritmos de aprendizagem profunda com estruturas complexas demonstraram vantagens significativas na gestão eficaz de conjuntos de dados extensos. A espetroscopia Raman pode medir as caraterísticas espectrais das amostras, que estão relacionadas com a estrutura molecular e a composição das amostras. Para extrair os sinais caraterísticos da ZEN a partir dos espectros Raman, este estudo utilizou um algoritmo de aprendizagem profunda denominado rede neural convolucional (CNN) para a formação. Os algoritmos de aprendizagem profunda podem aprender automaticamente caraterísticas, evitando o processo tedioso e subjetivo de extração manual de caraterísticas [18]. Ao utilizar um modelo CNN treinado em espectros Raman, esta investigação teve como objetivo detetar e quantificar com precisão a ZEN em amostras de milho. O modelo CNN aprenderia as caraterísticas representativas da ZEN a partir dos espectros Raman, permitindo uma análise automatizada e objetiva. Esta abordagem oferece o potencial para uma maior eficiência e precisão na análise de ZEN, contribuindo para os esforços de monitorização e controlo da segurança alimentar.

Com base na análise precedente, o plano operacional da investigação é apresentado a seguir: (1) Aquisição de espectros: Obter amostras de trigo com diferentes níveis de contaminação por bolor e recolher os espectros das amostras de farinha de trigo utilizando um espetrómetro Raman portátil. (2) Extração de caraterísticas e calibração do modelo: Apresentar uma arquitetura para uma rede neural convolucional unidimensional (1D-CNN), adaptada para facilitar a formação e a previsão de dados espectrais Raman. Extrair caraterísticas relevantes dos espectros e calibrar o modelo em conformidade. (3) Melhoria do modelo: Afinar o modelo CNN utilizando um modelo Transformer. Comparar o desempenho deste modelo com um modelo de aprendizagem profunda baseado na 1D-CNN, centrando-se na precisão e na eficiência.

6.2 Materiais e métodos

6.2.1 Preparação e obtenção de amostras de trigo

Na fase de preparação da experiência, foi comprado trigo fresco de 10 kg num supermercado. Para promover a reprodução estável do Fusarium e a produção rápida de ZEN, o trigo fresco foi colocado num tabuleiro de metal e colocado numa incubadora de temperatura e humidade constantes. A incubadora foi ajustada para manter uma temperatura de 30°C, com uma humidade relativa de 80-90%. As amostras de trigo eram periodicamente testadas quanto ao teor de ZEN e, uma vez atingido o nível desejado, iniciava-se o processo de preparação das amostras de trigo. Normalmente, pesavam-se 300 g de trigo para cada lote de preparação de amostras. Foi utilizado um moinho multifuncional para triturar o trigo pesado até se tornar pó (BJ-150, Deqing Baijie Electrical Appliance Co., Ltd., Deqing, China). Cada lote de amostras era constituído por 20 amostras individuais, pesando cada amostra 10 g. Estas amostras individuais foram colocadas em sacos auto-vedantes para análise posterior. No total, foram recolhidos para o estudo 9 lotes, compreendendo 1800 g e 180 amostras de trigo. As amostras foram cuidadosamente recolhidas de diferentes posições para garantir uma amostragem representativa.

6.2.2 Determinação da zearalenona

A quantificação de ZEN em amostras de trigo foi efectuada utilizando o ZEN Quantitative Test
Kit (Chengdu Anpunuo Biotechnology Co., Ltd.). A gama de deteção do cartão de deteção é: 0-1500 pg/kg. O limite de deteção é de: 10pg/kg. O coeficiente de variação (CV) é: <15% de precisão intra-corrida, <20% de precisão inter-corrida.

O procedimento específico é o seguinte: Antes da experiência, o dispositivo de teste e a incubadora de temperatura constante foram pré-aquecidos. Foram retirados 2 g de amostra de trigo moído e colocados num frasco de extração. Em seguida, foram adicionados 8 mL de solvente de extração (metanol a 70%) e a mistura foi agitada durante 5 minutos. Posteriormente, utilizou-se um tubo EP de 1,5 mL para transferir a mistura, que foi depois centrifugada a 10 000 rpm durante 2 minutos. De seguida, foram retirados 100pL do sobrenadante e misturados com 900pL de diluente de amostra. O cartão de teste foi retirado e colocado na incubadora de temperatura constante juntamente com a amostra diluída. A incubadora foi regulada a uma temperatura de 37°C. Após 5 minutos, 90 pL da amostra de teste foram retirados com uma pipeta e colocados no poço da amostra. A contagem do tempo começou imediatamente após a adição e, após 8 minutos, o dispositivo de teste foi utilizado para ler os resultados. O teor de zen no trigo está distribuído uniformemente entre 2 e 65 pg/kg.

6.2.3 Aquisição de dados espectrais

O espetrómetro Raman portátil PTRam 785 foi utilizado para recolher os espectros Raman das amostras de trigo. A potência do laser e o tempo de integração do espetrómetro foram escolhidos como sendo de 500 mW e 10 000 ms, respetivamente. A resolução espetral foi fixada em 13 cm^{-1}, e o comprimento de onda do laser foi de 785±0,5 nm. A gama espetral medida foi de 200 a 3100 cm^{-1}, com um total de 2901 pontos de número de onda e um intervalo de amostragem de 1 cm^{-1} [19]. Durante a recolha dos espectros Raman, as amostras de trigo foram primeiro colocadas numa cápsula colorimétrica e as amostras foram achatadas o mais possível na abertura da cápsula. O espetrómetro foi então ligado e os parâmetros foram ajustados. A distância óptima de focagem do instrumento era de aproximadamente 0,5 cm. A porta de varrimento do laser foi alinhada verticalmente com a amostra de trigo achatada a esta distância e os espectros Raman do trigo foram recolhidos premindo o botão de varrimento. Cada amostra foi varrida três vezes, com a posição de varrimento alterada em cada varrimento. Por fim, a média dos três espectros Raman medidos foi considerada como o dado espetral original de cada amostra. A figura 6.1A mostra os espectros Raman originais de todas as amostras de trigo. Os espectros Raman originais apresentam um ruído percetível. Para melhorar a qualidade, foram aplicadas aos espectros Raman originais a correção da linha de base e a suavização utilizando o algoritmo Savitzky-Golay (SG) [20]. A Figura 6.1B mostra os espectros Raman pré-processados das amostras de trigo após estes passos. A partir da Fig. 1B, é evidente que são observados picos proeminentes nas gamas de 450-585, 780-980 e 1000-1500 cm^{-1}, indicando que as alterações nestas regiões espectrais são influenciadas pelas toxinas do trigo. O pico Raman a 831 cm^{-1} corresponde à vibração de deformação do esqueleto do anel aromático, enquanto o pico a 906 cm^{-1} está associado à vibração de respiração do anel aromático. O pico a 1028 cm^{-1} é atribuído à vibração de estiramento de $CH_2=CH_2$, e o pico a 1143 cm^{-1} corresponde à vibração de estiramento da ligação dupla CO no anel ciclopenteno. Adicionalmente, o pico a 1262 cm^{-1} está relacionado com a vibração de estiramento das ligações éter, e o pico a 1351 cm^{-1} corresponde à vibração de flexão do metilo.

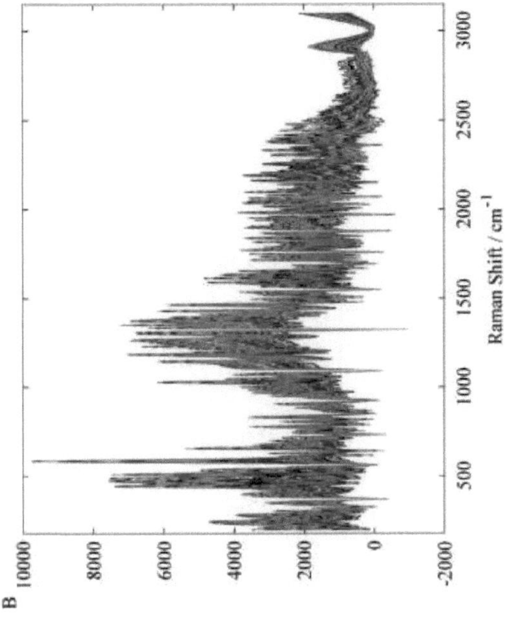

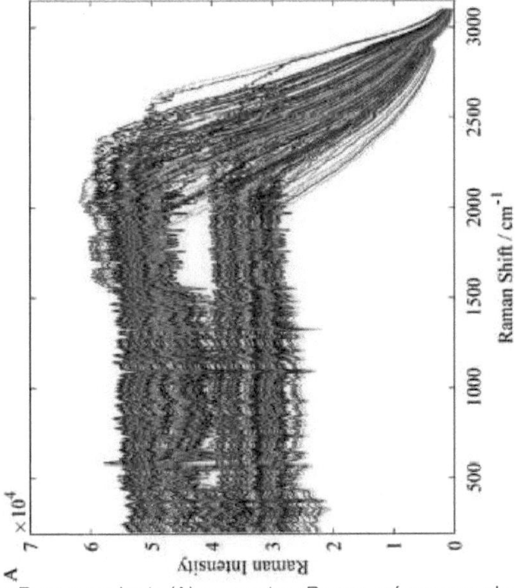

Figura 6.1 Espectros Raman em bruto (A) e espectros Raman pré-processados (B) de amostras de trigo.

6.2.4 Métodos de análise dos dados
6.2.4.1.   Visão geral da CNN

A CNN é um algoritmo fundamental no domínio da aprendizagem profunda, com um vasto espetro de aplicações, incluindo o processamento de sinais no domínio temporal e de frequência [21]. A 1D-CNN destaca-se como uma rede neural especializada, criada exclusivamente para processar dados sequenciais, abrangendo domínios como séries temporais, informações textuais e sinais de áudio. Em comparação com as CNNs tradicionais, a 1D-CNN funciona efectuando operações de convolução ao longo de uma única dimensão, captando eficazmente padrões e caraterísticas locais nas sequências. A composição fundamental de uma 1D-CNN envolve vários componentes essenciais: uma camada de entrada, uma camada convolucional, uma função de ativação, uma camada de agrupamento, uma camada totalmente ligada e uma camada de saída [22]. A 1D-CNN utiliza operações de convolução e de agrupamento para captar padrões e caraterísticas locais nos dados da sequência espetral. A operação de convolução envolve o deslizamento de uma janela ao longo dos dados da sequência e a convolução da subsequência dentro da janela com um núcleo convolucional para extrair caraterísticas locais. Desta forma, a rede pode aprender padrões importantes na sequência através da aprendizagem de núcleos convolucionais. Em seguida, a operação de agrupamento reduz a amostragem de cada saída convolucional, por exemplo, usando o agrupamento máximo ou o agrupamento médio, para reduzir a dimensionalidade dos dados e, ao mesmo tempo, reter informações cruciais. A potência da 1D-CNN deriva da sua capacidade de adquirir autonomamente representações abstractas de caraterísticas a partir de dados sequenciais. Ao empilhar várias camadas convolucionais e totalmente conectadas, uma 1D-CNN pode extrair representações de caraterísticas de nível superior a partir dos dados sequenciais brutos. Estas representações de caraterísticas podem ser utilizadas para tarefas como a classificação e a previsão de sequências.

Com base na análise acima, a estrutura da rede CNN concebida para a análise quantitativa de ZEN no trigo neste estudo é ilustrada na Figura 6.2. Neste modelo de arquitetura, é utilizada uma 1D-CNN para construir um modelo de deteção para prever o teor de ZEN em amostras de trigo. Para demonstrar a superioridade dos algoritmos de aprendizagem profunda na análise espetral, o modelo 1D-CNN apresenta três camadas convolucionais e três camadas de agrupamento, que são utilizadas para extrair caraterísticas significativas dos dados espectrais. Posteriormente, o modelo CNN é estabelecido ligando uma camada totalmente conectada e uma camada de saída, utilizando ReLU como função de ativação. Esta conceção visa garantir que cada ponto de caraterística do espetro (um total de 2901 pontos de caraterística) reflecte adequadamente o conteúdo das toxinas ZEN. Os parâmetros do modelo neste estudo foram determinados através de depuração iterativa e consideração abrangente de cenários de sobreajuste e subajuste

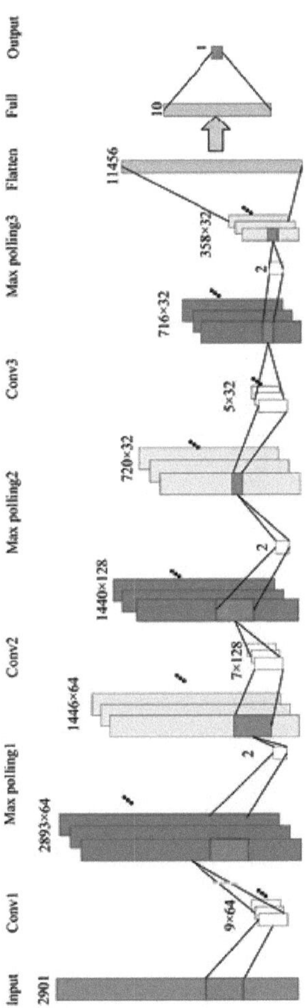

Figura 6.2 Estrutura da rede 1D-CNN.

6.2.4.2.   Introdução ao transformador

O Transformer é uma nova arquitetura de rede que representa um modelo totalmente baseado na atenção, utilizando o mecanismo de auto-atenção para extrair caraterísticas intrínsecas. O mecanismo de atenção é uma estrutura que tem sido amplamente utilizada recentemente em redes neurais. Permite que o modelo se concentre na informação que é mais importante para a tarefa atual, calculando a relevância, reduzindo a atenção a outras informações e até excluindo detalhes irrelevantes, aumentando assim a eficiência e a precisão das capacidades de processamento do modelo.

O Transformer fez a sua primeira aparição em 2017 num artigo intitulado "Attention is All You Need", publicado pela equipa de tradução automática da Google [23]. Afastou-se completamente das estruturas de rede tradicionais, como

RNNs e CNNs, e utilizou apenas o mecanismo de atenção para tarefas de tradução automática, obtendo resultados impressionantes. No domínio do processamento de linguagem natural (PNL), o Transformer demonstrou um desempenho notável. Posteriormente, os investigadores aplicaram extensivamente o Transformer a várias tarefas, como a visão computacional, o reconhecimento da fala, a deteção de objectos e o processamento de imagem e vídeo, obtendo resultados promissores. Devido ao seu excelente desempenho, um número crescente de modelos baseados na Transformada está a ser utilizado para melhorar várias tarefas. Ao contrário das redes neurais tradicionais, a Transformada pode captar diretamente a informação global sem necessidade de recursão passo a passo.

O modelo Transformer é constituído por dois componentes principais: o codificador e o descodificador. O codificador é responsável pela codificação da sequência de entrada, enquanto o descodificador utiliza a saída do codificador para gerar a sequência de destino. No mecanismo de auto-atenção, cada elemento (por exemplo, palavra ou símbolo) da sequência de entrada interage com outros elementos da sequência e são calculados pesos de atenção entre eles. Isto significa que cada elemento pode atender a toda a sequência em simultâneo. Ao utilizar a atenção multi-cabeças, o modelo pode aprender dependências em diferentes posições e níveis semânticos. O codificador do Transformer empilha várias camadas idênticas, cada uma contendo uma subcamada de auto-atenção e uma subcamada de rede neural feed-forward totalmente conectada. A subcamada de auto-atenção capta as dependências locais e globais da sequência de entrada, enquanto a subcamada da rede neural de avanço ajuda nas transformações não lineares e nas combinações de caraterísticas. No descodificador, para além das redes de auto-atenção e feed-forward, é introduzido um terceiro mecanismo de atenção denominado atenção codificador-descodificador. Este mecanismo de atenção permite que o descodificador se concentre na saída do codificador, obtendo informações da sequência de entrada. Uma caraterística proeminente do modelo Transformer é a sua capacidade de efetuar computação paralela, o que conduz a uma elevada eficiência durante o treino e a inferência. Além disso, apresenta uma forte memória contextual, o que lhe permite lidar com sequências longas sem ser afetado pelos problemas de desaparecimento ou explosão do gradiente presentes nos modelos tradicionais
modelos sequenciais.

Neste estudo, melhorámos o modelo CNN ao incorporar o Transformer. No modelo Transformer, o parâmetro 'd_model' é definido como 32, o que especifica a dimensionalidade dos vectores de caraterísticas de entrada e saída no modelo Transformer. Aqui, está definido para 32, indicando que o modelo utilizará vectores de 32 dimensões. O parâmetro "nhead" é fixado em 2, indicando a presença de duas cabeças de atenção. Este parâmetro determina o número de cabeças de atenção paralelas na camada de atenção multi-cabeças. O parâmetro "num_encoder_layers" especifica o número de camadas idênticas utilizadas na parte do codificador do modelo Transformer. Cada camada do codificador processa de forma independente a sequência de entrada e transmitea à camada seguinte. Neste caso, existem 2 camadas de codificador. "num_decoder_layers" é semelhante a "num_encoder_layers" e define o número de camadas idênticas utilizadas na parte do descodificador do modelo do transformador. O descodificador processa a saída do codificador para gerar a sequência de saída final. Aqui, existem 2 camadas de descodificador. Em resumo, inicializamos um módulo Transformer com parâmetros específicos, criando um modelo Transformer com caraterísticas 32dimensionais, 2 cabeças de atenção, 2 camadas de codificador e 2 camadas de descodificador. Os dados de espetroscopia Raman foram submetidos à extração de caraterísticas através de três camadas convolucionais e três camadas de pooling, e uma cópia da sequência original foi utilizada como sequência alvo. Tanto a sequência de origem como a sequência de destino foram então passadas para a camada Transformer para processamento. Como as sequências de origem e de destino eram idênticas, esta era uma tarefa auto-recursiva [24]. Em resumo, desenvolvemos um modelo de rede neural híbrido baseado em CNN e Transformer. Este modelo pode tratar dados de sequência e aproveitar a capacidade de extração de caraterísticas locais da CNN e a capacidade de captura de dependências de longo alcance do Transformer para melhorar a precisão da previsão. O diagrama da estrutura do modelo é apresentado na Figura 6.3.

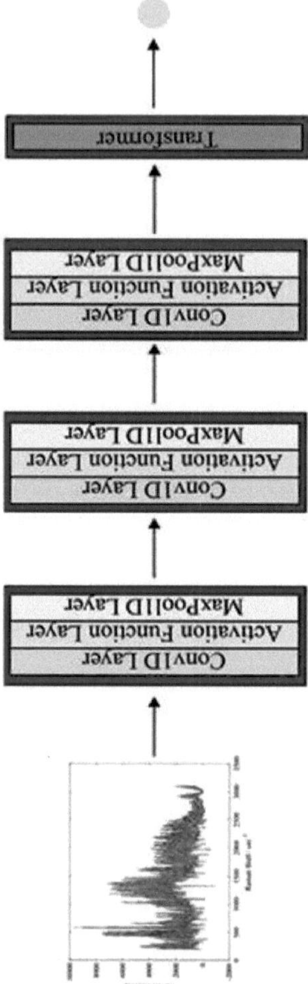

Figura 6.3 Estrutura 1D-CNN melhorada com transformador.

6.2.5 Avaliação do modelo

6.2.6 Software

Para esta investigação, todos os algoritmos de aprendizagem profunda foram executados utilizando o PyTorch 1.6.0 no ambiente Python 3.7.9. O sistema utilizado para processar os dados experimentais estava equipado com um CPU Intel i7 12700 H, 32 GB de memória, uma placa gráfica RTX3060 com 6 GB de memória e o sistema operativo Windows 11.

6.3 Resultados e discussão

6.3.1 Divisão do conjunto de amostras

Neste estudo, foi recolhido um total de 180 amostras de trigo. Os conjuntos de treino, validação e previsão foram criados dividindo as amostras num rácio de 6:2:2. O conjunto de treino é composto por 108 amostras, o conjunto de validação é composto por 36 amostras e o conjunto de previsão é composto por 36 amostras.

6.3.2 Resultados e comparação de diferentes modelos

Os resultados do treino dos modelos de aprendizagem profunda, nomeadamente as arquitecturas 1D-CNN e 1D- CNN+Transformer, estão representados na Figura 6.4 e na Figura 6.5, respetivamente. Cada modelo do estudo foi avaliado utilizando o R^2 como métrica de avaliação do desempenho e o erro absoluto médio (MAE) como função de perda, com o algoritmo de otimização Adam e uma taxa de aprendizagem inicial de 0,001. Além disso, os modelos foram treinados com um tamanho de lote de 64 amostras e para um total de 1500 épocas.

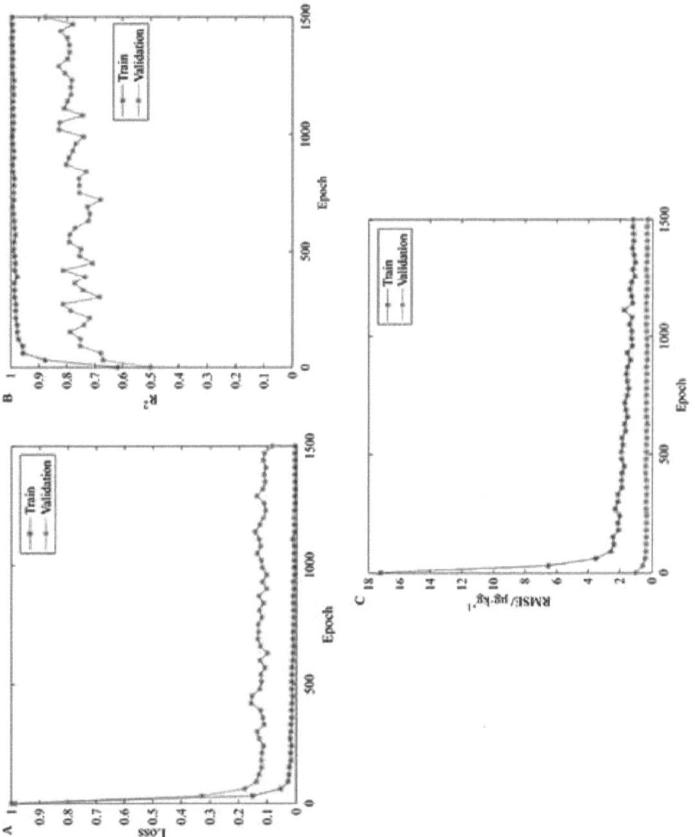

Figura 6.4 A perda (A), R2 (B) e RMSE (C) da 1D-CNN.

Como se pode ver na Figura 6.4 e na Figura 6.5, a perda para os conjuntos de treino e de validação diminui à medida que o número de iterações de treino aumenta. As tendências do RMSE e do R^2 para ambos os modelos durante o processo de treino são consistentes, e a precisão melhora com o aumento do número de iterações de treino. Isto indica que os modelos estão efetivamente a identificar caraterísticas relacionadas com o conteúdo ZEN. Uma análise mais aprofundada das Figuras 6.4B, 6.4C, 6.5B e 6.5C revela que os modelos passam gradualmente da instabilidade para a estabilidade durante o processo de treino, e os pontos estáveis para ambos os modelos ocorrem por volta da 1200ª iteração. No entanto, o modelo 1D-CNN +Transformador apresenta uma precisão ligeiramente superior e uma menor variação no coeficiente de determinação, indicando um desempenho superior na deteção de ZEN no trigo.

6.3.3 Comparar e discutir os resultados óptimos de diferentes modelos

Os resultados da deteção do conjunto de treino e previsão dos dois modelos estão resumidos na Tabela 6.1. Da análise da Tabela 6.1, pode concluir-se que o modelo 1D-CNN apresenta um desempenho de previsão inferior. Em comparação, o modelo 1D-CNN+Transformer demonstra valores de R^2 superiores a 0,90 para os conjuntos de treino e de previsão, satisfazendo o nível de precisão de previsão exigido. Além disso, o modelo 1D-CNN+Transformer alcança o R^2 de 0,9837 no conjunto de previsão, que é 0,08 superior ao modelo 1D- CNN. O valor RPD obtido é 7,9516, que é quase 4,7 superior ao do modelo 1D-CNN. Além disso, o valor RMSEP é de 2,5759pg^kg- 1, o que é aproximadamente 3,6 inferior ao do modelo 1D-CNN. Por conseguinte, com base nestes resultados, consideramos que o modelo 1D-CNN+Transformer é o modelo espetral ideal para detetar o teor de ZEN no trigo neste estudo.

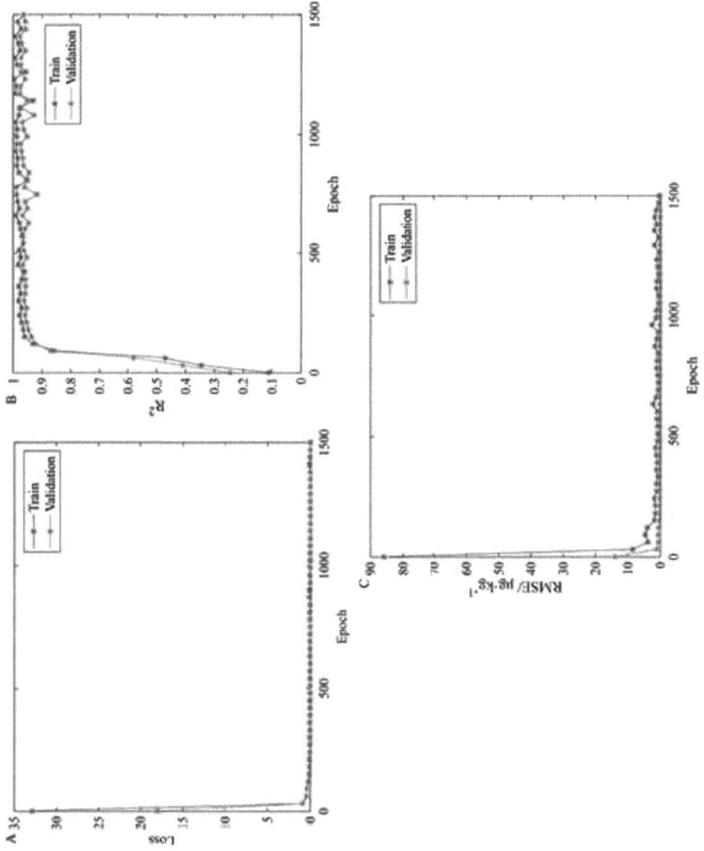

Figura 6.5 A perda (A), R^2 (B) e RMSE (C) de 1D-CNN+Transformer.

Tabela 6.1 Avaliação de duas redes de previsão diferentes.

Modelo	RMSEC/mg kg⁻¹	R c²	RMSEP/mg kg⁻¹	R²ₚ	RPD
1D-CNN	5.0484	0.9293	6.2086	0.9055	3.2990
1D-CNN+Transformador	1.6430	0.9925	2.5759	0.9837	7.9516

As principais razões para estes fenómenos podem ser atribuídas aos seguintes pontos: (1) Arquitetura do modelo: O modelo 1D-CNN baseia-se principalmente em camadas convolucionais para captar caraterísticas locais dos dados de entrada, enquanto o modelo 1D-CNN+Transformador incorpora tanto camadas convolucionais como camadas transformadoras. O mecanismo de auto-atenção do Transformer pode captar dependências de longo alcance dentro das sequências, o que pode ajudar o modelo a aprender e modelar dados de entrada complexos de forma mais eficaz. (2) Complexidade do modelo: O modelo 1D-CNN+Transformador tem uma complexidade de modelo mais elevada em comparação com o modelo 1D-CNN. Isto significa que o modelo 1D-

129

CNN+Transformador tem mais parâmetros para aprender, o que lhe permite adaptar-se melhor aos dados de treino. No entanto, é importante notar que uma maior complexidade do modelo pode, por vezes, conduzir a um sobreajuste. Os resultados deste estudo mostram que o modelo 1D-CNN+Transformer tem um bom desempenho de generalização e não apresenta sobreajuste, como evidenciado pelo seu melhor desempenho no conjunto de teste. (3) Estratégia de treino: Ambos os modelos utilizaram as mesmas estratégias de treino, incluindo a mesma função de perda, optimizador, taxa de aprendizagem e outros hiperparâmetros. Em certos casos, modelos diferentes podem exigir ajustes na estratégia de treinamento para obter melhor desempenho. No entanto, neste caso, a mesma estratégia de treino teve um impacto mínimo no desempenho de ambos os modelos.

Em resumo, o modelo 1D-CNN+Transformador supera o modelo 1D-CNN na deteção de ZEN no trigo, principalmente devido às vantagens da sua arquitetura de modelo e maior complexidade do modelo. Combinando a extração de caraterísticas locais através de camadas convolucionais com a capacidade de captar dependências de longo alcance através de camadas transformadoras, o modelo 1D-CNN+Transformador pode aprender e modelar eficazmente dados de entrada complexos, conduzindo a um melhor desempenho na tarefa de previsão.

6.4 Resumo

Este estudo valida as vantagens do modelo 1D-CNN+Transformer proposto na deteção de ZEN utilizando a espetroscopia Raman em amostras de trigo. Ao incorporar o algoritmo Transformer na arquitetura 1D-CNN para aprendizagem de caraterísticas e calibração de modelos de espectros Raman de farinha de trigo, verificámos que a abordagem 1D-CNN+Transformer superou o modelo 1D-CNN tradicional na medição de ZEN utilizando espetroscopia Raman em amostras de trigo. O algoritmo CNN+Transformador foi capaz de captar com mais precisão as caraterísticas dos dados espectroscópicos e fornecer previsões mais fiáveis. Este facto pode ser atribuído ao mecanismo de auto-atenção do Transformer, que permite ao modelo modelar melhor as dependências de longo alcance nos dados espectroscópicos. A integração de dados multimodais será considerada em estudos futuros. Considerando a integração de dados multimodais, a combinação da espetroscopia Raman com outras técnicas analíticas pode proporcionar uma compreensão mais abrangente da composição química. E o desenvolvimento de um sistema de monitorização em tempo real para a deteção de ZEN no local de amostras de trigo requer a otimização do modelo implementado em dispositivos portáteis para garantir praticidade e eficiência.

Referências

[1]   W. Xue, Y. Li, Q. Zhao, T. Liang, M. Wang, P. Sun, et al., Research Note: Study on the antibacterial activity of Chinese herbal medicine against Aspergillus flavus and Aspergillus fumigatus of duck origin in laying hens, Poult. Sci. 101 (2022) 101756.

[2]   J. Atchison, L. Head, A. Gates, Wheat as food, wheat as industrial substance; comparative geographies of transformation and mobility, Geoforum 41 (2010) 236-246.

[3]   A. Khalid, A. Hameed, M.F. Tahir, Wheat quality: A review on chemical composition, nutritional attributes, grain anatomy, types, classification, and function of seed storage proteins in bread making quality, Front. Nutr. 10 (2023) 1053196.

[4]   K. Neme, A. Mohammed, Ocorrência de micotoxinas em grãos e o papel da gestão pós-colheita como estratégias de mitigação. Uma revisão, Food Control 78 (2017) 412-425.

[5]   K.R.N. Reddy, B. Salleh, B. Saad, H.K. Abbas, C.A. Abel, W.T. Shier, An overview of mycotoxin contamination in foods and its implications for human health, Toxin Rev. 29 (2010) 3-26.

[6]   C. MdS, Norma nacional de segurança alimentar. níveis máximos de micotoxinas em alimentos, GB (2011) 2761-2811.

[7]   E. Perez-Torrado, J. Blesa, J.C. Molto, G. Font, Extração líquida pressurizada seguida de cromatografia líquida-espetrometria de massa para a determinação de zearalenona em farinhas de cereais, Food Control 21 (2010) 399-402.

[8]   H. Tan, T. Guo, H. Zhou, H. Dai, Y. Yu, H. Zhu, et al., A simple mesoporous silica nanoparticle-based fluorescence aptasensor for the detection of zearalenone in grain and cereal products, Anal. Bioanal. Chem. 412 (2020) 5627-5635.

[9]   T. Tanaka, A. Hasegawa, Y. Matsuki, U.-S. Lee, Y. Ueno, Rapid and sensitive determination of zearalenone in cereals by high-performance liquid chromatography with fluorescence detection, J. Chromatogr. A 328 (1985) 271-278.

[10] H. Jiang, T. Liu, Q. Chen, Deteção quantitativa do valor de ácidos gordos durante o armazenamento de farinha de trigo com base num sistema portátil de espetroscopia de infravermelhos próximos (NIR), Infrared Phys. Technol. 109 (2020) 103423.

[11] D.A. Long, Raman spectroscopy, Nova Iorque, 1(1977).

[12] P. Carey, Biochemical applications of Raman and resonance Raman spectroscopes (Aplicações bioquímicas dos espectroscópios Raman e Raman de ressonância), Elsevier, 2012.

[13] Z. Guo, M. Wang, J. Wu, F. Tao, Q. Chen, Q. Wang, et al., Avaliação quantitativa da zearalenona no milho utilizando algoritmos multivariados acoplados à espetroscopia Raman, Food Chem. 286 (2019) 282-288.

[14] L. Yin, T. You, H.R. El-Seedi, I.M. El-Garawani, Z. Guo, X. Zou, et al., Deteção rápida e sensível de zearalenona no milho usando imunossensor de fluxo lateral baseado em SERS, Food Chem. 396 (2022) 133707.

[15] B. Li, A. Calvet, Y. Casamayou-Boucau, C. Morris, A.G. Ryder, Low-Content Quantification in Powders Using Raman Spectroscopy: A Facile Chemometric Approach to Sub 0.1% Limits of Detection, Anal.

Chem. 87 (2015) 3419-3428.

[16] R. Bro, A.K. Smilde, Análise de componentes principais, Anal. Methods 6 (2014) 2812-2831.

[17] P. Geladi, B.R. Kowalski, Partial least-squares regression: a tutorial, Anal. Chim. Ata 185 (1986) 1-17.

[18] M.K. Maruthamuthu, A.H. Raffiee, D.M. De Oliveira, A.M. Ardekani, M.S. Verma, aprendizagem profunda baseada em espectros Raman: Uma ferramenta para identificar a contaminação microbiana, Microbiologyopen 9 (2020) e1122.

[19] J. Deng, H. Jiang, Q. Chen, Determinação da aflatoxina B-1 (AFB(1)) no milho com base num sistema portátil de espetroscopia Raman e análise multivariada, Spectrochim. Ata Part a-Mol. Biomol. Spectrosc. 275 (2022) 121148.

[20] R.W. Schafer, O que é um filtro Savitzky-Golay? IEEE Signal Process. Mag. 28 (2011) 111-117.

[21] H. Jiang, J. Deng, C. Zhu, Análise quantitativa de aflatoxina B1 em amendoins mofados com base em espectros de infravermelho próximo com rede neural convolucional bidimensional, Infrared Phys. Technol. 131 (2023) 104672.

[22] X. Wu, S. Gao, Y. Niu, Z. Zhao, R. Ma, B. Xu, et al., Análise quantitativa de óleo de milho-azeitona misturado com base na espetroscopia Raman e rede neural convolucional unidimensional, Food Chem. 385 (2022) 132655.

[23] A. Vaswani, N. Shazeer, N. Parmar, J. Uszkoreit, L. Jones, A.N. Gomez, et al., Attention Is All You Need, 31.ª Conferência Anual sobre Sistemas de Processamento de Informação Neural (NIPS), Long Beach, CA, 2017.

[24] P. Fu, Y. Wen, Y. Zhang, L. Li, Y. Feng, L. Yin, et al., SpectraTr: Um novo modelo de aprendizado profundo para análise qualitativa da espetroscopia de drogas com base na estrutura do transformador, J. Innov. Opt. Health Sci. 15 (2022) 2250021.

[25] T. Liu, J. He, W. Yao, H. Jiang, Q. Chen, Determinação do valor da aflatoxina B1 no milho com base na espetroscopia de infravermelhos próximos com transformada de Fourier: Comparação do efeito de otimização dos comprimentos de onda caraterísticos, Lwt-Food Sci. Technol. 164 (2022) 113657.

Capítulo 7

Deteção de aflatoxina B1 em amendoins

7.1 Introdução

O amendoim é uma oleaginosa vital e uma cultura económica no nosso país, apreciada pelos consumidores devido ao seu rico conteúdo em proteínas, gorduras, vitaminas e vários nutrientes [1]. Na última década, tanto a produção de amendoim como as áreas de cultivo registaram um crescimento contínuo, proporcionando uma base material mais substancial para garantir a segurança alimentar nacional e o abastecimento de óleo [2]. No entanto, durante o processo de consumo do amendoim, o armazenamento é uma etapa extremamente crítica. O armazenamento incorreto pode criar um ambiente ideal para o crescimento de bactérias e fungos, resultando em efeitos adversos na qualidade e segurança do amendoim. Particularmente em condições de alta temperatura e alta humidade, os bolores podem proliferar rapidamente, levando à deterioração do amendoim e à produção de toxinas [3]. Entre estes bolores, a aflatoxina é o fungo mais prevalente, que pode gerar aflatoxina B1 (AFB1). Esta toxina apresenta uma forte toxicidade tanto para os seres humanos como para os animais, provocando problemas de saúde quando consumida através de amendoins e seus derivados contaminados durante um período prolongado [4]. A Agência Internacional de Investigação do Cancro (IARC) classificou a AFB1 como um agente cancerígeno do Grupo I [5]. Assim, a monitorização dos níveis de AFB1 nos amendoins tem uma importância prática significativa.

Atualmente, os métodos de deteção nacionais e internacionais para AFB1 nos alimentos centram-se principalmente em várias técnicas tradicionais, como a cromatografia em camada fina (TLC), a cromatografia líquida de alta resolução (HPLC) e novos métodos de deteção baseados em técnicas imunológicas, como os ensaios de fluorescência [6]. Entre estes métodos, a TLC oferece requisitos de equipamento simples e um funcionamento cómodo, mas enfrenta desafios na preparação da amostra e envolve um processo complicado [7]. Por outro lado, a HPLC apresenta vantagens em termos de eficiência, velocidade e elevada sensibilidade, mas também requer uma preparação complexa da amostra, instrumentos dispendiosos e custos mais elevados [8]. Os ensaios de fluorescência apresentam uma elevada especificidade e sensibilidade, mas, durante o processo experimental, necessitam de remover a matriz alimentar para atenuar a interferência de fundo [9]. Por conseguinte, o desenvolvimento de um método de deteção quantitativa rápido e fácil de utilizar para a AFB1 nos alimentos torna-se particularmente crucial. A espetroscopia Raman é uma técnica analítica baseada em espectros de dispersão. O seu princípio de medição baseia-se nas vibrações moleculares que ocorrem quando um laser ilumina a amostra, resultando em interações entre os fotões incidentes e as moléculas da amostra, o que conduz a espectros dispersos [10]. A intensidade e a frequência desta luz dispersa estão relacionadas com vários factores, incluindo os modos vibracionais, a estrutura e os elementos de composição da molécula da amostra. Ao medir a intensidade e a frequência da dispersão Raman, é possível

determinar informações sobre os modos de vibração e as caraterísticas estruturais da amostra [11]. Em comparação com os métodos convencionais de deteção de AFB1, o método Raman 159
A espetroscopia Raman não requer qualquer pré-tratamento da amostra e evita a sua destruição, apresentando as vantagens da comodidade, rapidez e elevada sensibilidade [12]. Consequentemente, a espetroscopia Raman encontra aplicações extensivas em vários domínios, incluindo a alimentação, a química, a biologia, etc. [13-16].

Com o rápido desenvolvimento da tecnologia informática e dos dispositivos de armazenamento de hardware, os dados obtidos a partir de instrumentos estão a tornar-se cada vez mais altamente dimensionais [17]. O estudo de dados de elevada dimensão coloca desafios significativos. Em primeiro lugar, os dados de elevada dimensão podem conduzir à "maldição da dimensionalidade", resultando em custos computacionais substanciais durante o processamento. Em segundo lugar, à medida que a dimensionalidade aumenta, o desempenho do modelo pode ser afetado pelo problema dos rendimentos decrescentes, existindo mesmo o risco de sobreajustamento [18]. Por conseguinte, a redução da dimensionalidade é eficaz para lidar com problemas de pequenas amostras de elevada dimensionalidade, que incluem a extração de caraterísticas e a seleção de caraterísticas [19]. A extração de caraterísticas emprega normalmente técnicas matemáticas, como a projeção, para mapear dados de um espaço de caraterísticas de elevada dimensão para um espaço de dimensão inferior. Os métodos representativos incluem a análise de componentes principais (PCA) e a análise de correlação canónica (CCA) [20]. No entanto, as novas caraterísticas obtidas através da extração de caraterísticas podem ter pouca ou nenhuma interpretação física relacionada com as caraterísticas originais, o que é frequentemente inaceitável em muitas aplicações devido à fraca interpretabilidade das caraterísticas extraídas. Por outro lado, a seleção de caraterísticas envolve a seleção de um subconjunto de caraterísticas do espaço de caraterísticas original utilizando alguns critérios de avaliação e serve como um método de pré-processamento de dados. Na investigação baseada na tecnologia de espetroscopia Raman, os métodos de seleção de caraterísticas são normalmente utilizados para selecionar variáveis de caraterísticas dos dados espectrais brutos que correspondem a determinadas propriedades da substância-alvo para construir um modelo de deteção. Os métodos de seleção de caraterísticas incluem normalmente a seleção de intervalos e a seleção de pontos de comprimento de onda [21]. Em aplicações práticas, tanto a seleção de intervalos como a seleção de pontos de comprimento de onda têm as suas vantagens, mas quando utilizadas separadamente, podem ter certas limitações. Em primeiro lugar, a seleção por intervalos pode levar a que se ignorem outras informações importantes dentro de uma gama específica de comprimentos de onda selecionada. Se existirem determinadas caraterísticas em áreas não selecionadas, a seleção por intervalos pode não ser capaz de captar essa informação. Em segundo lugar, a seleção de intervalos pode levar a que se ignorem outras informações importantes dentro de uma gama específica de comprimentos de onda selecionada. Se existirem certas caraterísticas em áreas não selecionadas, a seleção por intervalos pode não ser capaz de captar essa informação. A seleção de pontos de comprimento de onda também tem os seus inconvenientes. Os dados espectrais podem ser descontínuos entre determinados pontos de comprimento de onda, e os pontos de comprimento de onda selecionados podem não ser capazes de se adaptar bem a esta descontinuidade. Em segundo lugar, a determinação da seleção óptima do ponto de comprimento de onda pode exigir métodos computacionais complexos, o que pode tornar-se impraticável em conjuntos de dados espectrais de grande escala. Por conseguinte, este estudo propõe uma estratégia híbrida que combina ambos os métodos para estabelecer um modelo conciso e eficiente.

Tendo em conta a análise acima referida, a organização desta investigação pode ser resumida da seguinte forma:

Estabelecer um sistema portátil de deteção por espetroscopia Raman para adquirir dados espectrais de amostras de amendoim em diferentes fases de crescimento do bolor.

Introduzir o método dos mínimos quadrados parciais de intervalo recuado (BiPLS) para otimizar os comprimentos de onda caraterísticos dos espectros Raman pré-processados.

Utilizar o método de análise da população de combinação de variáveis (VCPA) para otimizar ainda mais as variáveis de comprimento de onda inicialmente selecionadas, construindo modelos de mínimos quadrados parciais (PLS) com base em diferentes combinações de variáveis de caraterísticas. O objetivo é detetar com precisão a AFB1 em amendoins e comparar os resultados finais da otimização.

Seguindo estas etapas, a investigação visa desenvolver um modelo preciso e eficiente para a deteção de AFB1 em amendoins, tirando partido das vantagens oferecidas pelas técnicas de seleção de intervalos e de seleção de pontos de comprimento de onda.

7.2 Materiais e métodos

7.2.1 Preparação da amostra de amendoim

Esta investigação obteve as amostras de amendoim necessárias num mercado online. Inicialmente, 2,5 kg de amostras de amendoim foram espalhados uniformemente num tabuleiro. Posteriormente, o tabuleiro foi colocado dentro de uma câmara de temperatura e humidade constantes (HWS-250B, Macro Instruments Co., Ltd., Tianjin, China) para armazenamento. A câmara de temperatura e humidade constantes foi mantida a 30±3°C, com um nível de humidade de 80±5%. Nestas condições controladas, os amendoins foram submetidos a um cultivo de bolor para obter amostras de amendoim com diferentes graus de crescimento de bolor.

Com base no projeto experimental, a amostragem foi efectuada a intervalos regulares de dois a três dias. Durante cada amostragem, foram colhidas 20 amostras aleatórias de diferentes áreas, pesando cada amostra 8 g. Para garantir uma distribuição uniforme da temperatura e da humidade no interior dos amendoins, estes foram cuidadosamente virados. Ao longo de todo o processo experimental, foram realizadas cinco rondas de amostragem, resultando na recolha de 100 amostras de amendoim.

7.2.2 Determinação do AFBı

Esta investigação utilizou um kit de ensaio competitivo à base de ouro coloidal para detetar o teor de AFB1 em amostras de amendoim. As etapas operacionais específicas foram as seguintes (1) Fase preparatória: Ligar a incubadora de temperatura constante e pré-aquecê-la a 37 °C. (2) Pesar $2 \pm 0,01$ g 1 da amostra de amendoim e colocá-la num tubo de centrifugação. Adicionar 8 ml de solução de extração. (3) Colocar o tubo de centrifugação num misturador e agitar durante 3 minutos. Após a agitação, transferir a mistura para um tubo eppendorf (EP). (4) Centrifugar o tubo EP durante 1 minuto a 10.000 r/min. (5) Misturar 0,5 mL do sobrenadante do tubo EP com 0,2 mL de n-hexano num misturador. (6) Centrifugar a mistura do passo (5) durante 2min. Misturar 100pL do sobrenadante com 400pL de diluente de amostra para teste. (7) Depois de colocar o cartão de teste na incubadora a temperatura constante, adicionar 100pL da amostra ao cartão de teste e continuar a incubar durante 6min. (8) Utilizar um instrumento de deteção para interpretar os resultados.

7.2.3 Recolha de espectros Raman

Nesta investigação, os dados experimentais de amostras de amendoim com diferentes graus de crescimento de bolor foram recolhidos utilizando um espetrómetro Raman portátil (EVA3000PLUS, Ruhai Optoelectronic Technology Co., Ltd, Xangai, China). A gama de aquisição de dados do espetrómetro varia entre 200 e 3100 cm^{-1}, e o comprimento de onda do laser utilizado foi de 785 nm. Os parâmetros do espetrómetro foram configurados da seguinte forma: potência laser de 100 mW e tempo de integração de 100 ms.

Antes da recolha de dados, foi utilizado um calibrador de poliestireno para calibrar o instrumento. Em seguida, foi colhida uma amostra de 8 g de amendoim para a recolha de dados. A figura 7.1A apresenta os espectros originais das amostras de amendoim.

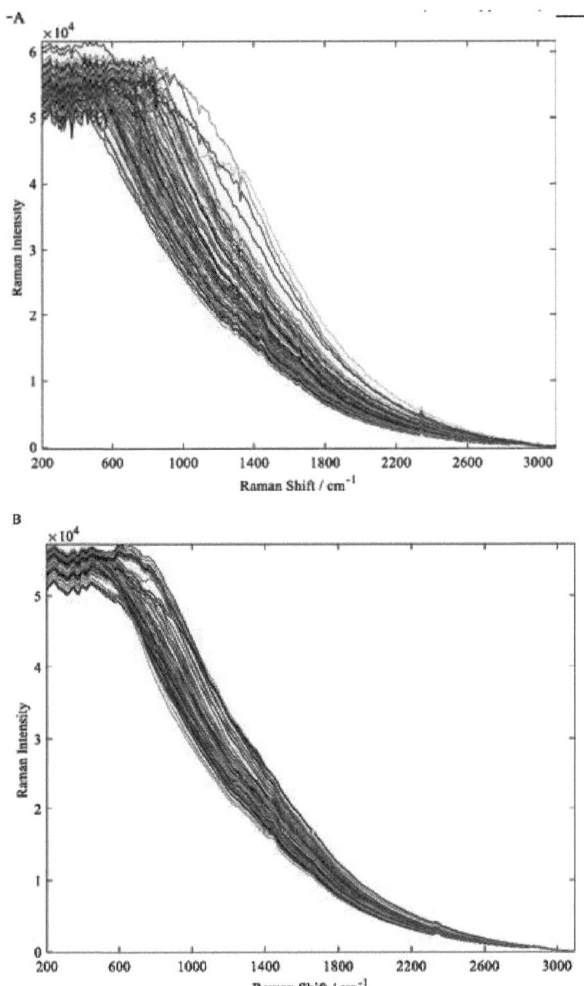

Figura 7.1 Espectros em bruto (A) e espectros pré-processados (B) de amostras de amendoim.

7.2.4 Pré-processamento de dados

Durante o processo de aquisição de dados, o ruído do instrumento, o estado da superfície da amostra e o ambiente circundante podem afetar os espectros Raman. Por conseguinte, o pré-processamento dos espectros brutos é crucial para melhorar a qualidade dos dados Raman antes da calibração do modelo. Foram explorados vários métodos de pré-processamento, incluindo savitzky-golay (SG), suavização de média móvel, correção de dispersão multivariada (MSC) e variação normal padrão (SNV), juntamente com várias combinações destes métodos. O algoritmo SG divide um espetro em n pontos com intervalos de comprimento de onda iguais e regista-os como um conjunto X, utilizando pontos de comprimento de onda de Xm-2, Xm-1, Xm, Xm + 1 e Xm + 2 em vez de Xm, e movendo depois sequencialmente a janela até o espetro estar

137

completamente percorrido. O algoritmo MSC calcula o espetro médio de todos os espectros, utiliza o espetro médio como espetro padrão, efectua operações de regressão em cada espetro com o espetro padrão e, em seguida, obtém o desvio linear e o desvio de inclinação de cada espetro em relação ao espetro padrão. Subtrair o desvio linear de cada espetro original e, em seguida, dividir pelo desvio de inclinação para corrigir os dados espectrais originais sob a referência do espetro padrão. O algoritmo SNV subtrai o valor médio dos dados espectrais originais e, em seguida, divide-o pelo desvio padrão, a fim de reduzir o efeito de multiplicação de todo o espetro causado pela dispersão, tamanho das partículas e alterações de multicolinearidade. O objetivo era encontrar a combinação ideal de técnicas de pré-processamento. Em última análise, a combinação de suavização de média móvel e SG foi considerada o melhor método de pré-processamento. Os espectros Raman pré-processados são apresentados na figura 7.1B.

7.2.5 Métodos de seleção de variáveis

7.2.5.1.   Mínimos quadrados parciais com intervalo recuado

O método dos mínimos quadrados parciais de intervalo recuado (BiPLS) divide o espetro uniformemente em N sub-intervalos [22]. Um desses intervalos é removido, e os modelos de regressão linear PLS são construídos usando os N-1 sub-intervalos restantes. O primeiro subintervalo excluído é então substituído por cada um dos N-1 subintervalos utilizados no modelo PLS, e a estabilidade e a precisão de previsão destes submodelos são avaliadas com base no princípio da minimização da raiz do erro quadrático médio da validação cruzada (RMSECV). O submodelo mais estável é selecionado como o primeiro modelo BiPLS. De seguida, o processo é repetido para os restantes N-1 sub-intervalos até restar apenas um sub-intervalo. Finalmente, dos sub-modelos construídos, o que tiver o menor RMSECV é escolhido como o modelo BiPLS fundamental, e este sub-intervalo representa o subconjunto ótimo de variáveis de comprimento de onda.

7.2.5.2.   Análise populacional de combinação de variáveis

A análise populacional de combinação de variáveis (VCPA) é uma técnica frequentemente utilizada para selecionar variáveis em dados espectrais [23]. O processo de execução resumido deste método é o seguinte:

1. Amostragem de matriz binária (BMS): gera diversos subconjuntos de combinações de variáveis utilizando um método de amostragem de matriz binária.

2. Análise da população de modelos (MPA) e avaliação RMSECV: Os subconjuntos de combinações de variáveis são avaliados utilizando a MPA e o RMSECV no conjunto de treino.

3. Remoção de coeficientes da função exponencial decrescente (EDF): Os coeficientes com valores absolutos relativamente pequenos no modelo PLS são removidos com base na EDF.

4. Seleção óptima do subconjunto: O subconjunto com o valor RMSECV mais baixo é escolhido como o resultado final da seleção de variáveis.

Nesta investigação, o VCPA é utilizado para otimizar as variáveis de caraterísticas no BiPLS. O processo de otimização envolve a execução do BMS

1000 vezes e do EDF 50 vezes. Simultaneamente, a quota óptima do subconjunto é fixada em 0,1, o que significa que os melhores 10% dos clusters do submodelo em valores RMSECV são extraídos das variáveis de caraterística.

7.2.6 Mínimos quadrados parciais

O método dos mínimos quadrados parciais (PLS) é um método de calibração linear bem estabelecido na análise espetral moderna e tem tido uma aplicação generalizada, tornando-se um método padrão de calibração de modelos em espetroscopia [24]. O conceito de modelização do algoritmo PLS envolve a extração do primeiro componente principal das matrizes de variáveis independentes e dependentes, o cálculo da covariância, a extração do segundo componente principal, e assim por diante. Este processo continua até se obter uma série de componentes principais. Finalmente, com base nos resultados da validação cruzada, é estabelecido o modelo final de análise de previsão de regressão quantitativa por mínimos quadrados parciais. O PLS combina as funcionalidades essenciais da análise de regressão linear múltipla, da análise de correlação canónica e da análise de componentes principais. É particularmente adequado para situações em que existe multicolinearidade entre as variáveis.

7.2.7 Avaliação do modelo

Nesta investigação, o desempenho das metodologias de seleção de variáveis BiPLS e VCPA foi avaliado utilizando uma abordagem de validação cruzada de cinco vezes. Esta abordagem visava determinar a melhor quantidade de componentes principais, com o RMSECV mínimo a servir de base para a seleção de variáveis. Além disso, para a avaliação do desempenho do modelo PLS optimizado, o estudo utilizou métricas como a raiz do erro quadrático médio de correção (RMSEC), o coeficiente de calibração (R_C), a raiz do erro quadrático médio de previsão (RMSEP), o coeficiente de previsão (R_P) e o desvio percentual relativo (RPD). As suas respectivas expressões computacionais são as seguintes

$$RMSEC = \sqrt{\frac{\sum_{i=1}^{n_c}(y_i-\hat{y}_i)^2}{n_c}} \qquad (7.1)$$

$$R_C = \sqrt{1 - \frac{\sum_{i=1}^{n_c}(y_i-\hat{y}_i)^2}{\sum_{i=1}^{n_c}(y_i-\bar{y}_i)^2}} \qquad (7.2)$$

$$RPD = \frac{SD}{RMSEP} \qquad (7.3)$$

Nas expressões acima, y_t, % y_t representam os valores medidos do conjunto de calibração, os valores previstos e o valor médio do conjunto de calibração, respetivamente. n_c representa o tamanho das amostras no conjunto de calibração, enquanto SD representa o desvio padrão do conjunto de previsão.

7.3 Resultados e discussão

7.3.1 Divisão do conjunto de dados

Antes da modelação, o conjunto de dados foi dividido em conjuntos de calibração e de previsão com um rácio de 4:1. Para garantir a validade dos resultados do modelo, foram aplicadas as seguintes regras para a divisão dos dados. Inicialmente, todas as amostras de amendoim foram classificadas por ordem crescente com base nos seus valores de referência AFB1. Em seguida, foram colhidas cinco amostras e a amostra do meio de cada grupo de cinco foi colocada no conjunto de previsão, enquanto as restantes quatro amostras foram afectadas ao conjunto de calibração. O resultado foi um conjunto de correção de 80 amostras e um conjunto de previsão de 20 amostras. A Tabela 7.1 apresenta os resultados estatísticos do particionamento do conjunto de dados. A partir do quadro 7.1, pode observar-se que não existem diferenças significativas na média e no DP do teor de AFB1 entre os conjuntos de calibração e de previsão. Além disso, os valores mínimo e máximo do conjunto de previsão são inferiores aos do conjunto de calibração. Consequentemente, o esquema de partição das amostras é considerado adequado.

Quadro 7.1 Resultados das medições de referência do conjunto de calibração e do conjunto de previsão do teor de AFB1 em amendoins.

SubconjuntosNúmero	de amostrasMáximo/pg-kg-1	Mínimo/gg-kg^{-1}	Média/gg-kg-1	DP/gg-kg-1
Calibration	set80290.	01612. 1207124.	1517114.1116	
Prediction	set20287.	72802. 2667124.	0264116.2538	

7.3.2 Resultados e contraste de diversas abordagens de seleção de variáveis

7.3.2.1. Resultados da seleção de variáveis BiPLS

Durante a redução da dimensionalidade dos dados e a modelação em toda a gama espetral, pode existir alguma informação espetral nos espectros Raman que não esteja relacionada com o teor de AFB1 nos amendoins bolorentos. Isto não só afecta a precisão do modelo, como também tem impacto na velocidade de cálculo. Por conseguinte, neste estudo, o algoritmo BiPLS foi utilizado para dividir a gama espetral completa em diferentes intervalos. Em seguida, o intervalo com a melhor correlação foi selecionado como resultado da redução da dimensionalidade dos dados. O número de intervalos para a divisão tem um impacto significativo nos resultados. Um número demasiado reduzido de intervalos pode ignorar algumas regiões espectrais significativas com informações úteis, enquanto um número demasiado elevado de intervalos pode introduzir demasiadas variáveis redundantes, conduzindo a uma redução da precisão do modelo. Para selecionar o número ideal de intervalos para a divisão, o estudo explorou uma gama de 10 a 40 intervalos com um intervalo de 1 e registou os valores RMSECV mínimos e os números de intervalos correspondentes. Os resultados são apresentados na Figura 7.2A. A partir do gráfico, pode observar-se que diferentes números de intervalos no algoritmo BiPLS têm impacto nos resultados do modelo. Quando os dados espectrais completos são divididos em 35 intervalos, o algoritmo produz o RMSECV mais baixo, indicando que 35 é o número ideal de intervalos. Depois de dividir o espetro completo em 35 intervalos, foi efectuada a modelação conjunta desses intervalos, e os resultados são apresentados na Figura 7.2B. O gráfico mostra que, ao utilizar uma combinação de 7 intervalos para modelação, o valor mínimo de RMSECV é 37,0326, com 580 variáveis espectrais selecionadas.

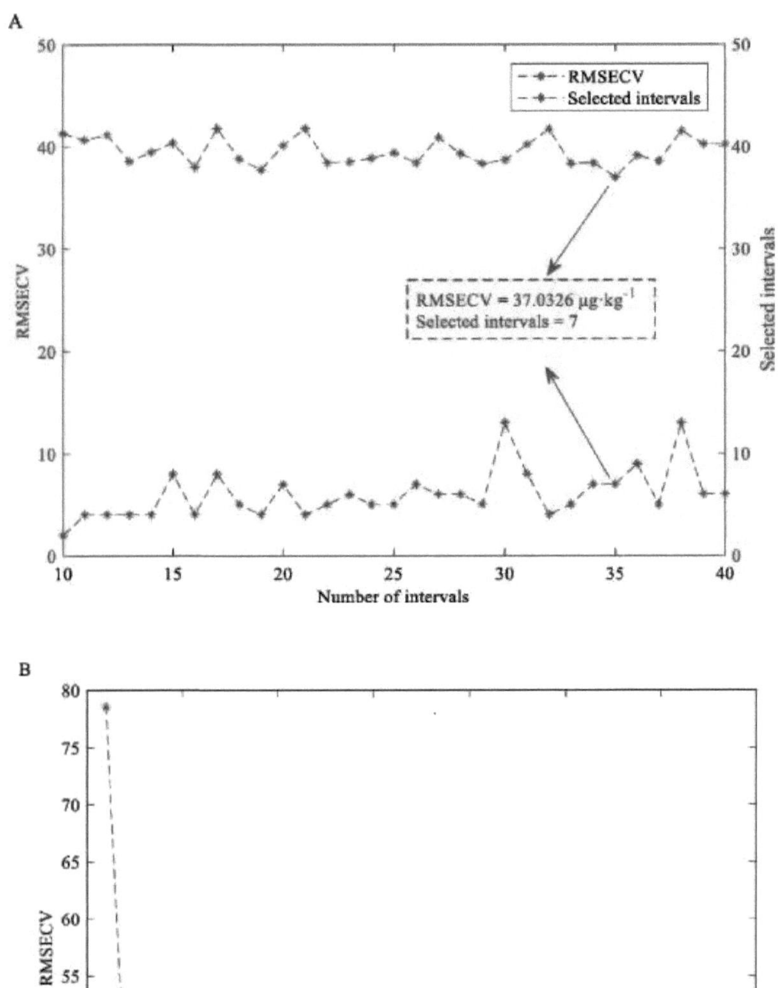

Figura 7.2 Os resultados da otimização do número de intervalos do método BiPLS (A) e o número de intervalos selecionado (B).

7.3.2.2. Resultados da seleção de variáveis VCPA

O rastreio de 580 variáveis utilizando o método BiPLS continua a ser um grande desafio, uma vez que ainda estão presentes algumas variáveis interferentes. Por

141

conseguinte, é necessária uma maior otimização dos resultados obtidos. O estudo pretende utilizar o método VCPA para uma seleção mais aprofundada das caraterísticas, uma vez que este pode eliminar em grande medida as variáveis ineficazes. Como este método envolve aleatoriedade durante a execução, o estudo será executado 50 vezes e os resultados serão analisados estatisticamente. A Figura 7.3 indica os resultados de desempenho do subconjunto obtido utilizando o método VCPA no conjunto de previsão baseado nos resultados do BiPLS. A partir do gráfico, é evidente que o subconjunto de caraterísticas obtido pelo VCPA apresenta algumas variações. No entanto, não apresenta flutuações significativas no conjunto de previsão, o que indica que a fiabilidade do método está assegurada.

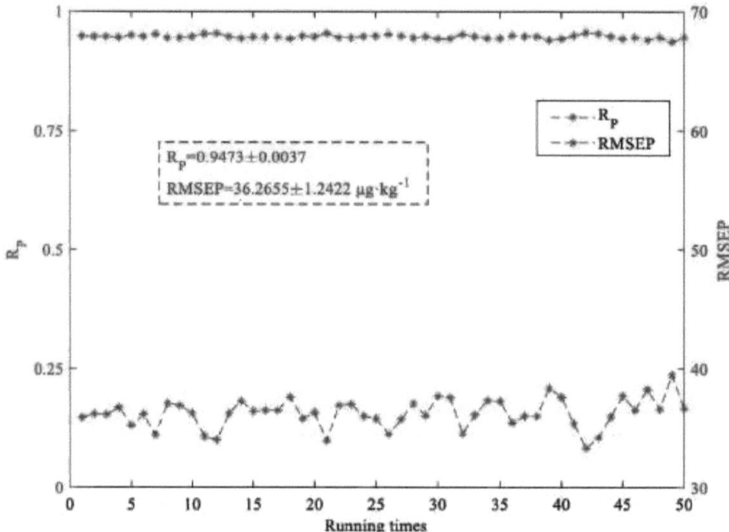

Figura 7.3 Resultados da previsão para o conjunto de caraterísticas VCPA no conjunto de previsão.

Além disso, a observação da Figura 7.3 revela que o método VCPA atinge um valor médio de $_{RP}$ de 0,9473 e um desvio padrão de 0,0037 no conjunto de previsões. O valor médio do RMSEP é de 36,2655pg-kg^{-1} , com um DP de 1,2422. Em geral, o modelo VCPA-PLS demonstra uma precisão de deteção favorável e estabilidade no conjunto de previsão. Nomeadamente, o modelo PLS estabelecido com o 42.º subconjunto de caraterísticas apresenta a $_{RP}$ mais elevada e o RMSEP mais baixo. Por conseguinte, o estudo considera que este modelo é o modelo PLS ótimo.

7.3.2.3. Comparar e analisar diferentes modelos optimizados

Para validar a eficácia da seleção de caraterísticas, o estudo também estabeleceu um modelo de deteção PLS de espetro total. A combinação da validação cruzada de cinco vezes e a soma de quadrados de erro preditivo mínimo (PRESS) foi utilizada para determinar o número optimizado de componentes principais para cada modelo de deteção. A Figura 7.4 mostra os resultados da otimização de cada modelo. A partir da Figura 7.4, é possível observar que o processo de otimização dos componentes principais para os modelos Full e BiPLS segue um padrão semelhante. Inicialmente, o valor de PRESS diminui à medida que o número de componentes principais aumenta. Em seguida, com o aumento do número de componentes principais, o valor de PRESS começa a aumentar. Este padrão ocorre porque, dentro de um determinado intervalo de componentes principais, a entrada de informação efectiva aumenta a precisão de deteção do modelo. No entanto, à medida que o número de componentes principais continua a aumentar, o modelo pode enfrentar o risco de sobreajuste. Por conseguinte, podemos concluir que a seleção de caraterísticas é eficaz. Com base nos resultados do gráfico, o número ótimo de componentes principais para os modelos Completo, BiPLS e BiPLS-VCPA é definido como 14, 7 e 7, respetivamente.

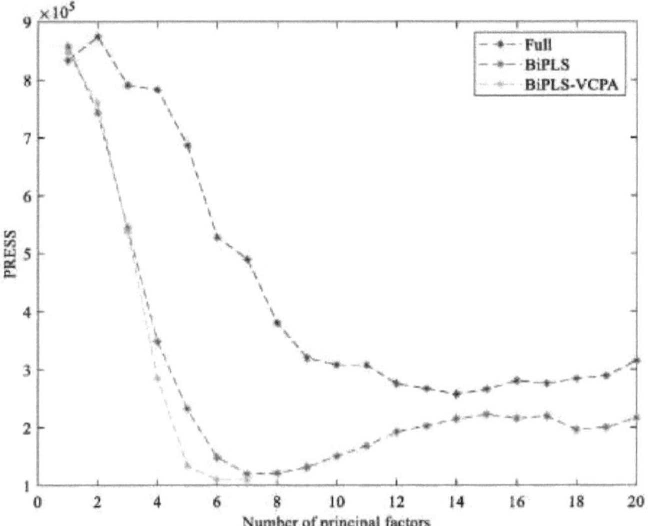

Figura 7.4 Resultados da otimização do número de factores principais do modelo PLS.

A Tabela 7.2 apresenta os resultados estatísticos dos modelos de deteção óptimos estabelecidos utilizando diferentes algoritmos de otimização. A partir da Tabela 7.2, é possível observar que os modelos de deteção baseados na otimização de caraterísticas apresentam melhorias tanto no conjunto de calibração como no de previsão, indicando a necessidade de seleção de caraterísticas. Especificamente, o modelo BiPLS utiliza 580 caraterísticas de entrada, que representam aproximadamente 20% de todas as caraterísticas, demonstrando que este método elimina efetivamente uma parte significativa das variáveis redundantes. O seu desempenho no conjunto de previsões mostra um aumento de aproximadamente 0,02 na R_P e uma redução de cerca de 6 no RMSEP em comparação com o modelo completo. O modelo BiPLS-VCPA supera os modelos completo e BiPLS no conjunto de previsões, apresentando uma R_P superior em cerca de 0,03 e 0,01 e um RMSEP inferior em cerca de 10 e 6,

143

respetivamente. Entretanto, o modelo BiPLS-VCPA tem o melhor RPD, que é 0,8 e 0,4 superior aos modelos Completo e BiPLS, respetivamente. Por conseguinte, o modelo BiPLS-VCPA destaca-se como o modelo de deteção ótimo entre os modelos estabelecidos. Além disso, este modelo utiliza apenas nove caraterísticas de entrada, o que representa cerca de 0,3 % de todas as caraterísticas. Esta redução significativa do número de caraterísticas simplifica muito a complexidade do modelo, ao mesmo tempo que aumenta a sua precisão de previsão.

Tabela 7.2 Resultados óptimos em modelos PLS com diferentes métodos de seleção de variáveis.

Modelos	Variáveis/cm^{1}	Principais factores	RMSEC/gg-kg^{-1}	R_C	RMSEP/gg-kg^{-1}	R_P	RPD
Completo	200-3100	14	33.5852	0.9551	43.2730	0.9242	2.6865
BiPLS	1080-1245, 1578-1826, 1993-2075, 2656-2737	7	32.5027	0.9580	37.1167	0.9448	3.1321
BiPLS-VcPA	1087, 1119, 1607, 1669, 1136, 1672, 1738, 1802, 2725	7	30.7105	0.9626	33.3147	0.9558	3.4896

A análise dos resultados obtidos revela que a extração de caraterísticas espectrais tem sido um foco central neste campo de investigação. Nos últimos anos, a adoção de uma estratégia híbrida como método de extração de caraterísticas em duas etapas tem ganho cada vez mais popularidade devido às suas vantagens inerentes. Em primeiro lugar, a abordagem de extração de caraterísticas em duas etapas permite a integração abrangente da informação das caraterísticas. Ao utilizar dois métodos diferentes para a extração de caraterísticas, podemos aproveitar sinergicamente os pontos fortes de cada método, complementando e melhorando as suas capacidades de extração de caraterísticas. Os diferentes métodos podem captar informações valiosas de diversas perspectivas e espaços de caraterísticas. Ao combiná-los, podemos fornecer uma representação mais abrangente e precisa dos dados, melhorando assim a precisão e a robustez da extração de caraterísticas. Em segundo lugar, a estratégia híbrida ajuda a eliminar as caraterísticas redundantes. Durante o processo de extração de caraterísticas, os dois métodos podem produzir conjuntos distintos de caraterísticas. Ao combinar os seus resultados, podemos filtrar e eliminar eficazmente as caraterísticas redundantes. Certas caraterísticas podem ter uma importância elevada num método, enquanto a sua influência pode não ser tão pronunciada no outro método. Se considerarmos os resultados de ambos os métodos, podemos selecionar e reter com maior precisão as caraterísticas mais informativas, reduzindo simultaneamente o impacto das caraterísticas redundantes. Em conclusão, o estudo considera o modelo BiPLS-VCPA como o modelo de previsão ideal para a deteção de AFB1 em amendoins com bolor. Este modelo aproveita os pontos fortes do BiPLS e do VCPA, proporcionando uma previsão mais precisa e fiável do teor de AFB1 nos amendoins. A estratégia híbrida do método de extração de caraterísticas em duas fases revela-se uma abordagem poderosa nesta investigação e é muito promissora para futuras aplicações neste domínio.

7.4 Resumo

Este estudo propõe uma estrutura de deteção quantitativa baseada na espetroscopia Raman para AFB1 em amendoins, utilizando uma abordagem de otimização de caraterísticas em duas fases. Os métodos BiPLS e VCPA são utilizados como técnicas de otimização de caraterísticas na primeira e segunda etapas para selecionar os comprimentos de onda mais eficazes, simplificando assim o modelo e melhorando a sua precisão. A estrutura é validada através da recolha de espectros Raman de amostras de amendoim mofado na gama de comprimentos de onda de 200-3100cm-1. Os resultados demonstram que o modelo BiPLS-VCPA, baseado na otimização em duas fases, atinge o melhor desempenho de deteção. Produz um $_{RP}$ superior a 0,95 no conjunto de previsão, satisfazendo os requisitos de deteção. Além disso, as caraterísticas efectivas obtidas são limitadas a apenas 9, reduzindo significativamente a complexidade do modelo. Estes resultados indicam que o modelo de deteção estabelecido pode ser utilizado com êxito para a deteção de AFB1 em amendoins com bolor. Além disso, o método de extração de caraterísticas em duas fases proposto oferece uma nova abordagem à seleção dos comprimentos de onda das caraterísticas espectrais. O estudo apresenta uma nova via para melhorar a eficiência e a precisão da seleção de comprimentos de onda de caraterísticas.

Referências

[1]   Y. Dong, L. Wang, D. Cai, C. Zhang, S. Zhao, Risk assessment on dietary exposure to aflatoxin B1, heavy metals and phthalates in peanuts, a case study of Shandong province, China, J. Food Compos. Analy. 120 (2023) 105359.

[2]   L. Wang, Q. Yang, H. Zhao, Identificação sub-regional de amendoins da província de Shandong da China com base na espetroscopia de infravermelhos por transformada de Fourier (FT-IR), Food Control 124 (2021) 107879.

[3]   D. Yuan, J. Jiang, Z. Gong, C. Nie, Y. Sun, Identificação de amendoins mofados com base em imagens hiperespectrais e rede neural convolucional centrada no ponto combinada com seleção de caraterísticas incorporadas, Comput. Electron. Agric. 197 (2022) 106963.

[4]   D. Xu, M. Wei, S. Peng, H. Mo, L. Huang, L. Yao, L. Hu, Cuminaldehyde in cumin essential oils prevents the growth and aflatoxin B1 biosynthesis of Aspergillus flavus in peanuts, Food Control 125 (2021) 107985.

[5]   Z. Liu, Z. Cao, J. Wang, B. Sun, Chlorine dioxide fumigation: Uma tecnologia eficaz com potencial de aplicação industrial para reduzir o teor de aflatoxina em amendoins e produtos de amendoim, Food Control 136 (2022) 108847.

[6]   M. Lv, F. Li, Y. Du, X. Guo, P. Zhang, Y. Liu, Ratiometric electrochemical aptasensor for AFB1 detection in peanut and peanut products, Int. J. Electrochem. Sci. 18 (2023) 9-15.

[7]   T. Liu, H. Jiang, Q. Chen, A otimização das caraterísticas de entrada e dos parâmetros melhorou a precisão da previsão dos modelos de regressão de vectores de apoio baseados em dados de sensores colorimétricos para a deteção de aflatoxina B1 no milho, Microchem. J. 178 (2022) 107407.

[8]   S.E.A. Ali Ahmed, A. Ahmed Elbashir, Determinação de aflatoxinas em produtos de amendoim e amendoim no Sudão usando AflaTest® e HPLC, Memorias del Instituto de Investigaciones en Ciencias de la Salud, 14 (2016) 35-39.

[9]   Z.-H. Xu, J.-K. Wang, Q.-X. Ye, L.-F. Jiang, H. Deng, J.-F. Liang, R.-X. Chen, W. Huang, H.-T. Lei, Z.-L. Xu, L. Luo, Highly selective monoclonal antibody-based fluorescence immunochromatographic assay for the detection of fenpropathrin in vegetable and fruit samples, Anal. Chim. Ata 1246 (2023) 340898.

[10] J. Deng, H. Jiang, Q. Chen, Determinação da aflatoxina B1 (AFB1) no milho com base num sistema portátil de espetroscopia Raman e análise multivariada, Spectrochim Ata A Mol Biomol Spectrosc 275 (2022) 121148.

[11] A. Sanaeifar, X. Li, Y. He, Z. Huang, Z. Zhan, Uma abordagem de fusão de dados em microspectroscopia confocal Raman e nariz eletrónico para avaliação quantitativa de resíduos de pesticidas no chá, Biosyst. Eng. 210 (2021) 206-222.

[12] H.M.H. Khan, U. McCarthy, K. Esmonde-White, I. Casey, N. O'Shea, Potential of Raman spectroscopy for in-line measurement of raw milk composition, Food Control 152 (2023) 109862.

[13] D.J. Park, O.D. Supekar, V.M. Bright, A.R. Greenberg, J.T. Gopinath, Raman spectroscopy for real-time concurrent detection of multiple scalants on RO membranes, Desalination 565 (2023) 116851.

[14] J.-I. Ishihara, H. Takahashi, Raman spectral analysis of microbial pigment compositions in vegetative cells and heterocysts of multicellular cyanobacterium, Biochem. Biophys. Rep. 34 (2023) 101469.

[15] D.P. Freitas, F.N.N. Pansini, A.J.C. Varandas, Clusters lineares e cíclicos de (HCN)n: Um estudo DFT dos espectros IR e Raman, Chem. Phys. Lett. 828 (2023) 140734.

[16] L. Wu, X. Tang, T. Wu, W. Zeng, X. Zhu, B. Hu, S. Zhang, Uma revisão sobre o progresso atual das técnicas baseadas em Raman na segurança alimentar: Da espetroscopia Raman normal ao SESORS, Food Res. Int. 169 (2023) 112944.

[17] Y. Wu, D. Zhu, X. Wang, rede neural profunda aprimorada por aprendizado contrastivo com regularização serial para dados tabulares de alta dimensão, Expert Syst. Appl. 228 (2023) 120243.

[18] S. Thudumu, P. Branch, J. Jin, J. Singh, Uma pesquisa abrangente de técnicas de deteção de anomalias para grandes dados de alta dimensão, Journal of Big Data 7 (2020) 7-42.

[19] J. Li, J. Deng, X. Bai, D.D.G.N. Monteiro, H. Jiang, Análise quantitativa da aflatoxina B1 do amendoim através de modelos optimizados de máquinas de vectores de suporte baseados em caraterísticas espectrais no infravermelho próximo, Spectrochim. Ata A Mol. Biomol. Spectrosc. (2023) 123208.

[20] M. Zhao, H. Jiang, Q. Chen, Identificação de procimidona em óleos de colza com base na tecnologia de visualização olfactiva, Microchem. J. 193 (2023) 109055.

[21] W. Jiang, C. Lu, Y. Zhang, W. Ju, J. Wang, M. Xiao, Seleção de comprimento de onda espetroscópico molecular usando mínimos quadrados parciais de intervalo combinado e otimização de coeficiente de correlação, Anal. Methods 11 (2019) 3108-3116.

[22] J. Liu, S. Jin, C. Bao, Y. Sun, W. Li, Determinação rápida de lignocelulose em palha de milho com base em espetroscopia de reflectância no infravermelho próximo e métodos quimiométricos, Bioresour. Technol. 321 (2021) 124449.

[23] M. Zhao, H. Jiang, Q. Chen, Determinação dos níveis residuais de procimidona no óleo de colza utilizando espetroscopia de infravermelhos próximos combinada com análise multivariada, Infrared Phys. Technol. 133 (2023) 104827.

[24] Z. Xie, X.A. Feng, X. Chen, Partial least trimmed squares regression, Chemom. Intel. Lab. Syst. 221 (2022) 104486.

Capítulo 8

Previsão da aflatoxina B1 no óleo de amendoim prensado

8.1 Introdução

As aflatoxinas são os metabolitos de Aspergillus flavus e Aspergillus parasiticus, e existem em grãos mofados, plantas oleaginosas e alimentos feitos a partir de grãos e plantas oleaginosas [1]. Existem vários isómeros de aflatoxina, entre os quais a aflatoxina B1 (AFB1) é a mais tóxica e cancerígena, e a sua toxicidade aguda é 10 vezes superior à do cianeto de potássio, que pode causar cancro do fígado, do estômago e dos rins em seres humanos e animais [2]. Em 1993, a AFB1 foi classificada como agente cancerígeno do Grupo I pelo Centro Internacional de Investigação do Cancro (CIIC). A estrutura química da AFB1 é muito estável e só pode ser decomposta quando aquecida a 268 °C, sendo difícil eliminá-la através de métodos normais de transformação de alimentos [3]. Uma vez que o AFB1 entra no corpo humano, causa grandes danos à saúde humana [4]. Em circunstâncias normais, os óleos comestíveis raramente contêm aflatoxinas. Quando as plantas oleaginosas não são armazenadas corretamente, ocorre bolor, resultando em AFB1 na matéria-prima que permanece no óleo comestível prensado, resultando em AFB1 no óleo comestível [5]. Na China, não são raros os incidentes de AFB1 que excedem a norma no óleo comestível. Muitos comerciantes sem escrúpulos e pequenas oficinas de extração de óleo utilizam ferramentas simples para extrair óleo de colza, óleo de amendoim, etc. Por um lado, o ambiente é simples e rudimentar, o artesanato é simples e o clima é húmido e quente. Por outro lado, a falta de tratamento de controlo de qualidade, como a triagem, a refinação alcalina e a adsorção de plantas oleaginosas, é propensa ao problema da AFB1 exceder a norma [6]. Por conseguinte, existe uma necessidade urgente de conseguir uma deteção rápida, por lotes e exacta da AFB1 em óleos alimentares.

Nos últimos anos, cientistas e investigadores de vários países propuseram muitos métodos de deteção de AFB1 nos alimentos [7-9]. Na China, "Limites de micotoxinas nos alimentos" (ou seja, GB 2761-2017) estipula que o valor-limite de AFBi no óleo de amendoim e no óleo de milho é de 20 pg/kg, e o valor-limite de AFBi noutros óleos e gorduras vegetais é de 10 pg/kg [10]. A "Determinação das Aflatoxinas do Grupo B e do Grupo G nos Alimentos" (ou seja, GB 5009.22-2016) fornece os métodos para a determinação da AFB1 nos alimentos [11], incluindo a cromatografia líquida de diluição isotópica-espetrometria de massa em tandem, a cromatografia líquida de alta resolução-derivação pré-coluna, a cromatografia líquida de alta resolução-derivação pós-coluna, etc. Os métodos acima referidos são todos métodos de deteção laboratorial e o processo de pré-tratamento da amostra é complicado, o tempo de deteção é longo e o custo é elevado, sendo difícil satisfazer as necessidades de deteção rápida no local. Por conseguinte, é particularmente necessário estabelecer um método de deteção rápido, ecológico e exato da AFB1 no óleo alimentar.

A espetroscopia Raman utiliza a dispersão inelástica para analisar a amostra, a amostra não necessita de pré-tratamento e o instrumento é simples e cómodo de utilizar [12]. Nos últimos anos, a espetroscopia Raman combinada com métodos quimiométricos tem sido amplamente utilizada nos domínios da identificação de variedades, da análise da qualidade e da deteção de adulterações de óleos alimentares [13-18]. No entanto, na deteção de micotoxinas em óleos alimentares [19], a investigação existente utilizou a síntese de materiais de substrato altamente específicos para aumentar a intensidade de absorção de picos caraterísticos Raman específicos. Em seguida, foi estabelecido um modelo de regressão linear entre as variáveis de picos caraterísticos únicos ou múltiplos e as micotoxinas para efetuar a deteção quantitativa de micotoxinas no óleo alimentar. Para a investigação existente, por um lado, os investigadores precisam de ter conhecimentos específicos em ciência dos materiais e ciência molecular e, por outro lado, existe uma correlação linear elevada entre a intensidade de resposta do pico caraterístico e o teor de micotoxinas. No entanto, os dois requisitos acima referidos são difíceis de cumprir na deteção real no terreno, especialmente a relação linear entre as variáveis e os atributos do alvo. Por conseguinte, a espetroscopia Raman com reforço de superfície pode melhorar o limite de deteção de micotoxinas em estudos laboratoriais. No entanto, a maior parte da investigação existente diz respeito à deteção marcada, que não só impõe elevadas exigências aos investigadores, como também é difícil de satisfazer as necessidades da moderna tecnologia de deteção rápida.

Neste sentido, este estudo começou pela espetroscopia Raman propriamente dita, partindo da preparação do óleo de amendoim contaminado com aflatoxinas, recolhendo diretamente os espectros Raman das amostras de óleo de amendoim sem utilizar qualquer potenciador Raman. Em seguida, os espectros Raman recolhidos foram denotizados e os comprimentos de onda caraterísticos foram optimizados do ponto de vista do cálculo numérico utilizando métodos quimiométricos. Além disso, foram estabelecidos modelos quimiométricos baseados nas variáveis de comprimento de onda caraterísticos optimizados para realizar a deteção quantitativa de AFB1 no óleo de amendoim, de modo a satisfazer as necessidades de deteção quantitativa rápida de AFB1 no óleo comestível. Por último, os resultados obtidos no nosso estudo foram comparados com os de estudos existentes que utilizaram modelos quimiométricos construídos a partir de caraterísticas Raman calculadas teoricamente ou obtidas empiricamente.

8.2 Materiais e métodos

8.2.1 Preparação de amostras de óleo de amendoim

Em primeiro lugar, foram adquiridos 50 kg de amendoins brancos (ou seja, grãos de amendoim naturalmente secos) num supermercado local, com origem em Henan, na China. O amendoim branco (Arachis hypogaea L.) utilizado na experiência foi o Kai Nong Bai n.º 2. Os grãos de amendoim comprados foram depois colocados numa média de 4 caixas de cartão que absorvem a humidade, inserindo termómetros e higrómetros. A fim de melhorar o processo do míldio do amendoim, foi regularmente pulverizada água todos os dias para manter a humidade no cartão a cerca de 85% e a temperatura a 26-30 °C.

Ao preparar amostras de óleo de amendoim contaminado com aflatoxina (50 mL), foram colhidas amostras de amendoim (600 g) de diferentes posições em quatro caixas de cartão de duas em duas semanas, e as amostras de amendoim colhidas foram colocadas numa estufa de secagem a 100 °C durante 20 min. Em seguida, a prensa de óleo foi ligada e pré-aquecida durante 30 minutos antes da extração do óleo (o óleo de amendoim cru prensado é mostrado na Figura 8.1A). Neste estudo, o óleo de amendoim bruto prensado foi submetido a três etapas de filtração, precipitação e centrifugação. Primeiro, o óleo de amendoim prensado foi passado através de um filtro (aço inoxidável) para filtrar o resíduo de óleo. De seguida, o óleo de amendoim filtrado foi deixado durante 12 horas e o sobrenadante foi retirado para obter o óleo em bruto. Em seguida, o óleo em bruto foi colocado numa centrífuga de alta velocidade TGL-16M (Hunan Xiangyi Centrifuge Instruments Co., Ltd., Changsha, China) e centrifugado a 11 000 r/min durante 10 min para obter as amostras de óleo de amendoim (como se mostra na Figura 8.1B). Finalmente, as amostras de óleo de amendoim preparadas foram armazenadas num frigorífico a 4 °C para utilização futura.

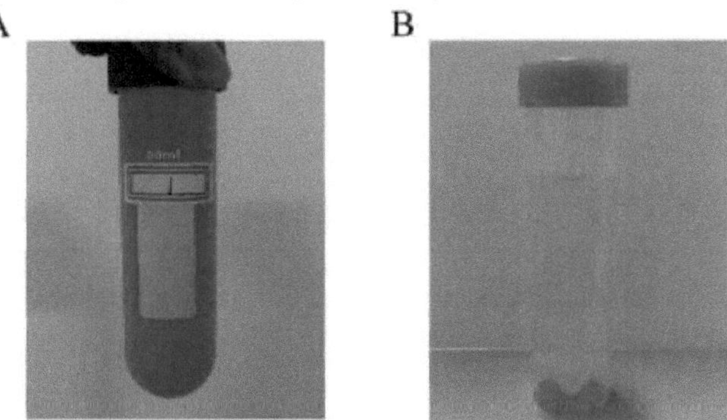

Figura 8.1 Óleo bruto (A) e óleo bruto após centrifugação (B) de uma amostra de óleo de amendoim.

8.2.2 Determinação da aflatoxina B1

Para determinar o teor de AFB1 nas amostras de óleo de amendoim preparadas, utilizou-se o primeiro método previsto na norma GB 5009.22-2016, ou seja, a cromatografia líquida de diluição isotópica-espetrometria de massa em tandem [11]. O processo de deteção foi, grosso modo, o seguinte: O AFB1 presente na amostra foi primeiro extraído com uma solução de acetonitrilo-água ou uma solução de metanol-água. Em seguida, o extrato foi diluído com uma solução tampão de fosfato contendo 1% de TritonX-100 e purificado e enriquecido por uma coluna de imunoafinidade. Finalmente, depois de a solução de purificação ter sido concentrada, fixada ao volume e filtrada, foi separada por cromatografia líquida e quantificada por espetrometria de massa em tandem e método isotópico de padrão interno.

8.2.3 Aquisição de espectros Raman

Neste estudo, o espetrómetro Raman a laser DXR (Thermo Fisher, Waltham, MA, EUA) foi utilizado para recolher os espectros Raman das amostras de óleo de amendoim e o software OMNIC (Thermo Fisher, Waltham, MA, EUA) foi utilizado para registar os dados espectrais das amostras de óleo de amendoim. Antes da aquisição espetral, os parâmetros do instrumento foram definidos da seguinte forma: O comprimento de onda da fonte de luz laser foi de 532 nm; a potência laser foi de 10 mW; a distância focal da ocular foi de 10X; o tempo de integração foi de 10 s, a gama de varrimento espetral foi de 100-3300 cm^{-1} , e a temperatura ambiente foi controlada a cerca de 20 °C.

Durante o processo de aquisição espetral, 0,5 pL de amostra de óleo de amendoim foram colocados na pastilha de silício com uma pipeta. Em seguida, a pastilha de silício foi colocada na plataforma experimental do espetrómetro Raman para a recolha espetral da amostra de óleo de amendoim. O botão de ajuste grosseiro do espetrómetro Raman foi ajustado lentamente para focar a objetiva na amostra. O software OMNIC foi utilizado para observar a imagem espetral da amostra na bancada. Em seguida, ajustámos o botão e efectuámos a varredura espetral final quando o espetro estava estável e o ruído era pequeno. Uma vez que a informação do pico espetral na gama de 8001800 cm^{-1} era rica e clara, os espectros nesta gama de comprimentos de onda foram estudados como os espectros Raman originais das amostras de óleo de amendoim, como se mostra na Figura 8.2.

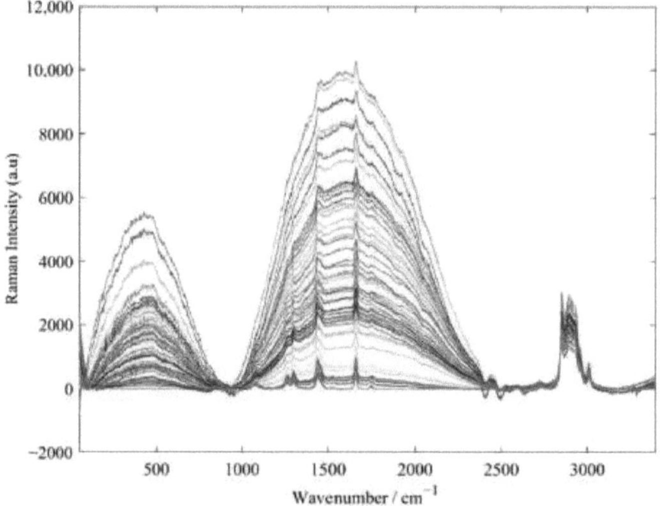

Figura 8.2 Espectros Raman em bruto de todas as amostras de óleo de amendoim.

8.2.4 Métodos de pré-tratamento espetral

Os espectros brutos adquiridos a partir dos espectrómetros Raman contêm normalmente informação de fundo e ruído, o que significa que os dados espectrais brutos devem ser pré-processados antes da calibração do modelo; caso contrário, podem causar grandes distorções na análise subsequente dos dados. Os métodos de pré-processamento espetral utilizados neste estudo foram os seguintes

(1) Transformada de Wavelet (transformada de wavelet, WT). A WT é uma

manipulação de tempo e frequência de uma classe de sinais. Nos domínios do tempo e da frequência, o sinal efetivo é contínuo, enquanto o ruído é discreto [20]. Por conseguinte, após a WT, o valor absoluto do coeficiente do sinal efetivo é maior, e o método do limiar pode ser utilizado para filtrar o sinal. Uma vez que as larguras dos ombros dos picos Raman são inconsistentes, é necessário selecionar parâmetros de wavelet adequados para obter um bom efeito de filtragem do ruído. Neste estudo, ao utilizar a WT para processar os espectros Raman, a função de base wavelet selecionou a função "sym5" e o nível de decomposição foi fixado em 5. O sinal espetral Raman foi decomposto e reconstruído utilizando as funções automáticas de redução de ruído "wden" e "minimaxi" dos limiares do sinal unidimensional para remover o sinal de ruído.

(2) Método de suavização Savitzky-Golay (SG). O SG, também conhecido como algoritmo de suavização polinomial, foi proposto por Savitzky e Golay e aplicado à suavização de dados e à filtragem de ruído. Quando o SG pré-processa os dados espectrais, depois de definir a largura da janela (que deve ser um número ímpar), é utilizado um polinómio para ajustar as variáveis espectrais na janela para prever a intensidade espetral no ponto de comprimento de onda central da janela [21]. À medida que a janela passa sobre os dados espectrais, o valor original no centro da janela é substituído pelo valor ajustado, resultando em dados suavizados [22]. Neste estudo, ao processar espectros Raman com o SG, a ordem polinomial e o tamanho da janela de suavização foram definidos como 3 e 19, respetivamente.

(3) Mínimos quadrados penalizados com reponderação iterativa adaptativa (airPLS). O airPLS calcula a linha de base espetral ajustando iterativamente os pesos dos mínimos quadrados penalizados [23]. Na solução iterativa, o peso permanece inalterado e o algoritmo efectua um ajuste adaptativo ao peso de fidelidade com base na diferença entre o espetro e a linha de base de ajuste da iteração anterior.

8.2.5 Métodos de seleção de variáveis

A amostragem reponderada adaptativa competitiva (CARS) baseia-se na regra da selva da sobrevivência do mais apto [24]. Utiliza uma função de decaimento exponencial (EDF) combinada com a amostragem reponderada adaptativa (ARS) para selecionar variáveis espectrais com grandes valores absolutos de coeficientes de regressão no modelo de calibração, eliminando simultaneamente variáveis com pesos pequenos. Durante este processo, a validação cruzada é utilizada para avaliar o valor do erro quadrático médio da validação cruzada (RMESCV) dos subconjuntos, e o subconjunto com o valor mais baixo é selecionado como o melhor subconjunto.

Neste estudo, o CARS foi utilizado para otimizar as caraterísticas espectrais Raman após o pré-processamento com validação cruzada 5 vezes. Quando o CARS estava a ser executado, o número de iterações foi definido como 5. Devido à aleatoriedade do algoritmo CARS, o estudo repetiu a execução do algoritmo CARS 50 vezes e registou os resultados da execução com o RMSECV mais pequeno como as variáveis de comprimento de onda de seleção final.

8.2.6 Mínimos quadrados parciais

A regressão por mínimos quadrados parciais (PLS) começa por combinar linearmente as variáveis originais para obter os seus componentes principais, ou seja, o número de factores PLS. Em seguida, a regressão linear múltipla é realizada utilizando o fator PLS como uma nova variável. O PLS tem a vantagem de poder efetuar a modelação da regressão mesmo quando as variáveis independentes estão linearmente correlacionadas, evitando os defeitos do sobreajuste ou da utilização insuficiente da informação espetral [25].

Neste caso, o PLS foi aplicado para construir um modelo de regressão do teor de AFB1 no óleo de amendoim com base na otimização das variáveis caraterísticas do comprimento de onda. Durante o processo de calibração do modelo, foi utilizado um método de validação cruzada de 5 vezes para determinar o número ótimo de factores PLS.

8.2.7 Avaliação do modelo

Neste estudo, a raiz do erro quadrático médio da validação cruzada (RMSECV) e o coeficiente de determinação da correção (Rc) foram utilizados para avaliar a precisão da deteção de diferentes modelos PLS, e a raiz do erro quadrático médio da previsão (RMSEP) e o coeficiente de determinação da previsão (Rp) para avaliar o desempenho da generalização de diferentes modelos PLS.

8.3 Resultados

8.3.1 Resultados do pré-tratamento espetral

A figura 8.3A mostra os espectros Raman brutos das amostras de óleo de amendoim recolhidas com diferentes níveis de contaminação por aflatoxinas, incluindo amostras não contaminadas (teor de AFB1 inferior ao limite nacional normalizado de 20 pg/kg), amostras ligeiramente contaminadas (teor de AFBi inferior a 20-100 pg/kg) e amostras fortemente contaminadas (teor de AFBi superior a 100 pg/kg). A figura 8.3A mostra que, com o aumento do grau de poluição, o teor de AFB1 no óleo de amendoim aumenta e a linha de base do espetro Raman da amostra desvia-se gradualmente, apresentando uma forma de "ponte em arco" e tornando-se cada vez mais evidente. Este facto pode dever-se à interferência de fluorescência cada vez mais forte causada pela forte contaminação do óleo de amendoim com bolor. Os factos acima referidos indicam que a deteção quantitativa de AFB1 no óleo de amendoim por espetroscopia Raman é viável. Além disso, o espetro Raman original apresenta grande ruído e desvio da linha de base, o que afecta seriamente a forma do espetro e terá um maior impacto no desempenho da subsequente construção do modelo. A Figura 8.3B mostra o espetro Raman após o pré-processamento e a normalização WT e airPLS. Em comparação com a Figura 8.3A, após o pré-processamento WT-airPLS, o fenómeno de rebarbas de ruído no espetro Raman é melhorado, o fenómeno de desvio da linha de base é basicamente eliminado e as caraterísticas do sinal são mais óbvias. A Figura 8.3C é o espetro Raman após o alisamento SG e o pré-processamento e normalização airPLS. Pode ver-se na Figura 8.3C que o fenómeno de rebarba do espetrograma após o alisamento SG ainda existe. Ou seja, a suavização SG não elimina completamente o ruído no espetro Raman com efeito de fluorescência, e o efeito da eliminação do ruído não é tão ideal como o pré-processamento do WT, o que pode ser claramente observado na Figura 8.3D. Além disso, comparando os efeitos do airPLS combinado com o alisamento SG e o WT, respetivamente, verificamos que a linha de base espetral Raman após o pré-processamento pelo WT-airPLS é mais próxima de 0. Por conseguinte, consideramos que o método de pré-tratamento combinado com o WT-airPLS pode eliminar eficazmente a informação de fundo irrelevante existente no espetro Raman original da amostra de óleo de amendoim.

8.3.2 Divisão das amostras do conjunto de calibração e do conjunto de previsão

A fim de garantir a racionalidade dos resultados do modelo, o estudo dividiu as 80 amostras de óleo de amendoim obtidas na experiência de acordo com as seguintes regras. Em primeiro lugar, as amostras foram reordenadas por ordem crescente do valor de AFB1. Em seguida, por ordem ordenada, a amostra do meio de cada cinco amostras foi incluída no conjunto de previsão e as outras quatro amostras foram incluídas no conjunto de calibração. Desta forma, o conjunto de calibração tinha 64 amostras de óleo de amendoim e o conjunto de previsão incluía 30 amostras de óleo de amendoim. O quadro 8.1 apresenta os resultados estatísticos do teor de AFB1 nas amostras de óleo de amendoim dos dois conjuntos de amostras. Como se pode ver no quadro 8.1, a média e o desvio-padrão do teor de AFB1 nas amostras de óleo de amendoim dos dois conjuntos de amostras não são significativamente diferentes, o valor mínimo do conjunto de previsão é superior ao valor mínimo do conjunto de calibração e o valor máximo do conjunto de previsão é inferior ao valor máximo do conjunto de calibração. Por conseguinte, a divisão das amostras do conjunto de calibração e do conjunto de previsão no presente estudo é razoável.

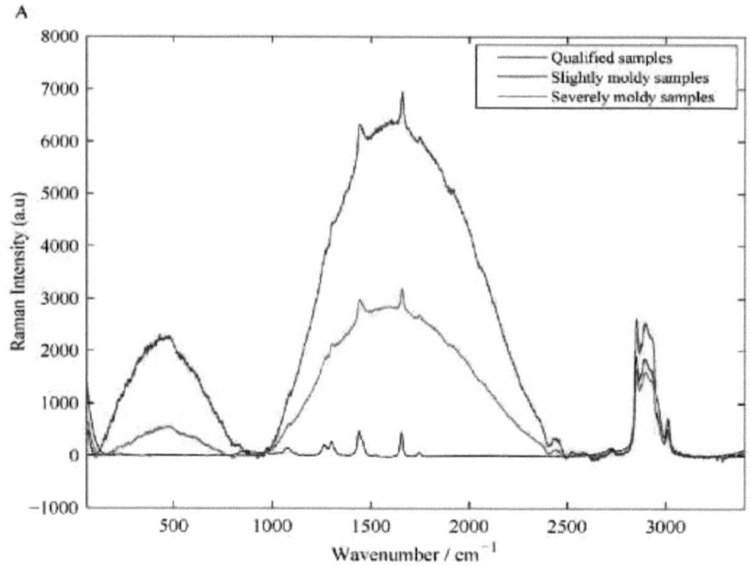
A
Raman Intensity (a.u)
8000
7000
6000
5000
4000
3000
2000
1000
0
-1000
Qualified samples
Slightly moldy samples
Severely moldy samples
500
1000
1500
2000
2500
3000
Wavenumber / cm^{-1}

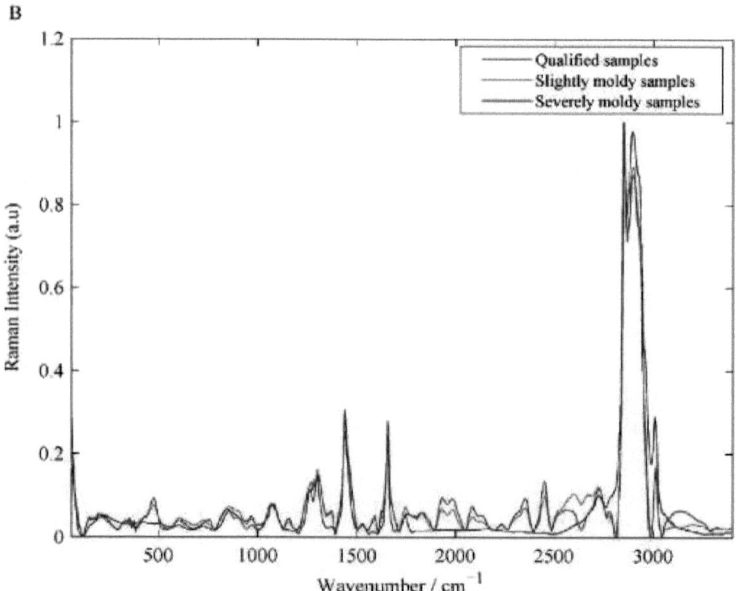
B
Raman Intensity (a.u)
1.2
1
0.8
0.6
0.4
0.2
0
Qualified samples
Slightly moldy samples
Severely moldy samples
500
1000
1500
2000
2500
3000
Wavenumber / cm^{-1}

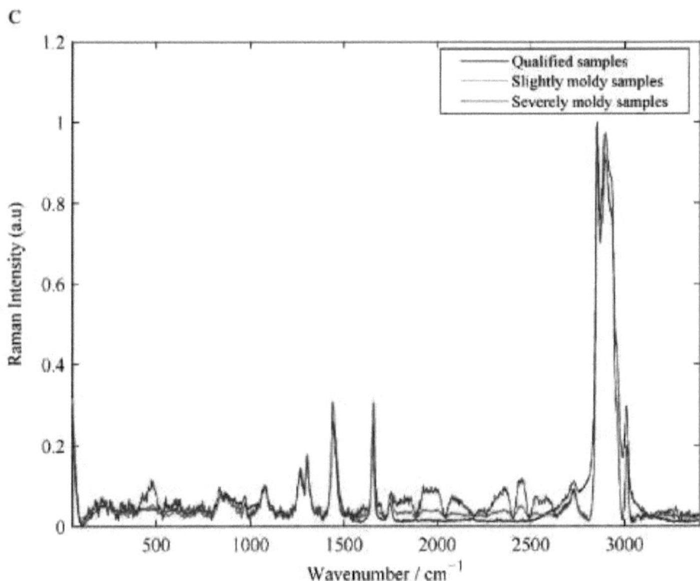

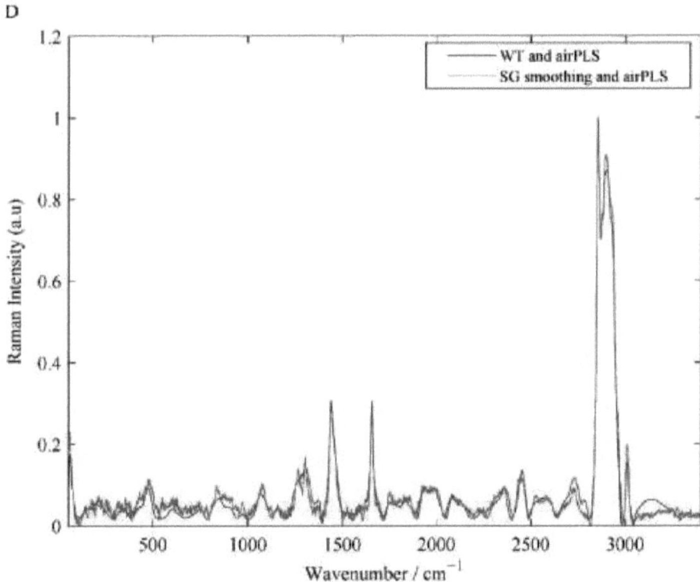

Figura 8.3 Espectros Raman após pré-tratamento. (A) Espectros Raman em bruto de diferentes graus de míldio; (B) Espectros Raman de diferentes graus de míldio após pré-tratamento com WT e airPLS; (C) Espectros Raman de diferentes graus de míldio após suavização SG e pré-tratamento airPLS; (D) Comparação dos espectros de dois métodos de pré-tratamento.

Tabela 8.1 Resultados estatísticos do valor AFB1 das amostras de óleo de amendoim no conjunto de calibração e no conjunto de previsão.

Conjuntos de	Número da	Máximo	Mínimo	Média	Desvio padrão

amostras	amostra	/pg-kg^{-1}	/pg-kg^{-1}	/pg-kg^{-1}	/pg-kg^{-1}
Conjunto de calibração	64	701.7	0.097	236.8	224.2
Conjunto de previsões	16	691.5	0.11	237.6	231.0

8.3.3 Resultados da seleção de caraterísticas pelo método CARS

A Figura 8.4 mostra os resultados da otimização das caraterísticas dos espectros Raman pré-processados pelo método CARS. A Figura 8.4A demonstra que, à medida que o número de amostras aumenta, o número de variáveis de comprimento de onda selecionadas diminui rapidamente na fase inicial, depois diminui lentamente e, por fim, estabiliza. Isto mostra que o algoritmo CARS tem dois processos de seleção grosseira e seleção fina no processo de otimização, o que pode melhorar a eficiência do algoritmo. A Figura 8.4B mostra que, com o aumento dos tempos de amostragem, o RMSECV começa por diminuir gradualmente até atingir o valor mais baixo e depois aumenta. Isto deve-se ao facto de o valor RMSECV diminuir devido à eliminação de uma grande quantidade de informação inútil no início, e depois o valor RMSECV aumentar devido à eliminação de alguma informação útil. A Figura 8.4C mostra os coeficientes de regressão das variáveis retidas após cada iteração do CARS. Quanto maior o coeficiente, maior a probabilidade de a variável correspondente ser deixada para trás, e a variável restante é considerada a variável-chave. Neste estudo, quando o CARS foi iterado 26 vezes, o valor RMSECV do modelo PLS estabelecido nas variáveis caraterísticas retidas atingiu o valor mínimo, que foi de 18,6 pg/kg^{-1} . Neste momento, o número de caraterísticas retidas pelo algoritmo CARS é de 77, representando cerca de 2,2% das variáveis espectrais originais, o que reduz consideravelmente a dimensão espetral e reduz a complexidade temporal e espacial da modelação subsequente.

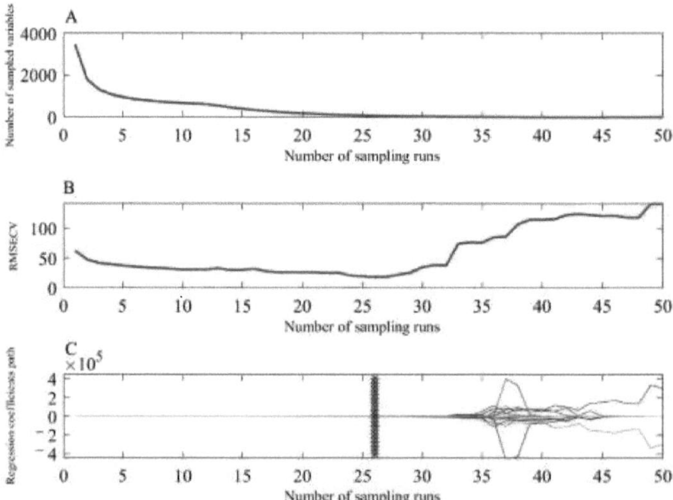

Figura 8.4 Resultados do método CARS com o aumento do número de amostragens. (A) o

variáveis; (B) valores RMSECV; (C) os coeficientes de regressão de cada variável.

8.3.4 Resultados dos modelos PLS construídos com base em caraterísticas optimizadas

Este estudo utilizou 77 caraterísticas espectrais Raman optimizadas pelo CARS para construir um modelo PLS para realizar a previsão do teor de AFB1 no óleo de amendoim. No processo de calibração do modelo, o número ótimo de factores PLS foi determinado com o valor RMSECV mais baixo. A Figura 8.5 mostra o gráfico de dispersão dos valores previstos do melhor modelo PLS baseado em 15 factores PLS e os valores medidos. Os valores RMSECV, R2C, RMSEP e R2P do modelo foram 28,1 pg/kg, 0,98, 22,6 pg/kg e =0,99. Os resultados mostram que é possível aplicar os espectros Raman combinados com a quimiometria para detetar quantitativamente a AFB1 no óleo de amendoim com elevada precisão, e o modelo CARS-PLS estabelecido tem uma elevada precisão de deteção e um desempenho de generalização quase perfeito.

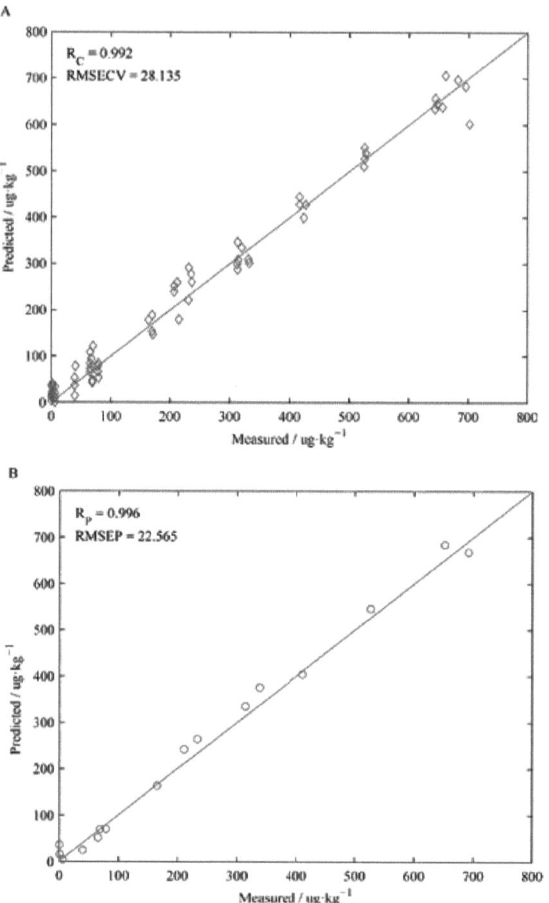

Figura 8.5 Comparação entre o valor previsto e o valor real. (A) Conjunto de calibração; (B) Conjunto de previsão.

8.4 Discussão

Para verificar a importância da otimização das variáveis de caraterísticas espectrais, o desempenho do modelo CARS-PLS foi comparado com o de um modelo PLS construído com base em variáveis espectrais completas (FULL-PLS). Além disso, a fim de verificar a hipótese proposta no início deste estudo, este estudo também estabeleceu um modelo PLS (DFT-PLS) baseado nos picos caraterísticos do espetro Raman da AFB1 propostos na literatura existente, e o desempenho do modelo foi comparado com o do modelo CARS-PLS. Entre eles, os picos caraterísticos selecionados da AFB1 são calculados com base na teoria do funcional da densidade (DFT), e os picos caraterísticos específicos são enumerados na Tabela 8.2.

A Tabela 8.3 mostra o desempenho de deteção e o desempenho de generalização de diferentes modelos PLS. Como se pode ver no quadro 8.3, o modelo PLS estabelecido pelas variáveis selecionadas pelo CARS tem a melhor precisão de deteção e desempenho de generalização, quer no conjunto de calibração quer no conjunto de previsão. Isto mostra que o CARS é um método eficaz de seleção do comprimento de onda da caraterística espetral Raman, que pode eliminar os efeitos adversos de vários factores não visados e obter um melhor desempenho de previsão com menos variáveis. Além disso, para o modelo FULL-PLS, o número de variáveis espectrais utilizadas para construir o modelo é cerca de 45 vezes superior ao do modelo CARS-PLS, mas o seu R2P é 11,2% inferior e o seu RMSEP é 70,6 ug/kg superior. Para o modelo DFT-PLS, o R2P do modelo foi 14,4% inferior ao do modelo CARS-PLS, enquanto o RMSEP foi 101,9 pg/kg superior. Entre os três modelos PLS, o modelo DFT-PLS tem o pior desempenho. Isto prova diretamente que a hipótese avançada no início do estudo está correta. Podemos interpretar os resultados acima referidos da seguinte forma:

Tabela 8.2 Atribuição de picos caraterísticos Raman.

Espectros Raman calculados por DFT (cm^{-1})	Recolha de espectros Raman Experimentalmente (cm)$^{-1}$	Atribuição espetral
686	670	Anel de respiração (pirano)
1076	1059	v(C-C-C)
1330	1267	v(C-O-C)
1393	1347	v(C-O)(vibração do esqueleto do anel)
1603	1559	C-H def, v(C-C), v(C=C)
1645	1601	C-H def, v(C-C), v(C=C) (anel vibração do esqueleto)
1806	1701	v(C=O) (anel ciclopenteno)
1883	1764	v(C=O) (anel pirano)

Tabela 8.3 Resultados da previsão de diferentes modelos PLS.

Modelos	Número de variáveis	Parâmetros	Conjunto de calibração		Conjunto de previsões	
			RMSECV/pg-kg^{-1}	Rc	RMSEP/pg-kg^{-1}	RP
FULL-PLS	3468	PCs = 14	64.6	0.92	93.1	0.88
DFT-PLS	8	PCs = 5	107.7	0.67	124.5	0.73
CARS-PLS	77	PCs = 15	28.1	0.98	22.6	0.99

(1) A intensidade de absorção do espetro Raman está relacionada com o número de grupos funcionais. À medida que o grau de míldio aumenta, provoca um desvio da linha de base no espetro Raman. Quanto mais grave for o míldio, mais forte é o efeito de fluorescência e mais grave é o desvio da linha de base. Por outras palavras, o aumento do teor de AFB1 no óleo de amendoim provocará alterações correspondentes no espetro Raman. Muita da literatura existente também calcula e caracteriza teoricamente os picos caraterísticos Raman da AFB1, mas todos eles se baseiam em quantidades vestigiais de AFB1 pura ou na adição do produto puro a óleo comestível não moldado. A este respeito, comparámos os picos caraterísticos teóricos da AFB1 calculados pela DFT com os picos Raman recolhidos pela experiência real e utilizámos estes picos Raman como entrada para construir o modelo PLS, mas os resultados do modelo não foram satisfatórios. Isto pode dever-se ao facto de, no processo de mofo do óleo de amendoim num ambiente de alta temperatura e alta humidade, os tipos de fungos mofados não serem únicos (pode haver também outros bolores, como a

Salmonella, etc.), o que pode fazer com que os picos Raman apresentados sejam uma sobreposição de diferentes contaminantes mofados, o que é bastante diferente do espetro Raman da AFB1 calculado teoricamente. Além disso, os espectros Raman da mesma substância recolhidos em diferentes tipos de instrumentos apresentam desvios na posição dos picos espectrais e diferenças nas alturas dos picos espectrais. Além disso, o ambiente circundante da molécula de AFB1 nos cálculos experimentais e teóricos também é diferente. Na experiência, existe interação intermolecular, enquanto o cálculo teórico simula moléculas em fase gasosa. Por conseguinte, a utilização do algoritmo de seleção de variáveis para otimizar as caraterísticas espectrais recolhidas na perspetiva do cálculo numérico pode reduzir eficazmente a dimensão espetral e melhorar a precisão e a robustez do modelo subsequente.

(2) O desempenho do modelo CARS-PLS é melhor do que o do modelo FULL-PLS, o que mostra diretamente a importância da seleção de variáveis no processo de calibração do modelo. Quando os espectros Raman são recolhidos, são perturbados por factores ambientais, humanos e instrumentais, o que resulta numa grande quantidade de informação inútil e irrelevante nos espectros obtidos. A construção do modelo FULL-PLS utiliza variáveis de espetro total, e a grande quantidade de informação inútil e irrelevante afectará diretamente o desempenho da generalização e a estabilidade do modelo de deteção construído. Por conseguinte, pode obter-se um modelo de deteção mais fiável optimizando os comprimentos de onda caraterísticos no processo de calibração do modelo.

Além disso, os métodos e os resultados do nosso estudo atual também apresentam certas vantagens em comparação com estudos relacionados existentes. Por exemplo, Yang et al. avaliaram a viabilidade da técnica de infravermelhos médios (MIR) para o rastreio do óleo de amendoim AFB1- e AFT-positivo. Diferentes modelos conseguiram atingir 100% na calibração e validação [26]. No entanto, as amostras contaminadas com AFT utilizadas no seu estudo foram produzidas utilizando os métodos gerais de indução de AFTs. Isto é essencialmente diferente do nosso estudo atual, e o seu estudo está ainda na fase de análise qualitativa. Chen et al. desenvolveram um sistema de espetroscopia de fluorescência induzida por laser (LIF) para o rastreio rápido e não invasivo de quatro variedades de óleos de amendoim contaminados com diferentes níveis de AFB1. A viabilidade da técnica LIF para a deteção rápida e não destrutiva da contaminação por AFB1 em diferentes variedades de óleos alimentares foi comprovada neste estudo [27]. Contudo, o estudo de Yang et al. apenas utilizou técnicas diferentes e a preparação da amostra também foi concebida artificialmente, encontrando-se ainda na fase de análise qualitativa. Além disso, Chen et al. desenvolveram um aptasensor de dispersão Raman com reforço da superfície (SERS) para a deteção ultrassensível de AFB1 utilizando o aptâmero AFB1 amino-terminal (NH2-DNA1) [28]. O seu estudo, como mencionámos anteriormente, requer a síntese de potenciadores Raman altamente específicos para atingir a intensidade de absorção dos picos caraterísticos Raman, realizando assim a deteção ultrassensível do teor de AFB1 no óleo de amendoim. No entanto, a sua investigação exige elevados conhecimentos básicos de química por parte dos examinadores, sendo difícil a sua promoção e aplicação em grande escala. Além disso, as amostras utilizadas no seu estudo não eram naturalmente amostras de óleo alimentar _{com} AFB1. Pelo contrário, os resultados obtidos no nosso estudo atual estão mais de acordo com as aplicações reais de produção, e o teste de campo não é demasiado exigente para os operadores.

Embora o nosso estudo atual tenha certas vantagens potenciais em comparação com estudos relacionados existentes, também tem certas limitações. Por exemplo, no presente estudo, existe uma única espécie de óleo alimentar que contém AFB1. Apenas uma única variedade de óleo de amendoim foi incluída no estudo. Por conseguinte, no estudo de acompanhamento, deveríamos alargar ainda mais o tipo e a quantidade de amostras de óleo comestível, de modo a melhorar a viabilidade da aplicação prática dos resultados da investigação. Além disso, as amostras de óleo de amendoim _{contendo} AFB1 obtidas no nosso estudo atual foram preparadas através da prensagem de matérias-primas de amendoim mofadas. Devido ao controlo inadequado do processo de mofo do amendoim durante a experiência, o teor de AFB1 em algumas amostras de óleo de amendoim obtidas na experiência excedeu demasiado a norma nacional, o que é improvável de ocorrer na produção real de óleo comestível. Por conseguinte, esta questão é também uma das questões-chave em que o nosso estudo de acompanhamento deve centrar-se.

8.5 Resumo

O estudo verificou a viabilidade da espetroscopia Raman combinada com a análise multivariada para obter uma deteção de alta precisão de AFB1 no óleo de amendoim prensado. Este estudo teve início com a experiência de extração simulada de óleo de amendoim, tendo sido utilizado o espetrómetro Raman para recolher os espectros Raman das amostras de óleo de amendoim. O WT-SG e o WT-airPLS foram pré-tratados, respetivamente, nos espectros Raman brutos das amostras de óleo de amendoim, e os efeitos do pré-tratamento foram comparados. O CARS foi utilizado para o rastreio variável dos espectros Raman pré-tratados e foi estabelecido um modelo PLS baseado em comprimentos de onda caraterísticos optimizados para obter uma deteção de alta precisão da AFB1 no óleo de amendoim. O estudo pode fornecer uma base técnica para a investigação e o desenvolvimento de dispositivos portáteis de deteção por espetroscopia Raman, bem como uma referência de método para a aplicação efectiva da lei pelos departamentos de supervisão da qualidade.

Referências

[1]   Khaneghah, A.M.; Es, I.; Raeisi, S.; Fakhri, Y. Aflatoxinas em cereais: State of the art. J. Food Saf. 2018, 38, e12532.

[2]   Diao, E.; Li, X.; Zhang, Z.; Ma, W.; Ji, N., Dong, H. Desintoxicação de aflatoxinas por irradiação ultravioleta. Tendências Ciência Alimentar. Technol. 2015, 42, 64-69.

[3]   Adebo, O.A.; Njobeh, P.B.; Gbashi, S.; Nwinyi, O.C.; Mavumengwana, V. Revisão sobre a degradação microbiana de aflatoxinas. Crit. Rev. Food Sci. Nutr. 2017, 57, 3208-3217.

[4]   Kowalska, A.; Walkiewicz, K.; Koziel, P.; Muc-Wierzgon, M. Aflatoxinas: Caraterísticas e impacto na saúde humana. Postepy Hig. Med. Dosw. 2017, 71, 315-327.

[5]   Shephard, G.S. Aflatoxinas no óleo de amendoim: Preocupações com a segurança alimentar. World Mycotoxin J. 2018, 11, 149-158.

[6]   Tumukunde, E.; Ma, G.; Li, D.; Yuan, J.; Qin, L.; Wang, S. Investigação atual e prevenção

das aflatoxinas na China. World Mycotoxin J. 2020, 13, 121-138.

[7] Xie, L.; Chen, M.; Ying, Y. Desenvolvimento de métodos para a determinação de aflatoxinas. Crit. Rev. Food Sci. Nutr. 2016, 56, 2642-2664.

[8] Yan, C.; Wang, Q.; Yang, Q.; Wu, W. Avanços recentes na deteção de aflatoxinas com base em nanomateriais. Nanomaterials 2020, 10, 1626.

[9] Yao, H.; Hruska, Z.; Di Mavungu, J.D. Desenvolvimentos na deteção e determinação de aflatoxinas. World Mycotoxin J. 2015, 8, 181-191.

[10] GB 2761-2017; Limites de micotoxinas em alimentos. Administração Geral de Supervisão de Qualidade, Inspeção e Quarentena da República Popular da China: Pequim, China, 2017.

[11] GB 5009.22-2016; Determinação da Aflatoxina do Grupo B e do Grupo G em Alimentos. Administração Geral de Supervisão da Qualidade, Inspeção e Quarentena da República Popular da China: Pequim, China, 2016.

[12] Zareef, M.; Arslan, M.; Hassan, M.M.; Ahmad, W.; Ali, S.; Li, H.H.; Qin, O.Y.; Wu, X.Y.; Hashim, M.M.; Chen, Q.S. Recent advances in assessing qualitative and quantitative aspects of cereals using nondestructive techniques: Uma revisão. Tendências Ciência Alimentar. Technol. 2021, 116, 815-828.

[13] Jiang, H.; He, Y.; Xu, W.; Chen, Q. Deteção quantitativa do valor ácido durante o armazenamento de óleo comestível por espetroscopia Raman: Comparação dos efeitos de otimização dos algoritmos BOSS e VCPA nos espectros Raman caraterísticos de óleos comestíveis. Food Anal. Methods 2021, 14, 1826-1835.

[14] Jiang, Y.; Su, M.; Yu, T.; Du, S.; Liao, L.; Wang, H.; Wu, Y.; Liu, H. Determinação quantitativa do valor de peróxido de óleo comestível por espetroscopia Raman de superfície interfacial líquida assistida por algoritmo. Food Chem. 2021, 344, 128709.

[15] Zhao, H.; Zhan, Y.; Xu, Z.; Nduwamungu, J.J.; Zhou, Y.; Powers, R.; Xu, C. A aplicação da aprendizagem automática e da espetroscopia Raman para a deteção rápida do tipo e da adulteração de óleos alimentares. Food Chem. 2022, 373, 131471.

[16] Berghian-Grosan, C.; Magdas, D.A. Espectroscopia Raman e aprendizagem automática para avaliação de óleos comestíveis. Talanta 2020, 218, 121176.

[17] Hu, R.; He, T.; Zhang, Z.; Yang, Y.; Liu, M. Análise de segurança de produtos de óleo comestível via espetroscopia Raman. Talanta 2019, 191, 324-332.

[18] Kwofie, F.; Lavine, B.K.; Ottaway, J.; Booksh, K. Differentiation of edible oils by type using Raman spectroscopy and pattern recognition methods. Appl. Spectrosc. 2020, 74, 645-654.

[19] Ma, X.; Shao, B.; Wang, Z. Aptasensor inter-nanogap baseado em nanodumbbells de ouro@prata para a determinação da ocratoxina A por espetroscopia Raman de superfície. Chim. Ata 2021, 1188, 339189.

[20] Jiang, H.; Liu, G.; Mei, C.; Chen, Q. Análise qualitativa e quantitativa na fermentação em estado sólido de alimentos proteicos por espetroscopia FT-NIR integrada com análise multivariada de dados. Anal. Methods 2013, 5, 1872-1880.

[21] Jiang, H.; Xu, W.; Ding, Y.; Chen, Q. Análise quantitativa do processo de fermentação de leveduras utilizando espetroscopia Raman: Comparação de CARS e VCPA para seleção de variáveis. Spectrochim. Ata Parte A-Mol. Biomol. Spectrosc. 2020, 228, 117781.

[22] Jiang, H.; Xu, W.; Chen, Q. Identificação qualitativa de alta precisão das fases de crescimento da levedura utilizando espectros de fusão molecular. Microchem. J. 2019, 151, 104211.

[23] Zhang, Z.-M.; Chen, S.; Liang, Y.-Z. Correção da linha de base utilizando mínimos quadrados penalizados iterativamente reponderados adaptativos. Analyst 2010, 135, 1138-1146.

[24] Li, H.; Liang, Y.; Xu, Q.; Cao, D. Rastreio de comprimentos de onda chave utilizando o método competitivo de amostragem reponderada adaptativa para calibração multivariada. Anal. Chim. Ata 2009, 648, 77-84.

[25] Huang, G.; Chen, X.; Li, L.; Chen, X.; Yuan, L.; Shi, W. Domain adaptive partial least squares regression. Chemom. Intell. Lab. Syst. 2020, 201, 103986.

[26] Yang, Y.; Zhang, Y.A.; He, C.Y.; Xie, M.Y.; Luo, H.T.; Wang, Y.; Zhang, J. Rapid screen of aflatoxin- contaminated peanut oil using Fourier transform infrared spectroscopy combined with multivariate decision tree. Int. J. Food Sci. Technol. 2018, 53, 2386-2393.

[27] Chen, M.; He, X.M.; Pang, Y.Y.; Shen, F.; Fang, Y.; Hu, Q.H. Laser induced fluorescence

spectroscopy for detection of Aflatoxin B1 contamination in peanut oil. J. Food Meas. Charact. 2021, 15, 2231-2239.

[28] Chen, Q.S.; Yang, M.X.; Yang, X.J.; Li, H.H.; Guo, Z.M.; Rahma, M.H. Um aptasensor SERS de grande secção transversal de dispersão Raman incorporado em moléculas para deteção ultrassensível de Aflatoxina B1 utilizando CS-Fe3O4 para enriquecimento de sinal. Spectrochim. Ata Parte A-Mol. Biomol. Spectrosc. 2018, 189, 147-153.

Capítulo 9

Análise dos resíduos de clorpirifos no chá

9.1 Introdução

Nas práticas modernas de gestão agrícola, são amplamente utilizados numerosos pesticidas para proteger as culturas e as sementes. O clorpirifos (CPS), um pesticida organofosforado comummente utilizado, pode destruir eficazmente várias pragas, como a cnaphalocrocis medinalis, a cigarrinha-das-plantas e a pieris rapae (Huang, Hu, Guo, Liu, & Wu, 2015). A CPS tem sido comummente aplicada no cultivo de chá, fruta, legumes e trigo, a fim de aumentar o rendimento. No entanto, a utilização extensiva de produtos fitofarmacêuticos na agricultura deixa resíduos químicos nos produtos alimentares, incluindo as folhas de chá. Este facto serve de fonte de resíduos de pesticidas no chá para os consumidores. Nos últimos anos, com a crescente preocupação com os riscos para a saúde causados pelos resíduos de pesticidas, a segurança do chá está a ser alvo de maior atenção por parte dos consumidores e dos intervenientes na indústria. Para garantir a saúde e a segurança dos consumidores, muitos países e organizações internacionais estabeleceram limites máximos de resíduos (LMR) de pesticidas no chá. Os LMR de CPS no chá estabelecidos pela União Europeia, pela Agência de Proteção do Ambiente dos Estados Unidos e pela Fundação Japonesa de Investigação Química Alimentar são, respetivamente, 0,1 mg/kg, 0,1 mg/kg e 10mg/kg.

A deteção de resíduos de pesticidas é essencial para regulamentar e monitorizar os níveis de contaminação por pesticidas. Os métodos convencionais para a deteção de CPS incluem a cromatografia líquida de alta eficiência (HPLC), o cromatógrafo gasoso (GC), a cromatografia líquida-espetrometria de massa (LC-MS), o cromatógrafo gasoso-espetrometria de massa (GC-MS) e o ensaio de imunoabsorção enzimática (ELISA) (Cao, Tang, Chen, & Li, 2015; Harshit, Charmy, & Nrupesh, 2017; Kulkarni, Soppimath, Dave, Mehta, & Aminabhavi, 2000; Qian et al., 2009; Su, Sun, He, & Zhang, 2017). Estes métodos de análise convencionais têm sido amplamente utilizados na análise de resíduos de pesticidas devido à sua elevada exatidão e reprodutibilidade. No entanto, continuam a apresentar desvantagens inerentes, como a complexidade do pré-processamento, a deteção demorada e a necessidade de pessoal qualificado, o que os torna incapazes de oferecer uma resposta em tempo real e um rastreio de elevado rendimento de um grande número de amostras. Por conseguinte, existe uma clara necessidade de os investigadores e reguladores desenvolverem métodos de análise rápidos, simples, de baixo custo, mas altamente sensíveis e exactos, para a determinação de resíduos de CPS no chá.

A espetroscopia no infravermelho próximo (NIR), a espetroscopia de fluorescência e a espetroscopia Raman são métodos espectroscópicos promissores para a análise de resíduos de pesticidas nos alimentos, uma vez que são inerentemente rápidos e não destrutivos. Nas últimas três décadas, o NIR tem sido amplamente desenvolvido para a deteção não destrutiva de produtos alimentares e agrícolas. No entanto, as bandas de absorção do NIR são influenciadas por uma forte absorção de flexão HOH das moléculas de água ao longo de toda a gama de espectros NIR (Byler et al., 1988). Por conseguinte, o NIR não é uma técnica perfeita para a deteção de resíduos de pesticidas em soluções aquosas. A espetroscopia de fluorescência é um método eficaz para a análise da composição de materiais e da estrutura molecular e pode refletir a informação sobre a interação entre as moléculas ópticas e as moléculas circundantes. Nos últimos anos, foi realizada uma série de estudos sobre a deteção de resíduos de pesticidas através da espetroscopia de fluorescência (Chen et al., 2015). No entanto, a fraca estabilidade desta técnica limita a sua utilização. A espetroscopia Raman é outra técnica espectroscópica vibracional emergente e poderosa, que é descrita como uma dispersão inelástica da luz entre fotões e moléculas, resultando numa luz dispersa com uma mudança de frequência distinta. A principal vantagem da espetroscopia Raman é a capacidade de especificidade da impressão digital molecular para cada molécula/analito distinto, uma vez que cada tipo de molécula produz perfis espectrais Raman distintos (Oliveira et al., 2017). Em comparação com outros métodos espectroscópicos, a espetroscopia Raman é relativamente insensível à água, pelo que produz bandas mais bem resolvidas e funciona melhor em amostras com elevada humidade. Embora a espetroscopia Raman seja caracterizada por uma elevada especificidade, uma grande desvantagem no que diz respeito à sua sensibilidade é que apenas um em cada milhão de fotões é disperso inelasticamente (dispersão Raman), pelo que é necessário um aumento da intensidade de dispersão Raman.

A espetroscopia Raman com reforço de superfície (SERS) é essencialmente uma combinação de duas técnicas, nomeadamente a espetroscopia Raman e a nanotecnologia. A SERS tira partido das propriedades ópticas das superfícies metálicas nanoestruturadas para reforçar um sinal fraco de dispersão Raman inelástica. Desde que Fleischmann et al. observaram o efeito de reforço Raman em 1974, muitos investigadores começaram a investigar este fenómeno para encontrar uma explicação para este reforço. Embora o mecanismo exato do reforço SERS não tenha sido claramente compreendido, foram discutidos dois mecanismos responsáveis pela ocorrência de um aumento da intensidade do sinal Raman para a substância a analisar nas proximidades de uma superfície metálica nanoestruturada. O primeiro mecanismo resulta do reforço eletromagnético clássico de longo alcance devido à interação da luz laser incidente com a superfície metálica, que excita os plasmões de superfície e conduz a um reforço do campo local. O segundo é o mecanismo de reforço químico (o chamado reforço de curto alcance) que se baseia na interação de uma molécula com a superfície metálica, provocando o aparecimento de um novo estado de transferência de carga eletrónica devido a quimisorções (Campion & Kambhampati, 1998). A coexistência de dois mecanismos pode fazer com que o fator de reforço Raman atinja uma grandeza elevada 10141015, atingindo o nível de deteção de uma única molécula (Nie & Emory, 1997). Nas últimas décadas, devido ao facto de a técnica SERS ser altamente sensível, específica e rápida, é considerada uma poderosa ferramenta de análise no domínio da segurança alimentar. As aplicações típicas incluem a deteção rápida de resíduos de

pesticidas, iões de metais pesados, antibióticos, micotoxinas e outros produtos químicos proibidos nos alimentos (Tan et al., 2017; Li et al, 2016, 2017; Lu, Zhong, Yao, & Huang, 2018; Guselnikova et al., 2017; Marz, Trupp, Rosch, Mohr, & Popp, 2012; Yang, Liu, Mehedi, Ouyang, & Chen, 2017; Chen et al., 2018; Lee, Herrman, Bisrat, & Murray, 2014a; Lee & 194
Herrman, 2016; Lee et al., 2014a, Lee et al., 2014b). No entanto, ainda há falta de estudos sobre a análise qualitativa e quantitativa de resíduos de CPS em amostras de chá através da utilização de SERS combinada com modelos quimiométricos.

O objetivo deste estudo é utilizar SERS combinado com modelos quimiométricos e métodos de pré-processamento de espectros para a análise qualitativa e quantitativa de resíduos de CPS em amostras de chá. A fim de obter espectros SERS de CPS, foram preparadas nanopartículas (NPs) Au@Ag como substrato de reforço SERS. Os resultados deste estudo podem fornecer um método eficaz para a classificação e quantificação de resíduos de CPS em amostras de chá com elevada sensibilidade e exatidão, o que pode facilitar a gestão do risco de contaminação por CPS no chá e garantir a segurança do chá.

9.2 Materiais e métodos

9.2.1 Materiais

O citrato de sódio ($NaaCeHsQy^{^\circ}O$), o ácido cloroáurico ($HAuCl4'4H2O$), o nitrato de prata ($AgNOs$), o ácido ascórbico ($CGHsOG$), o acetato de etilo ($C4H8O2$) e o hexano ($CsHi4$) foram adquiridos à Sinophram Chemical Reagent Co. (Xangai, China). O CPS ($CgHiiClsNOsPS$, 99,0%) foi adquirido ao Shanghai Pesticide Research Institute (Xangai, China). A primeira segunda amina (PSA), o sulfato de magnésio anidro ($MgSO4$), o sulfato de sódio anidro ($Na2SO4$) e o C18 foram obtidos no Centro de Informação CRM/RM da China. O Supelclean ENVI-Carb SPE (500mg/6 mL) foi adquirido à Chuning Analytical Instrument Co., Ltd. (Xangai, China). O SIMON Florisil SPE (500mg/6mL) foi adquirido à Saixi Science and Technology Co., Ltd. (Hangzhou, China). A coluna analítica (HP-5, 95% dimetilpolissiloxano, 5% difenilo, 30 m x 0,25 mm x 0,25 pm) foi adquirida à Agilent Technologies Co., Ltd. Todos os reagentes eram de qualidade analítica e foram utilizados sem qualquer outra purificação. A água ultrapura (18,2 MQ cm) foi produzida utilizando o sistema de purificação de água Millipore. Três tipos de amostras de chá longjing (Westlake Longjing, Qiantang Longjing e Yuezhou Longjing) foram comprados num supermercado local em Zhenjiang (província de Jiangsu, China) e as amostras de chá estavam intactas.

9.2.2 Preparação e extração das amostras

Foi preparada uma solução-mãe de CPS de $3,0 \times 10'^4$ mol/L com acetato de etilo e diluída para as seguintes soluções de trabalho na gama de concentrações de $1,0* 10'4-3,0 \times 10'^9$ mol/L, que contém 18 gradientes de concentração ($1.0 \times 10'4$, $7.0 \times 10'^5$, $5.0 \times 10'5$, $3.0 \times 10'^5$, $7.0 \times 10'^6$, $5.0 \times 10'6$, $3.0 \times 10'6$, $1.0 \times 10'6$, $7.0 \times 10'7$, $5.0 \times 10'7$, $3.0 \times 10'7$, $7.0 \times 10'8$, $5.0 \times 10'8$, $3.0 \times 10'8$, 1.0×10^{-8} , 7.0×10^{-9} , 5.0×10^{-9} , 3.0×10^{-9} mol/L). As soluções foram armazenadas num frigorífico a 4 °C para utilização posterior.

As amostras de chá contendo resíduos de CPS foram preparadas de acordo com os seguintes passos. Em primeiro lugar, cada amostra de 20 g de chá foi pesada e colocada numa película de plástico. Em segundo lugar, diferentes soluções de gradiente de concentração de CPS foram uniformemente pulverizadas sobre as amostras de chá utilizando uma lata de aspersão. Com base no gradiente de concentração, foi preparado um total de 190 amostras pulverizadas de CPS (10 amostras de chá, constituídas por 3 Westlake Longjing, 3 Qiantang Longjing e 4 Yuezhou Longjing por cada solução de gradiente de concentração). Estas amostras foram secas ao ar, moídas com um pulverizador (A11, IKA, Alemanha) e depois peneiradas com um crivo de 60 mesh.

Para extrair os resíduos de CPS nas amostras de chá, foram adicionados 40 ml de solvente de extração acetato de etilo/água (30:10, v/v) a 5 g de amostras de chá pulverizadas e moídas com CPS, selecionadas aleatoriamente por cada gradiente de concentração. A mistura foi vigorosamente agitada durante 30 minutos e, em seguida, filtrada com papel de filtro Whatman #1. Em seguida, 5 mL do filtrado foram colocados num tubo de centrifugação de 15 mL contendo uma mistura de PSA, sulfato de magnésio anidro e C18, de modo a eliminar as influências de ácido orgânico, proteína, pigmento e outras substâncias. A mistura foi centrifugada a 5000 rpm durante 5 minutos. O sobrenadante resultante foi novamente filtrado utilizando um papel de filtro Whatman #1. O filtrado foi utilizado para medições SERS.

9.2.3 Preparação de NPs Au@Ag

De acordo com um estudo anterior (Kanjanawarut & Su, 2009), foram sintetizadas Au NPs coloidais com tamanho de nanopartículas de 30 nm através da redução química do ácido cloroaurico com citrato de sódio. Posteriormente, através do método de crescimento de sementes, o nitrato de prata foi reduzido pelo ácido ascórbico e a prata resultante cresceu continuamente na superfície das sementes de Au. Após a mudança de cor de vermelho-vinho para amarelo-alaranjado, formaram-se as NPs Au@Ag com um nucleo Au de 30 nm e um invólucro Ag de 7 nm (as experiências pormenorizadas são apresentadas nas informações de apoio).

9.2.4 Medições SERS e pré-processamento de dados espectrais

Um volume de 20 pL das NPs Au@Ag e um volume de 180pL do extrato de chá (obtido na secção 2.2) foram misturados uniformemente, tendo a mistura caído na superfície de uma placa de quartzo (4cmx4 cm) para medições SERS. As medições SERS foram efectuadas utilizando um espetrómetro micro-Raman (SPL-Raman-785, SPL Photonics Co., Ltd., Hangzhou, China) equipado com um detetor de dispositivo de carga acoplada (CCD) de 256 x 1024 pixels, uma fonte de excitação laser de 785 nm e um módulo microscópico. Os espectros SERS foram obtidos na gama de números de onda de 2002000 cm^{-1} com uma resolução de 2 cm^{-1}. O feixe de laser com uma potência de 50 mW foi focado na mistura com um tamanho de ponto de 20 pm de diâmetro, utilizando uma lente objetiva de 50*. Foi utilizado um tempo de integração de 2 s e 3 varrimentos para todas as medições SERS. O sinal do espetro de cada amostra foi constituído por uma média de 10 sinais de espetro recolhidos em 10 pontos diferentes.

Os espectros SERS foram adquiridos com recurso ao software OceanView1.6.3 e foram posteriormente pré-processados pelos métodos de transformação da variante normal padrão (SNV), primeira derivada e segunda derivada. Os dados dos espectros foram pré-processados para eliminar o desvio da linha de base, o ruído aleatório e os efeitos de dispersão.

9.2.5 Análise GC-MS de CPS

Os seguintes passos de preparação da amostra foram efectuados antes da análise GC-MS (GCMS-QP2010, Shimazdu, Japão) (Hou et al., 2013). Pesaram-se 5 g de amostras moídas num tubo de centrifugação de plástico de 50 mL, ao qual foram adicionados 10 mL de água e 30 mL de acetato de etilo para extração. A mistura foi homogeneizada durante 2 min e centrifugada a 5000 rpm durante 5 min. Em seguida, o sobrenadante foi recolhido para um balão de fundo redondo de 250 mL com sulfato de sódio anidro. O resíduo foi extraído novamente com 30 mL de acetato de etilo e o sobrenadante foi desidratado com sulfato de sódio anidro. A mistura dos dois extractos foi condensada até à secura por um evaporador rotativo num banho de água a 40 °C. Subsequentemente, o resíduo seco foi dissolvido com 2 mL de acetato de etilo/hexano (1:1, v/v) num balão de fundo redondo e o resultado foi então submetido a extração em fase sólida (SPE).

A coluna SPE de carbono ativo (ENVI-Carb) foi acoplada a uma coluna SPE de florisil (SIMON Florisil). As colunas SPE acopladas foram previamente lavadas com 6 ml de acetato de etilo/hexano (1:1, v/v). Os 2 ml de extrato no balão de fundo redondo foram injectados nas colunas SPE acopladas e eluídos com mais 6 ml de acetato de etilo/hexano (1:1, v/v). O eluato foi evaporado até quase à secura num banho de água a 40 °C. O resíduo foi dissolvido com 1,0 mL de acetato de etilo e transferido para um frasco de 2 mL para análise GS-MS. O sistema GC-MS estava equipado com um amostrador automático (AOC-20i + s), injetor automático e coluna capilar de sílica fundida: HP-5. O software GC-MS solution (versão 2.30) foi utilizado para obter e analisar os dados. Os teores efectivos de resíduos de CPS em 190 amostras de chá são apresentados no Quadro 9.1.

9.2.6. Desenvolvimento e validação do modelo quimiométrico

Quadro 9.1 Resultados das medições GC-MS dos resíduos de CPS extraídos de amostras de chá.

Amostra	Valor medido (mol/L)	Amostra	Valor medido (mol/L)	Amostra	Valor medido (mol/L)	Amostra	Valor medido (mol/L)	Amostra	Valor medido (mol/L)
1	2.53×10^{-4}	39	5.13×10^{-5}	77	3.23×10^{-6}	115	2.67×10^{-7}	153	0.78×10^{-8}
2	2.85×10^{-4}	40	5.35×10^{-5}	78	2.62×10^{-6}	116	2.79×10^{-7}	154	1.08×10^{-8}
3	2.87×10^{-4}	41	2.75×10^{-5}	79	3.16×10^{-6}	117	2.53×10^{-7}	155	0.93×10^{-8}
4	2.81×10^{-4}	42	3.12×10^{-5}	80	2.93×10^{-6}	118	3.13×10^{-7}	156	1.02×10^{-8}
5	3.11×10^{-4}	43	2.97×10^{-5}	81	1.30×10^{-6}	119	3.16×10^{-7}	157	0.89×10^{-8}
6	3.14×10^{-4}	44	2.85×10^{-5}	82	0.65×10^{-6}	120	2.84×10^{-7}	158	1.04×10^{-8}
7	2.65×10^{-4}	45	3.33×10^{-5}	83	0.91×10^{-6}	121	6.49×10^{-8}	159	0.95×10^{-8}
8	3.05×10^{-4}	46	3.09×10^{-5}	84	0.67×10^{-6}	122	6.34×10^{-8}	160	0.81×10^{-8}
9	2.95×10^{-4}	47	3.05×10^{-5}	85	1.27×10^{-6}	123	6.90×10^{-8}	161	7.02×10^{-9}
10	2.85×10^{-4}	48	3.42×10^{-5}	86	0.89×10^{-6}	124	6.37×10^{-8}	162	7.02×10^{-9}
11	0.86×10^{-4}	49	2.79×10^{-5}	87	0.75×10^{-6}	125	6.11×10^{-8}	163	7.24×10^{-9}
12	1.02×10^{-4}	50	3.26×10^{-5}	88	1.14×10^{-6}	126	6.78×10^{-8}	164	7.19×10^{-9}

13	1.07×10^{-4}	51	6.98×10^{-6}	89	1.17×10^{-6}	127	6.39×10^{-8}	165	7.29×10^{-9}
14	1.10×10^{-4}	52	6.49×10^{-6}	90	1.21×10^{-6}	128	6.24×10^{-8}	166	6.76×10^{-9}
15	0.72×10^{-4}	53	6.74×10^{-6}	91	6.08×10^{-7}	129	6.40×10^{-8}	167	7.62×10^{-9}
16	1.04×10^{-4}	54	6.15×10^{-6}	92	6.40×10^{-7}	130	6.10×10^{-8}	168	7.07×10^{-9}
17	1.02×10^{-4}	55	6.07×10^{-6}	93	6.26×10^{-7}	131	4.70×10^{-8}	169	6.70×10^{-9}
18	0.63×10^{-4}	56	6.69×10^{-6}	94	6.80×10^{-7}	132	4.91×10^{-8}	170	7.38×10^{-9}
19	0.65×10^{-4}	57	7.01×10^{-6}	95	6.43×10^{-7}	133	4.96×10^{-8}	171	4.81×10^{-9}
20	0.93×10^{-4}	58	7.21×10^{-6}	96	6.91×10^{-7}	134	4.55×10^{-8}	172	4.93×10^{-9}
21	7.46×10^{-5}	59	6.45×10^{-6}	97	6.18×10^{-7}	135	4.69×10^{-8}	173	5.13×10^{-9}
22	6.84×10^{-5}	60	6.74×10^{-6}	98	7.02×10^{-7}	136	4.78×10^{-8}	174	5.28×10^{-9}
23	7.09×10^{-5}	61	5.34×10^{-6}	99	6.26×10^{-7}	137	5.16×10^{-8}	175	4.81×10^{-9}
24	6.72×10^{-5}	62	4.52×10^{-6}	100	6.15×10^{-7}	138	4.51×10^{-8}	176	4.95×10^{-9}
25	7.25×10^{-5}	63	5.11×10^{-6}	101	4.14×10^{-7}	139	4.53×10^{-8}	177	4.81×10^{-9}
26	6.76×10^{-5}	64	4.79×10^{-6}	102	4.87×10^{-7}	140	4.64×10^{-8}	178	4.85×10^{-9}
27	7.01×10^{-5}	65	4.93×10^{-6}	103	4.58×10^{-7}	141	3.15×10^{-8}	179	5.07×10^{-9}
28	7.20×10^{-5}	66	5.06×10^{-6}	104	4.55×10^{-7}	142	3.23×10^{-8}	180	4.79×10^{-9}
29	7.39×10^{-5}	67	5.45×10^{-6}	105	4.14×10^{-7}	143	3.15×10^{-8}	181	2.45×10^{-9}
30	7.46×10^{-5}	68	4.80×10^{-6}	106	4.85×10^{-7}	144	2.95×10^{-8}	182	2.34×10^{-9}
31	5.55×10^{-5}	69	5.58×10^{-6}	107	4.62×10^{-7}	145	3.06×10^{-8}	183	2.46×10^{-9}
32	5.14×10^{-5}	70	4.97×10^{-6}	108	4.35×10^{-7}	146	2.80×10^{-8}	184	2.87×10^{-9}
33	5.18×10^{-5}	71	3.02×10^{-6}	109	4.51×10^{-7}	147	3.24×10^{-8}	185	2.62×10^{-9}
34	5.26×10^{-5}	72	3.05×10^{-6}	110	5.01×10^{-7}	148	2.69×10^{-8}	186	3.35×10^{-9}
35	4.84×10^{-5}	73	3.10×10^{-6}	111	2.55×10^{-7}	149	3.19×10^{-8}	187	2.86×10^{-9}
36	5.35×10^{-5}	74	2.86×10^{-6}	112	2.67×10^{-7}	150	2.68×10^{-8}	188	2.37×10^{-9}
37	4.81×10^{-5}	75	2.57×10^{-6}	113	2.59×10^{-7}	151	1.37×10^{-8}	189	3.11×10^{-9}
38	5.01×10^{-5}	76	2.68×10^{-6}	114	2.63×10^{-7}	152	1.23×10^{-8}	190	2.96×10^{-9}

Para o desenvolvimento e validação dos modelos quimiométricos, os dados dos espectros SERS foram pré-processados por SNV, primeira derivada e segunda derivada (Ouyang, Zhao, & Chen, 2013). Em termos de níveis de conteúdo de resíduos de CPS, as amostras de chá com diferentes concentrações foram divididas em 3 subgrupos, Grupo1: 3,0x10'4, 1,0x10'4, 7,0x10'5, 5,0x10'5, 3,0x10'5 mol/L; Grupo2: 7.0x10'6, 5.0x10'6, 3.0x10'6, 1.0x10'6, 7.0x10'7, 5.0x10 7,3.0x10'7 mol/L; e Grupo3: 7.0x10'8, 5.0x10'8, 3.0x10-8, 1.0x10'8, 7.0 x 10'9, 5.0x10'9, 3.0x10'9 mol/L. Um total de 190 dados de espectros SERS foram divididos num conjunto de dados de treino (n = 6xi9; 6 espectros SERS que consistem em 2 espectros de Westlake Longjing, 2 espectros de Qiantang Longjing e 2 espectros de Yuezhou Longjing para cada concentração) para desenvolver um modelo de calibração e um conjunto de dados de validação (n = 4xi9; os restantes dados de espectros para validação) para testar o modelo. Foram utilizados três métodos de classificação: k-vizinhos mais próximos (KNN), análise de componentes principais (PCA) e rede neural artificial de retropropagação (BPANN) para classificar as amostras de chá nos 3 subgrupos predefinidos com base nos modelos desenvolvidos. O desempenho dos vários modelos construídos pelos algoritmos foi comparado para selecionar o melhor modelo de classificação.

Os modelos para quantificação de resíduos de CPS em amostras de chá foram desenvolvidos empregando mínimos quadrados parciais (PLS), algoritmo genético - mínimos quadrados parciais (GA-PLS), mínimos quadrados parciais de intervalo de sinergia (siPLS) e mínimos quadrados parciais de intervalo de sinergia - algoritmo genético (siPLS-GA) (Kutsanedzie et al., 2017). O conjunto de dados de treino e o conjunto de dados de validação foram divididos de acordo com o método descrito acima. No desenvolvimento de modelos de quantificação, os espectros SERS foram correlacionados com o conteúdo real de CPS em amostras de chá através da utilização de métodos quimiométricos. Todos os modelos de quantificação foram aplicados para prever os teores de CPS em amostras de chá e os seus desempenhos de previsão foram avaliados comparando o erro quadrático médio de calibração (RMSEC), o erro quadrático médio de previsão (RMSEP), o coeficiente de determinação da correlação (r2), o declive da regressão linear (slope), os coeficientes de correlação de Pearson (r) e o rácio entre o desvio padrão dos valores de referência e o erro padrão dos valores de validação cruzada (RPD). As comparações estatísticas entre os valores previstos e os valores de referência determinados por GS-MS foram efectuadas utilizando o *teste t* de amostras emparelhadas.

O esquema do procedimento experimental é apresentado na Figura 9.1. Todas as análises de dados e algoritmos foram efectuadas utilizando o Matlab R2010b (Mathworks, EUA) no Windows 7.

9.3 Resultados e discussão

9.3.1 Análise dos dados dos espectros SERS e caraterização das NPs Au@Ag

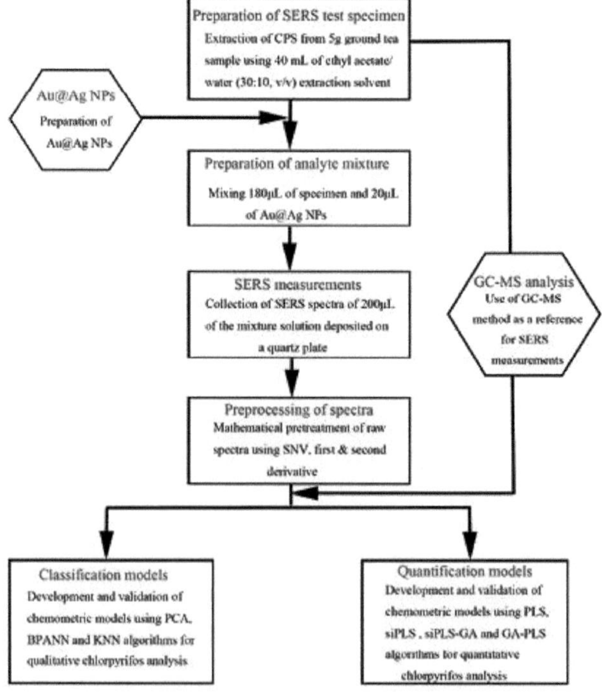

Figura 9.1 Esquema dos procedimentos experimentais utilizados.

Neste estudo, os espectros adquiridos foram pré-processados com SNV, primeira derivada e segunda derivada, que são técnicas de amplificação de espectros ou de melhoramento da resolução para lidar com bandas de espectros sobrepostas e sobrepostas. Por exemplo, o método SNV foi utilizado para remover o ruído aleatório de alta frequência, o desvio da linha de base, o tamanho das partículas e os efeitos de dispersão, melhorando assim a resolução dos espectros. Os métodos da primeira e segunda derivadas foram adoptados para remover o desvio da linha de base e os efeitos de rotação da linha de base. Embora estes métodos de pré-processamento se tenham revelado capazes de eliminar a informação de interferência e de reter informação significativa nos espectros SERS, também apresentam numerosas limitações. Os espectros SERS pré-processados por métodos derivados eram significativamente diferentes dos espectros em bruto, e apresentaram melhorias na resolução dos espectros. No entanto, mostraram a tendência para amplificar o ruído nos espectros, o que aumentará o risco de perder alguma informação significativa e de deturpar os espectros em bruto. Estudos anteriores provaram que o desempenho de classificação dos modelos qualitativos e a capacidade de previsão dos modelos de quantificação eram largamente influenciados pelos métodos de pré-processamento dos espectros.

A Figura 9.2 mostra os espectros SERS em bruto e pré-processados de 190 amostras de chá com diferentes concentrações de resíduos de CPS. Como mostra a Figura 9.2A, foram observadas caraterísticas espectrais comuns entre as diferentes concentrações devido à coexistência de grupos químicos funcionais principais comuns em todos os espectros. No entanto, foram encontradas alterações distintas nas intensidades das bandas dos espectros SERS induzidas por diferentes concentrações de resíduos de CPS. Aparentemente, as intensidades das bandas dos espectros SERS eram diretamente proporcionais às concentrações de resíduos de CPS nas amostras de chá. O espetro SERS de 1,0x 10'6 mol/L CPS em NPs Au@Ag e o espetro Raman normal do pó de CPS são apresentados na Figura 9.3. As principais bandas Raman a 626, 1085, 1155, 1260, 1455 e 1553 cm^{-1} , como se vê na Figura 9.3, podem ser atribuídas aos principais modos vibracionais das moléculas de CPS, tais como as vibrações de estiramento P=S, estiramento P-O-R, deformação C-H, modo de anel, deformação C-H e modo de estiramento de anel (Shende, Inscore, Sengupta, Stuart, & Farquharson, 2010).

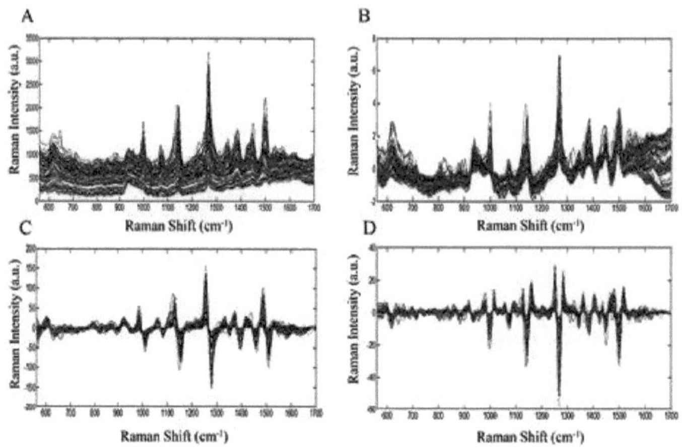

Figura 9.2 Espectros SERS de 190 amostras de chá com diferentes concentrações de resíduos de CPS: (A) espectros em bruto, (B) espectros pré-processados SNV, (C) espectros pré-processados de primeira derivada, (D) espectros pré-processados de segunda derivada.

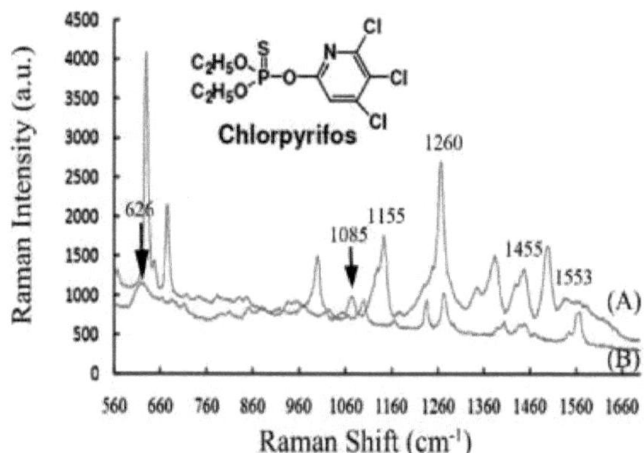

Figura 9.3 (A) Espectro SERS de 1,0*10-6 mol/L CPS em NPs Au@Ag, e (B) espetro Raman normal do pó de CPS.

Neste estudo, as NPs Au@Ag com um núcleo de Au de 30 nm e uma casca de Ag de 7 nm foram sintetizadas através do crescimento de sementes e as caracterizações das NPs Au@Ag foram apresentadas na Figura 9.4. As NPs Au@Ag altamente uniformes e a sua estrutura núcleo-casca são claramente mostradas na imagem do microscópio eletrónico de varrimento (SEM) e na imagem do microscópio eletrónico de transmissão (TEM), respetivamente. O espetro visível de extinção mostrou que foi obtida uma vasta gama de ressonâncias de Plasmon das NPs Au@Ag de 350 nm a 560 nm. O fator de reforço (EF) das NPs Au@Ag produziu uma magnitude de 2,5*106, que é estimada na informação de apoio. O CPS, um pesticida organofosforado com

172

enxofre, contém o elemento S sob a forma de ligação dupla P=S, o que melhora o seu efeito pesticida. A molécula organofosforada que contém enxofre apresenta geralmente uma capacidade de coordenação muito forte com muitos iões metálicos. A sua capacidade de adsorção é suficientemente forte para substituir o ligando citrato de superfície no invólucro de Ag das NPs Au@Ag, proporcionando assim a possibilidade de identificar e detetar CPS pela técnica SERS (Liu et al., 2012). Os espectros SERS melhorados pelas NPs Au@Ag apresentaram uma repetibilidade muito boa (apresentada na Tabela 9.2), o que implica que as NPs Au@Ag são um bom substrato de melhoramento SERS.

9.3.2 Classificação das amostras de chá contaminadas com CPS

Os modelos de classificação para classificar amostras de chá com diferentes concentrações de resíduos de CPS em 3 subgrupos predefinidos foram desenvolvidos nesta secção. Os resultados de classificação obtidos a partir de 3 modelos de classificação aplicados a dados de espectros SERS pré-processados são apresentados na Tabela 9.3. Os modelos de classificação convencionais revelaram-se adequados para lidar com uma grande quantidade de dados de espectros e capazes de explicar as relações entre as concentrações de CPS e os espectros SERS, pelo que foram utilizados neste estudo.

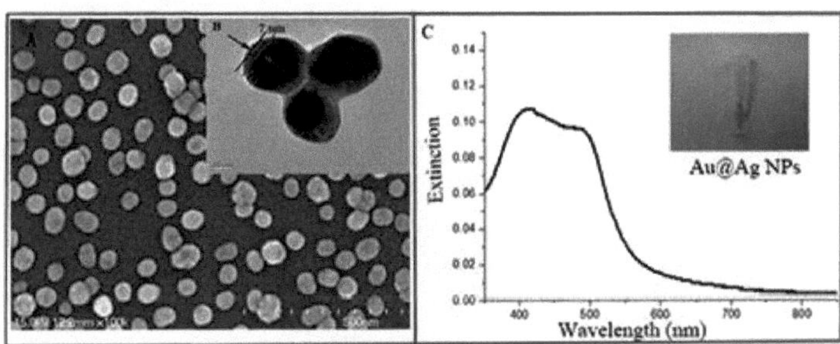

Figura 9.4. (A) Imagem SEM de Au@Ag NPs. (B) Imagem de TEM de Au@Ag NPs com um núcleo de Au de 30 nm e uma casca de Ag de 7 nm. (C) Espectro visível de extinção das NPs Au@Ag.

Tabela 9.2 Desvio-padrão relativo (RSD, %) das medições da intensidade dos espectros (n=10).

Grupos CPS	Comprimento de onda (cm $)^{-1}$						
	626	1085	1155	1260	1455	1553
Grupo1	5.6	2.5	1.7	6.8	4.6	7.2
Grupo2	4.3	3.4	7.8	5.4	3.3	4.8
Grupo3	6.0	5.2	2.0	3.7	4.3	3.9
Média	5.3	3.7	3.8	5.3	4.1	5.3

Tabela 9.3 Taxas de classificação correta de três subgrupos predefinidos utilizando três modelos de classificação.

Método de pré-processamento	APC		BPANN		KNN	
	Formação (%)	Validação (%)	Formação (%)	Validação (%)	Formação (%)	Validação (%)
SNV [a]	97.37	81.58	92.11	89.47	99.12	90.84
1º der [b]	98.25	85.63	94.74	93.42	99.12	98.25
2º der [c]	99.12	98.68	94.74	94.74	100.00	100.00

[a] Transformação de variantes normais padrão.

[b] 1ª derivada.

[c] 2ª derivada.

Os resultados da classificação dos modelos PCA aplicados aos dados dos espectros SERS pré-processados são apresentados na Tabela 9.3. Os modelos PCA apresentaram taxas de classificação mais elevadas no intervalo de 97,37-99,12% para o conjunto de dados de treino. No entanto, as taxas de classificação no intervalo de 81,58-98,68% para o conjunto de dados de validação foram inferiores às registadas para o conjunto de dados de treino. A Figura 9.5A mostra um gráfico de dispersão criado por três pontuações de componentes principais (PC1, PC2 e PC3) que são derivadas do conjunto de dados de validação pré-processado pela segunda derivada. Na Figura 9.5A, a PC1 explica 81,07% da variação, a PC2 explica 5,23% da variação e a PC3 explica 2,83% da variação, com um total cumulativo de 89,13% de variação, o que significa que os dados dos espectros SERS pré-processados podem ser explicados por estas três componentes principais. Como esperado, as amostras de chá do Grupo 1, Grupo 2 e Grupo 3 podem ser facilmente distinguidas.

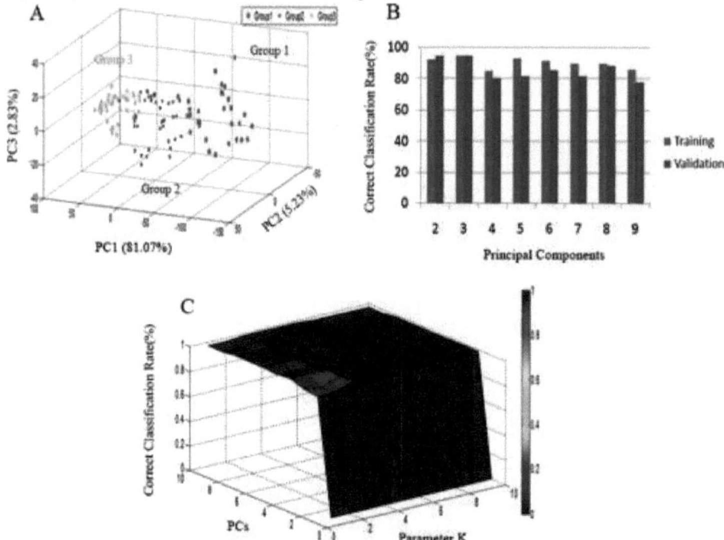

Figura 9.5 (A) Um gráfico de dispersão de três pontuações de componentes principais (PC1, PC2 e PC3) derivadas do conjunto de dados de validação pré-processado pela segunda derivada. (B) O gráfico de barras das taxas de classificação dos modelos BPANN com diferentes PCs aplicados ao conjunto de dados de treino e validação que foram ambos pré-processados pela segunda derivada. (C) As taxas de classificação dos modelos KNN com diferentes PCs e valores de K aplicados ao conjunto de dados de validação pré-processados por segunda derivada.

Os resultados da classificação dos modelos BPANN aplicados aos dados de espectros SERS pré-processados também são apresentados na Tabela 9.3. As taxas de classificação correta dos modelos BPANN situaram-se no intervalo de 92,11-94,74% para o conjunto de dados de treino, enquanto as taxas de classificação mais baixas (89,4794,74%) foram obtidas quando o BPANN foi aplicado ao conjunto de dados de validação. A Fig. 5B mostra o gráfico de barras das taxas de classificação dos modelos BPANN com diferentes componentes principais (PCs) aplicados ao conjunto de dados de treino e ao conjunto de dados de validação pré-processados por segunda derivada. A melhor taxa de classificação correta (treino = 94,74%, validação = 94,74%) dos modelos BPANN foi obtida com PCs = 3. Em comparação com os modelos PCA e BPANN, os modelos KNN mostraram maior precisão na classificação das amostras de chá em subgrupos predefinidos. Como mostra a Tabela 9.3, os modelos KNN apresentam taxas de classificação correta muito elevadas, na ordem dos 99,12-100%, para o conjunto de dados de treino. No entanto, quando os modelos KNN foram acedidos utilizando o conjunto de dados de validação, as taxas de discriminação corretas registadas situaram-se no intervalo de 90,84-100%. A Figura 9.5C mostra as taxas de classificação dos modelos KNN com diferentes PCs e valores de K para o conjunto de dados de validação pré-processado por segunda derivada. Como mostra a Fig. 5C, quando K = 5 e PCs = 7, foram obtidas as taxas de classificação óptimas (treino = 100%, validação = 100%) dos modelos KNN.

Os resultados da classificação apresentados na Tabela 9.3 mostram que o desempenho da classificação foi largamente determinado pelo tipo de modelos de classificação e pelos métodos de pré-processamento utilizados. Independentemente dos modelos de classificação, as taxas de classificação correta dos dados de espectros SERS pré-processados por SNV e primeira derivada foram ligeiramente inferiores às taxas de classificação correta do método de pré-processamento de segunda derivada. A principal razão é que o método de pré-processamento da segunda derivada melhora consideravelmente a resolução das bandas dos espectros SERS, facilitando a classificação. Em termos de modelos de classificação, o PCA é um método de redução dimensional não supervisionado e fornece uma análise da tendência de classificação; enquanto que o KNN e o BPANN são métodos de classificação supervisionados; por conseguinte, os modelos KNN e BPANN são superiores ao modelo PCA. Relativamente aos dois modelos supervisionados, o modelo KNN apresentou melhores resultados. A razão é que não foi encontrada uma combinação óptima de PCs de entrada e outros parâmetros, como o número de camadas ocultas e o valor do peso inicial para o modelo BPANN. Em geral, não existe uma teoria madura para orientar as definições da estrutura das redes neuronais, sendo normalmente orientadas pela experiência, o que resulta numa capacidade de aprendizagem e de generalização reduzida. Consequentemente, o modelo KNN associado ao método de pré-processamento da segunda derivada aplicado tanto ao conjunto de dados de treino como ao conjunto de dados de validação apresentou as taxas de classificação correta mais elevadas.

9.3.3 Quantificação do teor de CPS em amostras de chá

Os resultados estatísticos dos modelos de quantificação de CPS aplicados aos espectros SERS pré-processados são apresentados na Tabela 9.4. Os modelos quimiométricos, incluindo PLS, GA-PLS, siPLS e siPLS-GA, foram utilizados para eliminar informações irrelevantes e extrair informações significativas dos espectros SERS recolhidos, bem como para correlacionar os espectros SERS com os teores reais de CPS nas amostras de chá para quantificação de CPS.

Neste estudo, foram desenvolvidos modelos de quantificação transformando todos os dados de referência determinados com GC-MS por menos $\log_{10}$ [-$\log_{10}$ (dados de referência)]. O desempenho dos modelos de quantificação foi avaliado pela complexidade, estabilidade e exatidão da previsão.

Tabela 9.4 Resultados estatísticos de quatro modelos de quantificação aplicados a espectros SERS pré-processados para prever concentrações de CPS em amostras de chá.

Modelos quantitativos	Intervalos selecionados	Métodos de pré-processamento	Componentes principais	Número de variáveis	RMSEC[a]	RMSEP[b]	Declive	Validação da formação	r^2[c]	Validação da formação	Sig[d]	r[e]	RPD[f]
PLS	560-1700 cm^{-1}	SNV	7	587	0.28	0.37	0.99	0.97	0.97	0.95	0.89	0.98	4.70
	560-1700 cm^{-1}	1° der	9	587	0.30	0.35	0.98	0.96	0.96	0.94	0.90	0.97	4.65
	560-1700 cm^{-1}	2° der	8	587	0.30	0.38	0.97	0.98	0.96	0.95	0.85	0.97	4.43
GA-PLS	560-1700 cm^{-1}	SNV	6	115	0.28	0.29	0.99	0.98	0.98	0.96	0.85	0.98	5.12
	560-1700 cm^{-1}	1° der	5	80	0.26	0.33	0.97	0.96	0.96	0.94	0.95	0.97	4.86
	560-1700 cm^{-1}	2° der	8	93	0.27	0.34	0.99	0.98	0.97	0.94	0.93	0.97	4.78
si PLS	[823-1066 & 1184-1294 & 1607-1700 cm^{-1}]	SNV	5	235	0.26	0.35	0.99	1.03	0.97	0.93	0.63	0.97	4.82
	[718-793 & 870-941 & 1016-1084 & 1155-1221 cm]$^{-1}$	1° der	4	140	0.36	0.81	0.96	1.22	0.94	0.72	0.01	0.44	1.92
	[718-793 & 870-941 & 1287-1348 & 1532-1588 cm]$^{-1}$	2° der	7	138	0.37	0.80	0.95	0.75	0.94	0.70	0.03	0.37	1.89
siPLS-GA	[823-1066 & 1184-1294 & 1607-1700 cm^{-1}]	SNV	6	30	0.25	0.31	1.00	0.98	0.97	0.96	0.80	0.98	4.95
	[718-793 & 870-941 & 1016-1084 & 1155-1221 cm]$^{-1}$	1° der	5	12	0.33	0.43	0.99	0.94	0.96	0.92	0.87	0.96	3.58

| [718-793& 870-941 & 1287-1348& 1532-1588cm^{-1}] | $2°$ der | 4 | 24 | 0.43 | 0.60 | 0.98 | 0.90 | 0.92 | 0.85 | 0.79 | 0.89 | 2.60 |

[a] RMSEC: erro quadrático médio de calibração
[b] RMSEP: erro quadrático médio de previsão
[c] r^2 : coeficiente de determinação da correlação
[d] Sig: Teste t de amostras emparelhadas para comparação estatística entre valores de referência e valores previstos
[e] r: Coeficiente de correlação pessoal entre os valores de referência e os valores previstos
[f] RPD: rácio entre o desvio padrão dos valores de referência e o erro padrão dos valores da validação cruzada

A partir dos resultados estatísticos, os dados dos espectros SERS pré-processados pelo SNV apresentaram o melhor desempenho em comparação com os outros métodos de pré-processamento. A menor precisão de previsão dos métodos de pré-processamento de derivados pode ser atribuída à amplificação excessiva do ruído e de outros picos estranhos nos espectros derivados, o que fez com que a intensidade relativa dos picos dos espectros SERS diferisse significativamente dos espectros em bruto. Embora os métodos de pré-processamento de derivados pudessem melhorar as taxas de classificação correta devido à melhoria da resolução dos espectros, os modelos de quantificação eram susceptíveis a variações nos espectros. Os modelos GA-PLS e siPLS-GA apresentaram uma melhor capacidade de previsão do que os modelos PLS e siPLS. As razões são: (1) como um algoritmo de espetro completo, os modelos PLS retêm informações irrelevantes nos espectros SERS, reduzindo assim a precisão da previsão; (2) como um algoritmo de seleção de intervalos, os modelos siPLS selecionam e combinam intervalos espectrais óptimos que contêm informações relevantes relacionadas com o CPS, mas alguns comprimentos de onda em intervalos selecionados ainda eram colineares, pelo que alguns comprimentos de onda poderiam ser selecionados dentro desses intervalos; (3) com base nos intervalos selecionados pelo siPLS, o GA eliminou ainda mais a informação redundante e reduziu a complexidade dos modelos, melhorando assim a precisão da previsão; (4) como algoritmo de seleção de comprimentos de onda individuais, o GA-PLS foi aplicado para eliminar a informação irrelevante, retreinar os comprimentos de onda significativos que estão fortemente relacionados com a informação dos espectros SERS, pelo que o desempenho da previsão dos modelos GA-PLS obteve resultados muito bons. A Figura 9.6 mostra os componentes principais óptimos para os modelos PLS, os intervalos espectrais selecionados para os modelos siPLS, os comprimentos de onda espectrais selecionados para os modelos siPLS-GA e os comprimentos de onda espectrais selecionados para os modelos GA-PLS. Os modelos GA-PLS e siPLS-GA aplicados ao conjunto de dados de treino pré-processados do SNV apresentaram excelentes resultados de quantificação: os valores de r^2 foram 0,98 e 0,97; os valores de RMSEC foram 0,28 e 0,25; os valores de slope foram 0,99 e

1,00. Quando os desempenhos de previsão dos modelos GA-PLS e siPLS-GA foram avaliados através da aplicação ao conjunto de dados de validação pré-processados do SNV, também foram obtidos bons resultados de quantificação (r^2 = 0,96, 0,96; RMSEP = 0,29, 0,31; slope = 0,98, 0,98; r = 0,98, 0,98; RPD = 5,12, 4,95). Os modelos PLS e siPLS acoplados ao método de pré-processamento SNV produziram resultados comparáveis aos modelos GA-PLS e siPLS-GA para o conjunto de dados de treinamento, produzindo r^2 alto (r^2 = 0,97, 0,97), taxa de erro mais baixa (RMSEC = 0,28, 0,26) e uma inclinação de regressão linear próxima de 1 (inclinação = 0,99, 0,99). No entanto, estes dois modelos aplicados ao conjunto de dados de validação pré-processados SNV produziram um r^2 relativamente mais baixo (r^2 = 0,95, 0,93), um declive (declive = 0,97, 1,03), um coeficiente de correlação de Pearson (r = 0,98, 0,97) e uma taxa de erro de previsão mais elevada (RMSEP = 0,37, 0,35). A Figura 9.7 é um gráfico de regressão linear dos valores de referência GC-MS versus valores previstos SERS do conjunto de dados de treino e do conjunto de dados de validação nos modelos PLS, siPLS, siPLS-GA e GA-PLS desenvolvidos com espectros pré-processados SNV.

O teste t de amostras emparelhadas para o conjunto de dados de validação não revelou diferenças estatisticamente significativas

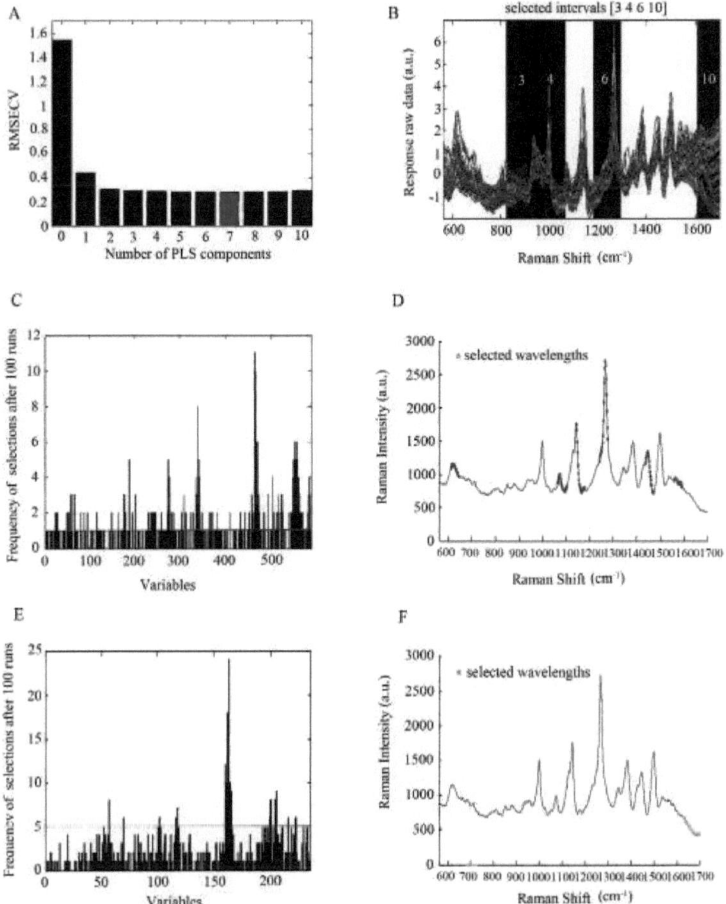

Figura 9.6 Quatro modelos de quantificação aplicados ao conjunto de dados de treino pré-processados pelo SNV: (A) os componentes principais óptimos para os modelos PLS, (B) os intervalos de espectros selecionados para os modelos siPLS, (C) a frequência de seleção de variáveis após 100 execuções por GA, (D) a distribuição das variáveis selecionadas para os modelos GA-PLS, (E) a frequência de seleção de variáveis após 100 execuções por GA com base nos intervalos selecionados por siPLS, (F) a distribuição das variáveis selecionadas para os modelos siPLS-GA.

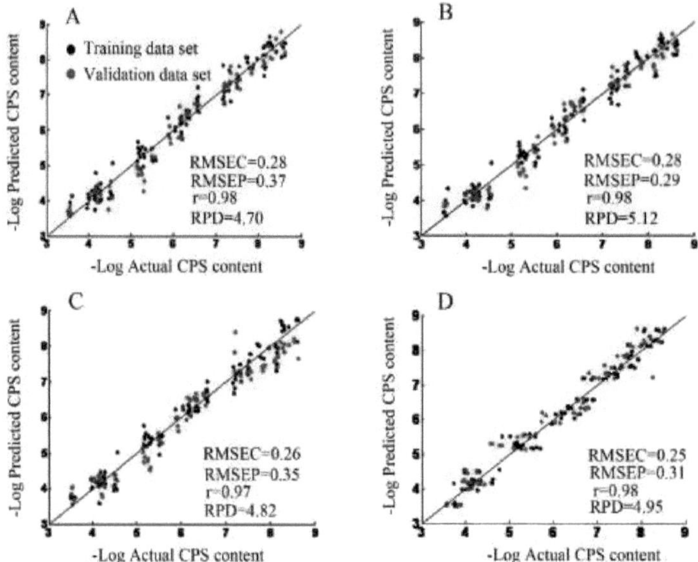

Figura 9.7 Um gráfico de regressão linear dos valores de referência GC-MS versus valores previstos SERS do conjunto de dados de treino e validação em diferentes modelos de quantificação: (A) modelo PLS; (B) modelo GA-PLS; (C) modelo siPLS; (D) modelo siPLS-GA desenvolvido com espectros pré-processados SNV.

entre os valores de referência e os valores previstos na maioria dos modelos de quantificação, exceto para os modelos siPLS desenvolvidos com dados de espectros pré-processados de primeira derivada e segunda derivada (Sig = 0,01, 0,03 < 0,05), o que provou que o tipo de métodos de pré-processamento determina em grande medida o desempenho de previsão dos modelos de quantificação. Comparando os resultados de quatro modelos de quantificação, verifica-se que os valores RPD da maioria dos modelos de quantificação foram superiores a 3,0, o que indica que a maioria dos modelos de quantificação são eficazes para a determinação de resíduos de CPS em amostras de chá. No entanto, tendo em conta a complexidade (variáveis selecionadas apresentadas na Tabela 9.4), a estabilidade e a precisão da previsão dos modelos, o modelo GA-PLS revelou-se mais superior aos outros modelos. Embora a capacidade de previsão dos modelos siPLS-GA baseados no conjunto de dados de treino e validação pré-processados SNV tenha sido excelente, a estabilidade dos modelos GA-PLS baseados nos diferentes métodos de pré-processamento foi melhor do que a dos modelos siPLS-GA.

9.4 Resumo

Os resultados desta investigação mostram que a técnica SERS combinada com modelos quimiométricos fornece um método sensível e rápido para a classificação e quantificação de resíduos de CPS no chá. Os modelos quimiométricos, incluindo modelos de classificação e modelos de quantificação desenvolvidos com dados de espectros SERS pré-processados, apresentaram excelentes desempenhos de previsão e taxas de classificação corretas. Para os modelos de classificação, o modelo KNN associado ao método de pré-processamento da segunda derivada aplicado ao conjunto de dados de treino e validação obteve as taxas de classificação correta mais elevadas. Os modelos GA-PLS e siPLS-GA aplicados ao conjunto de dados de treino e validação pré-processados do SNV produziram melhores desempenhos de previsão em comparação com outros modelos de quantificação. No entanto, houve algumas limitações em relação à aplicação deste método, tais como a complexidade dos tratamentos matemáticos necessários para melhorar a qualidade dos espectros SERS. No entanto, a técnica SERS combinada com modelos quimiométricos pode melhorar ainda mais a precisão da classificação e o desempenho da previsão através do desenvolvimento de modelos quimiométricos mais eficazes. O método proposto revelou-se, assim, uma técnica potencial para a deteção de resíduos de pesticidas, capaz de aumentar a garantia da qualidade e segurança dos alimentos.

Referências

Byler, D. M., & Susi, H. (1988). Aplicação de espetroscopia de infravermelhos e Raman computorizada a estudos de conformação de caseína e outras proteínas alimentares. Journal ofIndustrial Microbiology, 3(2), 73-88.

Campion, A., & Kambhampati, P. (1998). Surface-enhanced Raman scattering. Chemical Society Reviews, 27(4), 241-250.

Cao, Y., Tang, H., Chen, D., & Li, L. (2015). Um novo método baseado em MSPD para a determinação simultânea de 16 resíduos de pesticidas no chá por LC-MS / MS. Journal of Chromatography B, 998-999, 72-79.

Chen, Q., Yang, M., Yang, X., Li, H., Guo, Z., & Rahma, M. H. (2018). Um grande aptasensor SERS embutido molecular de seção transversal de espalhamento Raman para deteção ultraooonoível do Aflatoxina B1 usando CS-Fe3O4 para enriquecimento de sinal. Spectrochimica Ata Part a Molecular & Biomolecular Spectroscopy, 189, 147.

Chen, M., Zhao, Z., Chen, Y., Zhang, L., Ji, R., Wang, L., et al. (2015). Determinação de resíduos de pesticidas carbendazim e metiram em óleos de colza e amendoim por espetrofotometria de fluorescência. Measurement, 73, 313-317.

Guselnikova, O., Postnikov, P., Erzina, M., Kalachyova, Y., Svorcik, V., & Lyutakov, O. (2017). Deteção baseada em SERS livre de pré-tratamento, seletiva e reprodutível de íons de metais pesados na plataforma plasmônica funcionalizada com DTPA. Sensores e Actuadores B: Químico, 253.

Harshit, D., Charmy, K., & Nrupesh, P. (2017). Determinação de pesticidas organofosforados por novo método HPLC e espetrofotométrico. Food Chemistry, 230, 448-453.

Hou, R. Y., Jiao, W. T., Qian, X. S., Wang, X. H., Xiao, Y., & Wan, X. C. (2013). Método de extração eficaz para a determinação de resíduos de neonicotinóides no chá. Jornal de Química Agrícola e Alimentar, 61(51), 12565-12571.

Huang, S., Hu, J., Guo, P., Liu, M., & Wu, R. (2015). Deteção rápida de resíduos de clorpirifos no arroz por dispersão Raman melhorada pela superfície. Analytical Methods, 7(10), 4334-4339.

Kanjanawarut, R., & Su, X. (2009). Deteção colorimétrica de ADN utilizando nanopartículas metálicas não modificadas e sondas de ácido nucleico de péptidos. Analytical Chemistry, 81(15), 6122.

Kulkarni, A. R., Soppimath, K. S., Dave, A. M., Mehta, M. H., & Aminabhavi, T. M. (2000). Solubility study of hazardous pesticide (chlorpyrifos) by gas chromatography. Journal of Hazardous Materials, 80(1), 9 211

13.
Kutsanedzie, F., Chen, Q., Hassan, M. M., Yang, M., Sun, H., & Rahman, M. H. (2017). Algoritmos quimiométricos acoplados ao sistema de infravermelho próximo para enumeração da contagem total de fungos em solução pura de grãos de cacau. Food Chemistry, 240, 231-238.

Lee, K. M., & Herrman, T. J. (2016). Determinação e previsão da contaminação por fumonisina no milho por espetroscopia Raman com reforço de superfície (SERS). Tecnologia de Alimentos e Bioprocessos, 9(4), 588-603.

Lee, K. M., Herrman, T. J., Bisrat, Y., & Murray, S. C. (2014a). Viabilidade da espetroscopia Raman com reforço de superfície para deteção rápida de aflatoxinas no milho. Journal of Agricultural and Food Chemistry, 62(19), 4466.

Lee, K. M., Herrman, T. J., & Yun, U. (2014b). Aplicação da espetroscopia Raman para análise qualitativa e quantitativa de aflatoxinas em amostras de milho moído. Jornal de Ciência dos Cereais, 59(1), 70-78.

Li, H., Chen, Q., Mehedi, H. M., Chen, X., Ouyang, Q., Guo, Z., et al. (2017). Um aptasensor SERS direcionado a nanoesferas de magnetita / PMAA para deteção de tetraciclina usando moléculas de mercapto incorporadas em nanopartículas de núcleo / casca para amplificação de sinal. Biosensores e Bioelectrónica, 92, 192.

Liu, B., Han, G., Zhang, Z., Liu, R., Jiang, C., Wang, S., et al. (2012). Aumento Raman dependente da espessura da casca para identificação e deteção rápida de resíduos de pesticidas em cascas de frutas. Analytical Chemistry, 84(1), 255.

Li, L., Zhao, A., Wang, D., Guo, H., Sun, H., & He, Q. (2016). Fabricação de nanocompósitos Fe3O4@SiO2@Ag em forma de cubo com alta atividade SERS e sua aplicação na deteção de pesticidas. Journal of Nanoparticle Research, 18(7), 178.

Lu, Y., Zhong, J., Yao, G., & Huang, Q. (2018). Uma abordagem SERS sem rótulo para deteção quantitativa e seletiva de mercúrio (II) com base em nanopartículas de núcleo / casca de SiO2 @ Au modificadas por aptâmero de DNA. Sensores e Actuadores B: Químicos, 258, 365-372.

Marz, A., Trupp, S., Rosch, P., Mohr, G. J., & Popp, J. (2012). Corante de fluorescência como nova molécula de etiqueta para investigações SERS quantitativas de um antibiótico. Analytical and Bioanalytical Chemistry, 402(8), 26252631.

Nie, S., & Emory, S. R. (1997). Probing single molecules and single nanoparticles by surface-enhanced Raman scattering. Science, 275(5303), 1102.

de Oliveira Penido, C. A. F., Pacheco, M. T. T., Novotny, E. H., Lednev, I. K., & Silveira, L. (2017). Quantificação de cocaína em misturas ternárias usando regressão de mínimos quadrados parciais aplicada à espetroscopia Raman e infravermelho com transformada de Fourier. Journal of Raman Spectroscopy, 48(12), 1732-1743.

Ouyang, Q., Zhao, J., & Chen, Q. (2013). Classificação do vinho de arroz de acordo com diferentes idades marcadas, utilizando uma língua eletrónica portátil multi-electrodo acoplada a uma análise multivariada. Food Research International, 51(2), 633-640.

Qian, G., Wang, L., Wu, Y., Zhang, Q., Sun, Q., Liu, Y., et al. (2009). Um ensaio de imunoabsorção enzimática (ELISA) sensível baseado em anticorpos monoclonais para a análise do pesticida organofosforado clorpirifos-metilo em amostras reais. Food Chemistry, 117(2), 364-370.

Shende, C., Inscore, F., Sengupta, A., Stuart, J., & Farquharson, S. (2010). Extração rápida e deteção de vestígios de clorpirifos-metilo em sumo de laranja por espetroscopia Raman de superfície melhorada. Sensing & Instrumentation for Food Quality & Safety, 4(3-4), 101-107.

Su, W.-H., Sun, D.-W., He, J.-G., & Zhang, L.-B. (2017). Análise de variação nos índices espectrais de clorpirifós voláteis e imidaclopride não volátil em jujuba (Ziziphus jujuba Mill.) usando imagens hiperespectrais no infravermelho próximo (NIR-HSI) e cromatógrafo a gás-espetrometria de massa (GC-MS). Computadores e Eletrónica na Agricultura, 139, 41-55.

Tan, M. J., Hong, Z. Y., Chang, M. H., Liu, C. C., Cheng, H. F., Loh, X. J., et al. (2017). Conjugados de nanopartículas de metal carbonil-ouro para deteção SERS altamente sensível de pesticidas organofosforados. Biosensores e Bioelectrónica, 96, 167-172.

Yang, M., Liu, G., Mehedi, H. M., Ouyang, Q., & Chen, Q. (2017). Um aptasensor SERS universal baseado em nanotriângulo de casca de núcleo GNTs / Ag marcado com DTNB e deteção de traços de esferas magnéticas CS-Fe3O4 de Aflatoxina B1. Analytica Chimica Ata, 986, 122-130.

Capítulo 10

Determinação de resíduos de clorpirifos em Óleo de milho

10.1 Introdução

Com a crescente atenção dada à saúde, a segurança do óleo alimentar tornou-se uma das preocupações sociais [1]. No processo de produção de óleo comestível, a qualidade das matérias-primas afecta diretamente a qualidade do produto oleoso [2]. Se as matérias-primas estiverem contaminadas com pesticidas, isso afectará seriamente a segurança do óleo comestível. Por conseguinte, é necessário reforçar a deteção de matérias-primas no processo de produção de óleo comestível, especialmente a deteção de resíduos de pesticidas. Existem principalmente dois métodos de deteção de resíduos de pesticidas no óleo alimentar: um é o método de deteção física, que detecta principalmente a qualidade, o aspeto, o odor e outras caraterísticas da amostra de óleo alimentar para determinar se está contaminada com pesticidas. No entanto, este método não pode determinar os tipos e conteúdos específicos de pesticidas e não pode satisfazer os requisitos de uma deteção precisa. O outro é o método de deteção química, que utiliza principalmente a cromatografia, a espetrometria de massa e outras técnicas para analisar e identificar os componentes dos pesticidas nas amostras de óleo, a fim de determinar com precisão se estas estão contaminadas com pesticidas [3]. Este método tem a capacidade de resolver eficazmente as deficiências dos métodos de deteção física e possui uma maior precisão de deteção. No entanto, a sua aplicação é complexa e requer equipamento laboratorial profissional. Por conseguinte, é essencial explorar um método eficiente que seja sensível, preciso e fiável. Este avanço permite uma análise rápida dos resíduos de pesticidas no óleo alimentar. Vamos abordar este objetivo de investigação de forma incremental, procedendo gradualmente [4].

Os métodos tradicionais de deteção de pesticidas baseiam-se principalmente em reacções químicas, cromatografia, espetrometria de massa e outras técnicas [5]. No entanto, estes métodos exigem uma grande quantidade de reagentes, equipamento e custos de mão de obra durante o processamento, além de não serem amigos do ambiente. Por conseguinte, com o avanço contínuo da tecnologia, cada vez mais investigadores começaram a concentrar-se e a utilizar técnicas de deteção espetroscópica. No entanto, há que ter em conta que estas práticas requerem grandes quantidades de produtos químicos e maquinaria, ao mesmo tempo que exigem um esforço manual excessivo e são prejudiciais para o ambiente. Com a constante melhoria da tecnologia, muitos investigadores voltaram-se para as técnicas de deteção espetroscópica para as suas necessidades analíticas. Ao estudar a forma como as substâncias absorvem e emitem luz em diferentes comprimentos de onda, os cientistas podem obter uma melhor compreensão da sua composição. Esta compreensão pode ser melhorada através da análise e processamento dos atributos das substâncias utilizando um espetrómetro para os traduzir em sinais relevantes. A tecnologia espetroscópica tem as vantagens de métodos de deteção simples, rápidos e de alta sensibilidade, e requer menos reagentes e um tempo de análise mais rápido para poupar mais custos, ao mesmo tempo que tem pouco impacto no ambiente. A espetroscopia Raman e a espetroscopia no infravermelho próximo com transformada de Fourier (FT-NIR) são as duas técnicas espectroscópicas mais utilizadas [6-8].

A espetroscopia Raman é uma técnica de análise não destrutiva baseada na dispersão Raman. Envolve a utilização de um laser para excitar um eletrão numa molécula através de uma colisão não elástica, resultando num fotão disperso com uma frequência ligeiramente diferente da do laser [9]. Este fotão disperso associa-se às vibrações moleculares para formar um espetro Raman, que fornece informações sobre a composição, estrutura e propriedades físicas da amostra com base nas linhas espectrais geradas pela estrutura molecular e pelas vibrações das ligações químicas [10]. A espetroscopia Raman é utilizada em diversas áreas, incluindo a química, a ciência dos materiais, as ciências biomédicas e as ciências ambientais. Os objectivos de investigação e análise são geralmente servidos pela sua utilização generalizada nestas áreas. A espetroscopia Raman é vantajosa em relação às técnicas analíticas tradicionais devido à sua capacidade de efetuar medições sem contacto e sem necessidade de preparação prévia da amostra. Efectuando análises quantitativas e qualitativas, fornece resultados de análise precisos mesmo para amostras com baixas concentrações. Consequentemente, possui um vasto leque de aplicações na prática [11].

O FT-NIR é uma técnica espectroscópica para analisar a composição de substâncias. Esta tecnologia analisa quantitativa e qualitativamente os componentes dos materiais através da deteção da interação entre as moléculas e a luz na gama espetral do infravermelho próximo (NIR) que se propaga no material [12]. A obtenção de um espetro de absorção e reflexão para uma substância detectada pode ser conseguida através da utilização da tecnologia FT-NIR da forma como diferentes comprimentos de onda interagem com ela. Isto é feito através da transmissão de ondas de luz NIR para a substância em causa. As interações entre as moléculas da substância são analisadas utilizando informações de reflexão e dispersão. Várias áreas, como a farmacêutica, a química, a alimentar e a ciência ambiental, utilizam a tecnologia FT-NIR para a deteção e análise extensivas de componentes materiais [13-15]. Pode fornecer resultados de análise altamente precisos, pelo que é amplamente utilizada no processo de produção real para ajudar os fabricantes a compreender melhor a qualidade dos produtos.

Embora a espetroscopia Raman e FT-NIR sejam benéficas para a análise de composições de substâncias, existem também desvantagens específicas associadas a elas. A espetroscopia Raman tem algumas limitações na análise de substâncias de elevada concentração devido a factores como sinais fracos, suscetibilidade a interferências e seletividade. As substâncias de baixa concentração ou vestigiais constituem um desafio para as capacidades analíticas da FT-NIR. A tecnologia de fusão espetral tem sido desenvolvida de forma constante ao longo do tempo para resolver estas limitações. Para criar uma metodologia analítica melhor ou mais completa, a tecnologia de fusão espetral combina resultados obtidos a partir de diferentes métodos espectrais [16]. Ao explorar os pontos fortes de várias técnicas espectrais e ao ultrapassar as suas limitações, a fusão espetral pode aumentar a precisão e a fiabilidade dos resultados analíticos. Podem também ser utilizados métodos estatísticos avançados, como a análise de componentes principais e as redes neuronais artificiais, para melhorar a eficiência e a exatidão da análise de dados [17]. Por conseguinte, a tecnologia de fusão espetral tornou-se uma tecnologia-chave no domínio da análise e avaliação não destrutivas e tem sido amplamente utilizada na química, biologia, agricultura, produtos farmacêuticos, ciência dos materiais e indústria [18].

Como é do conhecimento geral, a tecnologia de fusão multiespectral pode ser dividida em fusão de baixo nível, fusão de nível médio e fusão de alto nível [19]. A fusão de baixo nível combina diretamente os dados recolhidos por vários sensores numa matriz para análise de variáveis multidimensionais. A fusão de nível médio extrai variáveis caraterísticas de cada sensor e funde-as com base nas variáveis caraterísticas. Em contrapartida, a fusão de alto nível requer o julgamento dos dados de cada sensor e a fusão de todas as decisões, o que exige uma tecnologia de processamento de dados precisa. Considerando todos os factores, neste estudo, escolhemos uma combinação de métodos de fusão de dados de nível médio e baixo para maximizar as vantagens de diferentes dados espectrais e obter dados de caraterísticas mais abrangentes, fiáveis e diversificados para melhorar a precisão e a estabilidade da previsão do modelo. Com base nisto, para lidar melhor com dados espectrais complexos, escolhemos uma rede neural convolucional unidimensional (1D-CNN) para modelação [20]. A arquitetura 1D-CNN capta eficazmente as caraterísticas espaciais dos dados sequenciais, demonstrando uma precisão e estabilidade excepcionais. Em comparação com outros modelos de aprendizagem profunda, a 1D-CNN tem menos parâmetros, pode ser treinada e prevista rapidamente e tem um certo grau de interpretabilidade e capacidade de generalização [21]. Por conseguinte, utilizámos o 1D-CNN como ferramenta de modelação para obter uma previsão precisa dos níveis de resíduos de pesticidas, extraindo caraterísticas eficazes dos dados espectrais.

Tendo em conta a análise supramencionada, propõe-se o seguinte plano de trabalho para este estudo: (1) Aquisição de dados espectrais. Preparar amostras de óleo alimentar com diversas concentrações de clorpirifos e utilizar o espetrómetro Raman e o espetrómetro FT-NIR para recolher os espectros dos resíduos de clorpirifos nas amostras de óleo de milho. (2) Fusão de dados. Utilizar uma estratégia de fusão de dados de nível médio-baixo para fundir diferentes tipos de caraterísticas espectrais, a fim de melhorar a precisão e a estabilidade da previsão do modelo. (3) Extração de caraterísticas e calibração do modelo. Desenvolver uma arquitetura de modelo baseada em 1D-CNN para treinar e prever dados de caraterísticas multiespectrais fundidos.

10.2 Materiais e métodos

10.2.1 Preparação e aquisição de amostras experimentais para o estudo

O estudo adquiriu padrões de clorpirifos com uma concentração superior a 99% e n-hexano cromatográfico de alta qualidade. Nove marcas diferentes de óleo de milho foram adquiridas num supermercado para preparar as amostras de óleo de milho. Começar por dissolver 300 mg de padrão de clorpirifos em solvente n-hexano de grau cromatográfico aquando da preparação da amostra. De seguida, foram preparadas 21 soluções padrão de clorpirifos. As concentrações da solução-padrão são 1800, 500, 400, 300, 180, 150, 100, 50, 40, 30, 15, 12, 10, 5, 40, 30, 18, 1, 0,8, 0,5, 0,3 mg/kg. Finalmente, 21 soluções padrão de clorpirifos com diferentes concentrações foram misturadas com óleo de milho comprado em supermercados numa proporção em massa de 1:9. Posteriormente, foram criadas 189 amostras de óleo de milho com diferentes níveis de concentração de clorpirifos. A concentração de clorpirifos nas amostras de óleo de milho foi a seguinte: 180, 50, 40, 30, 18, 15, 10, 5, 4, 3, 1,5, 1,2, 1, 0,5, 0,4, 0,3, 0,18, 0,1, 0,08, 0,05, 0,03 mg/kg.

10.2.2 Instrumentos experimentais

No estudo, todas as amostras foram recolhidas utilizando o espetrómetro Raman laser QE Pro Raman+ da Ocean Optics e o espetrómetro FT-NIR Antaris II da Thermo Fisher Scientific. Os dados espectrais Raman e FT-NIR foram registados separadamente. Foram utilizadas cuvetes de quartzo com uma largura de 5 mm para o carregamento das amostras.

10.2.3 Amostragem espetral

Antes de recolher os dados espectrais Raman, o instrumento foi configurado com parâmetros específicos: o comprimento de onda da fonte de luz laser foi de 532 nm, a potência laser foi de 300 mW, o tempo de integração foi de 1000 ms, a gama de varrimento espetral foi de 84-4540 cm^{-1} e a temperatura ambiente foi mantida a cerca de 25 °C. A especificação da amostra de aquisição de espetro do espetrómetro FT-NIR é definida como a amostra acessória de transmissão inteligente, todas as amostras são colocadas na câmara de amostras em frente do instrumento com uma cuvete, a resolução espetral é definida para 8 cm^{-1} , cada amostra é digitalizada 64 vezes e os espectros médios foram utilizados como espectros brutos, e a gama de digitalização espetral abrangeu a gama de 10000-4000 cm^{-1} . Durante a recolha de dados espectrais, cada amostra foi medida três vezes e a média das três medições foi considerada como o espetro bruto da amostra. A figura 10.1A mostra os espectros Raman em bruto das amostras de óleo de milho indicadas e a figura 10.1B mostra os espectros FT-NIR em bruto das amostras de óleo de milho indicadas.

10.2.4 Investigação de aplicações da tecnologia de fusão de dados multiespectrais

2.4.1 Aplicação da tecnologia de fusão de baixo nível

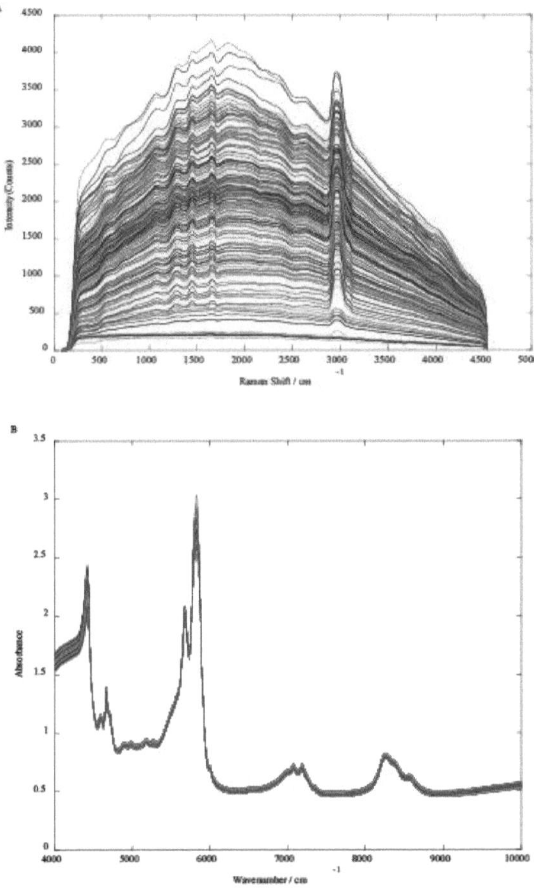

Figura 10.1 Espectros Raman em bruto (A) e espectros FT-NIR em bruto (B) de amostras de óleo de milho.

A fusão espetral de baixo nível melhora a precisão e a fiabilidade da análise espetral através da integração de dados espectrais adquiridos a partir de várias bandas ou técnicas espectrais [22]. A espetroscopia Raman e a FT-NIR têm fortes caraterísticas complementares. A espetroscopia Raman é utilizada principalmente para analisar a estrutura molecular e os estados de ligação, enquanto a espetroscopia FT-NIR é utilizada principalmente para analisar grupos funcionais, moléculas funcionais e modos vibracionais moleculares. Estas duas técnicas espectroscópicas fornecem informações complementares para a análise de amostras, e os dados espectrais fundidos podem não só ultrapassar as limitações de uma única técnica espectroscópica, como também melhorar a precisão e a fiabilidade dos resultados analíticos. Assim, a técnica de fusão espetral de baixo nível pode melhorar a exatidão e a capacidade de discriminação das análises através da fusão de duas técnicas espectroscópicas diferentes, e tem um grande potencial e perspectivas de aplicação.

O estudo empregou a fusão de dados de baixo nível, utilizando inicialmente a técnica de normalização para tratar os dois tipos de dados espectrais em bruto. O objetivo era eliminar o impacto resultante da variação de magnitude entre os dois tipos de dados espectrais durante a fusão dos dados e evitar que os dados espectrais FT-NIR fossem erradamente considerados como informação de ruído durante o pré-processamento espetral (a magnitude da intensidade espetral Raman é de 10^3 , enquanto a dos dados espectrais FT-NIR é inferior a 10^1). De seguida, os dados espectrais processados foram fundidos utilizando um método que concatena os dados espectrais Raman e FT-NIR de ponta a ponta e, em seguida, foi utilizada a 1D-CNN para modelar os dados espectrais fundidos. A Figura 10.2 mostra a estrutura da rede 1D-CNN projectada.

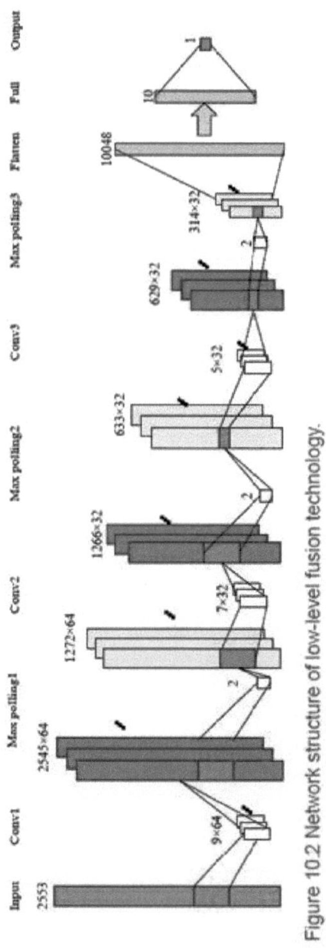

Figure 10.2 Network structure of low-level fusion technology.

2.4.2 Aplicação da tecnologia de fusão de nível médio

A tecnologia de fusão de nível médio centra-se na extração de caraterísticas de dados espectrais obtidos através de vários sensores, o que pode reduzir eficazmente o número de variáveis e a complexidade do modelo, melhorando simultaneamente a relação sinal/ruído. Ao fundir estas caraterísticas, é possível obter dados espectrais mais abrangentes e precisos.

No domínio da espetroscopia, a tecnologia de fusão de nível médio pode ser utilizada para fundir várias técnicas espectroscópicas, como a espetroscopia NIR, a espetroscopia de infravermelhos e a espetroscopia Raman. Ao fornecerem informações diversas em várias gamas de comprimentos de onda, estas técnicas espectroscópicas são úteis para analisar diferentes tipos de amostras. A espetroscopia NIR tem a capacidade de identificar componentes como proteínas, amido e gordura em testes de qualidade de produtos agrícolas. O teor de humidade e a estrutura das proteínas podem ser detectados utilizando a espetroscopia de infravermelhos. A espetroscopia Raman pode ser utilizada para detetar substâncias nocivas, como resíduos de pesticidas e metais pesados em produtos agrícolas. A fusão destes dados espectroscópicos a nível médio pode fornecer informações mais completas e precisas sobre os componentes da amostra e as substâncias nocivas, melhorando assim a exatidão e a eficiência dos testes de qualidade dos produtos agrícolas.

Algumas técnicas de fusão de nível médio comuns no domínio da espetroscopia incluem (1) Fusão por análise de componentes principais (PCA): combinação de componentes principais de diferentes bandas espectrais para formar um novo vetor de caraterísticas [23]. Este método pode reduzir a dimensionalidade dos dados e melhorar a eficiência da classificação. (2) Fusão por transformada de wavelet: utilização da transformada de wavelet para fundir informação espetral de diferentes bandas e aumentar a precisão da classificação [24]. (3) Fusão por aprendizagem de múltiplos kernel: extrair e fundir caraterísticas de diferentes bandas espectrais utilizando múltiplas funções de kernel para melhorar a precisão e a robustez da classificação [25]. (4) Fusão de aprendizagem profunda: utilização de modelos de aprendizagem profunda, como a CNN, para extrair e fundir caraterísticas de dados espectroscópicos a fim de melhorar a precisão e a robustez da classificação. Este estudo adopta a técnica de fusão de aprendizagem profunda [26].

Ao utilizar modelos de aprendizagem profunda para extrair e fundir caraterísticas de vários espaços de caraterísticas, a metodologia conhecida como fusão de aprendizagem profunda melhora a precisão e a robustez da classificação [27]. Na fusão de aprendizagem profunda, são normalmente utilizados vários modelos de redes neuronais profundas, como as redes neuronais convolucionais (CNN), as redes neuronais recorrentes (RNN), os autoencoders (AEs), etc., para extrair e fundir caraterísticas de diferentes espaços de caraterísticas. Cada modelo pode ser visto como um extrator de caraterísticas que descreve os dados de diferentes perspetivas. Em seguida, as caraterísticas extraídas de diferentes modelos são fundidas para obter um vetor de caraterísticas abrangente, que serve de entrada para a camada final totalmente ligada.

Nas tarefas de regressão espetral, em comparação com outras técnicas de fusão de nível médio, as vantagens da fusão de aprendizagem profunda reflectem-se principalmente nos seguintes aspectos: (1) melhor aprendizagem de caraterísticas não lineares: os dados espectrais têm frequentemente caraterísticas não lineares complexas e a fusão de aprendizagem profunda pode aprender e expressar melhor estas caraterísticas através de múltiplas camadas de transformações não lineares, melhorando assim a precisão da regressão espetral. (2) fusão de caraterísticas mais flexível: a fusão de aprendizagem profunda pode aprender conjuntamente diferentes representações de caraterísticas através de redes neuronais, obtendo assim representações de caraterísticas mais flexíveis e refinadas e melhorando o poder de representação dos dados espectrais. (3) maior robustez e capacidade de generalização: a fusão de aprendizagem profunda pode aumentar a robustez e a generalização do sistema através da integração de diversos modelos, que podem adaptar-se melhor à variabilidade e à interferência do ruído dos dados espectrais. (4) aprendizagem adaptativa de caraterísticas: a fusão de aprendizagem profunda pode aprender adaptativamente o peso das caraterísticas e a relação entre elas, adaptando-se assim melhor às alterações e incertezas dos dados espectrais.

Em resumo, em comparação com outras técnicas de fusão de nível médio, a fusão por aprendizagem profunda tem uma melhor representação de caraterísticas, uma fusão de caraterísticas mais flexível, uma maior robustez e capacidade de generalização e uma melhor capacidade de aprendizagem de caraterísticas adaptável em tarefas de regressão espetral. Por conseguinte, tem sido amplamente utilizada em aplicações práticas.

Na fusão de dados de nível médio, este estudo normaliza os espectros Raman e FT-NIR originais separadamente e utiliza 1D-CNN com estruturas diferentes para processar os dois dados de espectros e extrair as suas informações de caraterísticas. Em seguida, as informações das caraterísticas de saída das duas camadas convolucionais são concatenadas e transmitidas a uma camada totalmente conectada, que acaba por produzir um resultado de previsão. Após a concatenação das caraterísticas, de acordo com o sinalizador attention_flag, se este for 1, é adicionado um mecanismo de atenção para ponderar as caraterísticas, realçando assim a importância de determinadas caraterísticas e melhorando o desempenho do modelo. Finalmente, duas camadas totalmente conectadas mapeiam as informações ponderadas das caraterísticas para o resultado final da previsão. Se attention_flag for 0, significa que o mecanismo de atenção não é utilizado e que a estrutura do modelo inclui apenas três camadas convolucionais e duas camadas totalmente ligadas, sem cálculo adicional da pontuação de atenção e operações de ponderação. Neste caso, a propagação progressiva do modelo envolve apenas o envio dos dados de entrada para as camadas convolucionais e totalmente ligadas para extração e previsão de caraterísticas. A Figura 10.3 ilustra a arquitetura da rede 1D-CNN para a fusão de dados de nível médio desenvolvida neste estudo para analisar quantitativamente os resíduos de clorpirifos no óleo de milho.

10.2.5 Avaliação do modelo

Neste estudo, foi utilizado um modelo de regressão para prever a quantidade residual de clorpirifos no óleo de milho. Os critérios de avaliação do modelo incluíram a avaliação do modelo tanto no conjunto de teste como no conjunto de treino, utilizando o coeficiente de determinação (R^2), a raiz do erro quadrático médio (RMSE) e o desvio percentual relativo (RPD) como métricas de avaliação [28]. Se o R^2 do conjunto de previsão se aproximar de 1 e a raiz do erro quadrático médio de previsão (RMSEP) for menor, isso indica que o modelo tem uma capacidade de teste mais forte. Se o R^2 do conjunto de treino se aproximar de 1 e a raiz do erro quadrático médio de correção (RMSEC) for menor, isso indica que o modelo tem uma maior capacidade de treino. As fórmulas utilizadas para calcular estes indicadores são as seguintes

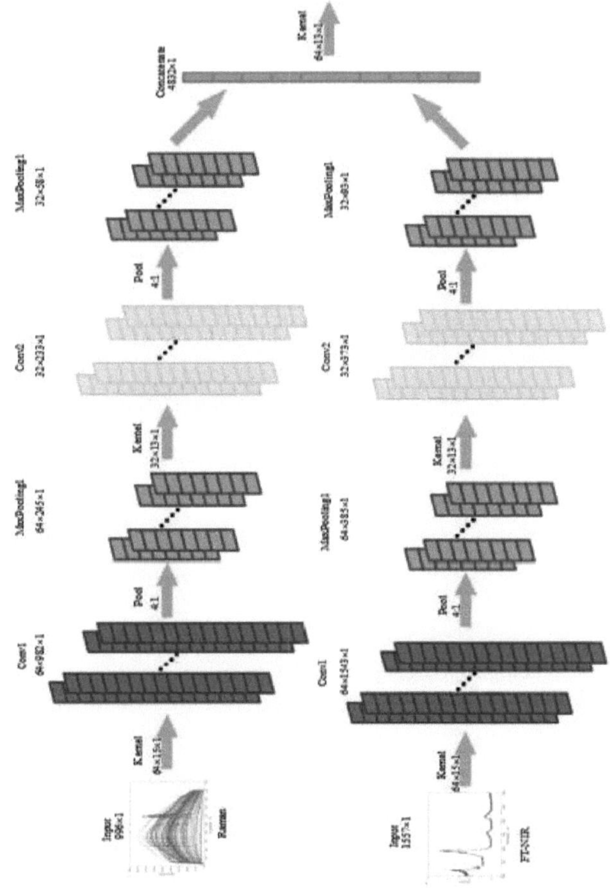

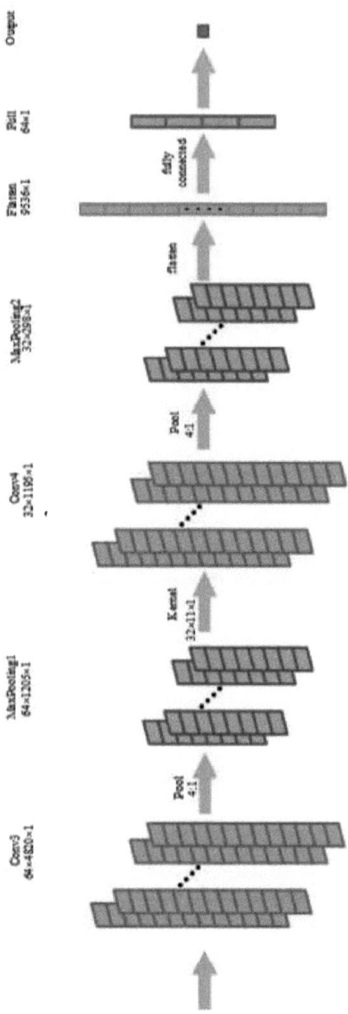

Figura 10.3 Estrutura de rede da tecnologia de fusão de nível médio.

10.2.5.5 Avaliação do modelo

Neste estudo, para avaliar o desempenho do modelo de regressão múltipla estabelecido, são utilizados principalmente o coeficiente de correlação de calibração (RC), o coeficiente de correlação de previsão (RP), a raiz do erro quadrático médio de calibração (RMSEC) e a raiz do erro quadrático médio de previsão (RMSEP). Além disso, para normalizar a precisão da previsão, é calculado o desvio do desempenho do rácio (RPD) do modelo SSA-SVR. Quando o valor do RPD é inferior a 1,4, o desempenho de previsão do modelo é considerado mau. A sua fórmula de cálculo específica é a seguinte

$$RMSEC = \sqrt{\frac{\sum_{i=1}^{n_c}(y_i - \hat{y}_i)^2}{n_c}} \qquad (10.1)$$

$$R_C^2 = 1 - \frac{\sum_{i=1}^{n_c}(y_i - \hat{y}_i)^2}{\sum_{i=1}^{n_c}(y_i - \bar{y}_i)^2} \qquad (10.2)$$

$$RPD = \frac{SD}{RMSEP} \qquad (10.3)$$

Na fórmula, y_t, $\hat{y}$ e y_t representam o valor medido, o valor previsto e o valor médio do conjunto de correção, respetivamente. RMSEP e Rp são semelhantes. n_c representa o número de amostras no conjunto de correção e SD representa o desvio padrão do conjunto de previsão.

10.2.6 Software

Neste estudo, todos os algoritmos de aprendizagem profunda foram implementados no Pytorch 1.5.0 (Python 3.6.9). A recolha de dados experimentais utilizou um CPU Intel i7 10750H, 32 GB de memória, GPU RTX2060 (6 GB) e foi executada no sistema Windows 11.

10.3 Resultados e discussão

10.3.1 Divisão do conjunto de dados

Neste estudo, 75% das 189 amostras foram utilizadas como conjunto de treino e 25% como conjunto de previsão. Foi utilizado um modelo 1D-CNN para a correção espetral dos dados supramencionados. Especificamente, este estudo utilizou o espetro FT-NIR original e o espetro Raman no modelo e utilizou 1D-CNN para correção de fusão de dados de baixo e médio nível.

10.3.2 Os resultados da formação da tecnologia de fusão de dados

A função de perda dos modelos de fusão de dados 1D-CNN de nível baixo e intermédio neste estudo é o erro absoluto médio e avaliámos o seu desempenho utilizando o R^2. Este estudo utiliza o algoritmo de otimização Adam e a taxa de aprendizagem inicial é fixada em 0,0001. Além disso, o tamanho do lote para o treinamento da 1D-CNN foi definido como 50, e o treinamento foi realizado para 1000 épocas.

A Figura 10.4 mostra que, à medida que a época aumenta, os valores de perda dos cinco modelos 1D-CNN apresentam uma tendência clara para a diminuição. Isto indica que os cinco modelos aprenderam efetivamente caraterísticas espectrais associadas aos níveis residuais de clorpirifos no óleo de milho. Uma análise mais detalhada da Figura 10.4 revela uma transição de um processo de formação instável para um processo estável para cada modelo. O ponto estável do modelo espetral original surgiu por volta das 900 iterações. No entanto, a utilização do modelo de fusão de dados de baixo nível para a formação do modelo 1D-CNN manteve-se estável em cerca de 600 iterações, e o modelo de fusão de dados de nível médio estabilizou rapidamente em cerca de 100 iterações durante o processo de formação.

10.3.3 Resultados e comparação de diferentes modelos

Examinando a Tabela 10.1, pode observar-se que os modelos 1D-CNN treinados exclusivamente nos espectros Raman e FT-NIR originais apresentam um desempenho de previsão inadequado. Por outro lado, os modelos 1D-CNN treinados utilizando espectros de fusão de dados de baixo nível demonstram melhorias notáveis tanto no RMSE como no R^2 . Além disso, o desempenho dos modelos que utilizam a fusão de dados de nível médio é melhor do que os que utilizam a fusão de dados de baixo nível, especialmente o modelo de fusão de dados de nível médio com mecanismo de atenção adicional, que tem um R de 0,9874 e um valor RMSEP de 5,3792 mg/kg no conjunto de previsão, que é 0,0711 superior e 7,1 inferior, respetivamente, aos do modelo de fusão de dados de baixo nível. O valor RPD é de 11,6517, o que é quase 6,5 superior ao do modelo de fusão de dados de baixo nível. Além disso, o modelo de fusão de dados de nível médio demonstra um desempenho superior entre os cinco modelos 1D-CNN. Consequentemente, com base nos resultados deste estudo, o modelo de fusão de dados de nível médio surgiu como o modelo espetral superior para a deteção de clorpirifos residuais no óleo de milho.

Quando se utilizam dados Raman e FT-NIR brutos para treino, o elevado valor de estabilidade pode dever-se às grandes diferenças entre as duas modalidades, o que dificulta a captação das suas correlações pelo modelo, exigindo mais treino para atingir um estado estável. Além disso, valores baixos de RPD podem indicar um fraco desempenho do modelo nos dados de teste, o que pode dever-se a ruído ou a dados de formação insuficientes. Quando se treina com técnicas de fusão de dados de baixo nível, o valor da perda desce rapidamente e tende a estabilizar, possivelmente porque as caraterísticas de baixo nível são mais generalizáveis e mais fáceis de aprender, facilitando a aprendizagem das correlações pelo modelo
entre as duas modalidades.

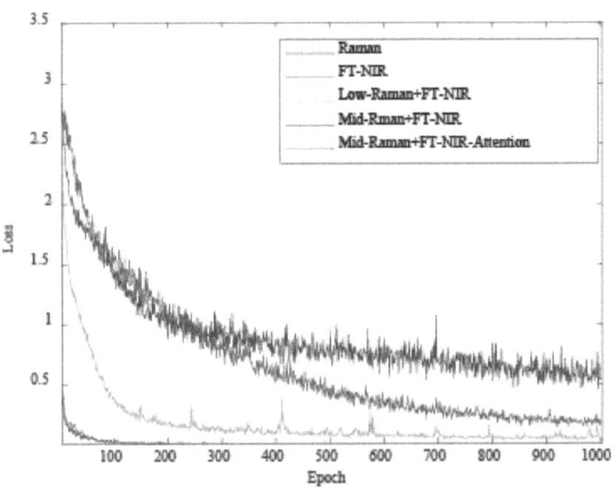

Figura 10.4 A perda de diferentes métodos.

Tabela 10.1 Avaliação de diferentes redes 1D-CNN.

Modelo	RMSEC/rng-kg⁻¹	R c²	RMSEP/mg-kg⁻¹ R²p	RPD
Raman	15.4566	0.8377	15.8458 0.8294	2.4575
FT-NIR	13.4488	0.9166	13.8880 0.9110	4.7378
Baixa gama+FT-NIR	7.4935	0.9700	12.5077 0.9163	5.1410
Mid-Raman+FT-NIR	5.0403	0.9838	8.1104 0.9745	7.3131
Mid-Raman+FT-NIR-Atenção	4.3952	0.9884	5.3792 0.9874	11.6517

Além disso, valores mais elevados de RPD podem indicar um melhor desempenho do modelo nos dados de teste, o que pode dever-se ao facto de o modelo aprender melhor as correlações entre as duas modalidades. Quando se treina com técnicas de fusão de dados de nível intermédio, o valor de perda inicial é inferior, a taxa de descida é mais rápida e o valor de RPD é mais elevado do que quando se treina com dados em bruto. Isto pode dever-se ao facto de as caraterísticas de nível intermédio serem mais específicas e relevantes, ajudando o modelo a aprender melhor as correlações entre as duas modalidades. Além disso, devido ao valor RPD mais elevado, podemos inferir que o modelo tem um melhor desempenho nos dados de teste, o que pode dever-se ao facto de o modelo aprender melhor as correlações entre as duas modalidades. Ao treinar com mecanismos de fusão de dados e de atenção de nível médio, os valores de perda são quase os mesmos, mas o valor de RPD aumenta ainda mais, o que pode dever-se à melhor capacidade do mecanismo de atenção para captar as correlações entre as duas modalidades, melhorando assim o desempenho de generalização do modelo. Em geral, diferentes níveis de fusão de dados e mecanismos de atenção podem ajudar o modelo a aprender melhor as correlações entre as duas modalidades e melhorar o desempenho do modelo. Os resultados experimentais mostram que a fusão de dados de nível médio pode melhorar eficazmente a precisão da correção espetral.

10.4 Resumo

O estudo investiga o efeito de diferentes níveis de fusão de dados e mecanismos de atenção no desempenho do treino do modelo através de experiências em espectros Raman e FT-NIR, e aplicou com êxito o modelo optimizado à análise quantitativa de clorpirifos residuais em óleo de milho. Os resultados experimentais indicaram que o modelo que incorpora a tecnologia de fusão de dados de nível médio e um mecanismo de atenção apresentou um desempenho superior em termos de valores de perda e RPD durante o processo de treino, com uma melhoria significativa em relação a outros modelos 1D-CNN. Por conseguinte, este estudo fornece apoio experimental e orientações de otimização para a tecnologia de fusão de espectros Raman e FT-NIR e tem valor de aplicação prática.

Referências

[1] R. Hu, T. He, Z. Zhang, Y. Yang, M. Liu, Análise de segurança de produtos de óleo comestível via espetroscopia Raman, Talanta, 191 (2019) 324-332.
[2] Y. Zhou, W. Zhao, Y. Lai, B. Zhang, D. Zhang, Edible plant oil: Status global, questões de saúde e perspectivas, Frontiers in Plant Science, 11 (2020) 1315.
[3] A. Stachniuk, E. Fornal, Cromatografia Líquida-Espectrometria de Massa na Análise de Resíduos de Pesticidas em Alimentos, Food Analytical Methods, 9 (2016) 1654-1665.
[4] X. Li, L. Zhang, Y. Zhang, D. Wang, X. Wang, L. Yu, W. Zhang, P. Li, Revisão dos métodos de espetroscopia NIR para análise de qualidade não destrutiva de sementes oleaginosas e óleos comestíveis, Tendências em Ciência e Tecnologia Alimentar, 101 (2020) 172-181.
[5] S. Sindhu, A. Manickavasagan, Nondestructive testing methods for pesticide residue in food commodities: A review, Comprehensive Reviews in Food Science and Food Safety, 22 (2023) 1226-1256.
[6] J. Deng, H. Jiang, Q. Chen, Determinação da aflatoxina B-1 (AFB(1)) no milho com base num sistema portátil de espetroscopia Raman e análise multivariada, Spectrochimica Ata Part a-Molecular and Biomolecular Spectroscopy, 275 (2022) 121148.
[7] D. Kusumaningrum, H. Lee, S. Lohumi, C. Mo, M.S. Kim, B.-K. Cho, Técnica não destrutiva para determinar a viabilidade de sementes de soja (Glycine max) usando espetroscopia FT-NIR, Journal of the Science of Food and Agriculture, 98 (2018) 1734-1742.
[8] Z. Xie, X. Chen, Partial least trimmed squares regression, Chemometrics and Intelligent Laboratory Systems, 221 (2022) 104486.
[9] H. Jiang, Y. He, W. Xu, Q. Chen, Deteção quantitativa do valor ácido durante o armazenamento de óleo comestível por espetroscopia Raman: Comparação dos efeitos de otimização dos algoritmos BOSS e VCPA nos espectros Raman caraterísticos de óleos comestíveis, Food Analytical Methods, 14 (2021) 1826-1835.
[10] R.S. Das, Y.K. Agrawal, Raman spectroscopy: Avanços recentes, técnicas e aplicações, Vibrational Spectroscopy, 57 (2011) 163-176.
[11] A. Orlando, F. Franceschini, C. Muscas, S. Pidkova, M. Bartoli, M. Rovere, A. Tagliaferro, Uma revisão abrangente das aplicações da espetroscopia Raman, Chemosensors, 9 (2021) 262.
[12] H. Azizian, J.K.G. Kramer, A rapid method for the quantification of fatty acids in fats and oils with emphasis on trans fatty acids using Fourier transform near infrared spectroscopy (FT-NIR), Lipids, 40 (2005) 855-867.
[13] S.S.N. Chakravartula, R. Moscetti, G. Bedini, M. Nardella, R. Massantini, Utilização de uma rede neural convolucional (CNN) combinada com a espetroscopia FT-NIR para prever a adulteração de alimentos: Um estudo de caso sobre o café, Food Control, 135 (2022) 108816.
[14] L. Liu, X.P. Ye, A.R. Womac, S. Sokhansanj, Variabilidade da composição química da biomassa e análise rápida utilizando técnicas FT-NIR, Carbohydrate Polymers, 81 (2010) 820-829.
[15] A.Q. Vo, H. He, J. Zhang, S. Martin, R. Chen, M.A. Repka, Aplicação da análise FT-NIR para monitorização em linha e em tempo real da extrusão de fusão a quente farmacêutica: uma nota técnica, Aaps Pharmscitech, 19 (2018) 3425-3429.
[16] H. Leng, C. Chen, C. Chen, F. Chen, Z. Du, J. Chen, B. Yang, E. Zuo, M. Xiao, X. Lv, P. Liu, tecnologia de fusão de espetroscopia Raman e espetroscopia FTIR combinada com

aprendizagem profunda: Um novo método de previsão do cancro, Spectrochimica Ata Part a-Molecular and Biomolecular Spectroscopy, 285 (2023) 121839. [17] L. Ren, Y. Tian, X. Yang, Q. Wang, L. Wang, X. Geng, K. Wang, Z. Du, Y. Li, H. Lin, Identificação rápida de espécies de peixes por espetroscopia de decomposição induzida por laser e espetroscopia Raman associada a métodos de aprendizagem automática, Food Chemistry, 400 (2023) 134043.

[18] Z. Xie, X. Chen, J.-M. Roger, S. Ali, G. Huang, W. Shi, Calibration transfer via filter learning, Analytica Chimica Ata, (2024) 342404.

[19] E. Borras, J. Ferre, R. Boque, M. Mestres, L. Acena, O. Busto, Data fusion methodologies for food and beverage authentication and quality assessment - A review, Analytica Chimica Ata, 891 (2015) 1-14.

[20] J. Deng, X. Zhang, M. Li, H. Jiang, Q. Chen, Estudo de viabilidade em modelos de aprendizagem profunda baseados em espectros Raman para monitorizar o grau de contaminação e o nível de aflatoxina B-1 em óleo comestível, Microchemical Journal, 180 (2022) 107613.

[21] Z. Li, F. Liu, W. Yang, S. Peng, J. Zhou, Uma pesquisa de redes neurais convolucionais: análise, aplicações e perspectivas, Ieee Transactions on Neural Networks and Learning Systems, 33 (2022) 6999-7019.

[22] K. Rammelkamp, S. Schroeder, S. Kubitza, D.S. Vogt, S. Frohmann, P.B. Hansen, U. Boettger, F. Hanke, H.-W. Huebers, LIBS de baixo nível e fusão de dados Raman no contexto da exploração in situ de Marte, Journal of Raman Spectroscopy, 51 (2020) 1682-1701.

[23] L. Feng, B. Wu, S. Zhu, J. Wang, Z. Su, F. Liu, Y. He, C. Zhang, Investigação sobre a fusão de dados de dados espectrais de várias fontes para identificação de doenças foliares de arroz usando métodos de aprendizado de máquina, Frontiers in Plant Science, 11 (2020) 577063.

[24] X. Yang, Z. Wu, Q. Ou, K. Qian, L. Jiang, W. Yang, Y. Shi, G. Liu, Diagnóstico de câncer de pulmão por espetroscopia FTIR combinada com espetroscopia Raman baseada em fusão de dados e transformada wavelet, Frontiers in Chemistry, 10 (2022) 7.

[25] N.L. Tsakiridis, C.G. Chadoulos, J.B. Theocharis, E. Ben-Dor, G.C. Zalidis, Uma abordagem de aprendizagem de núcleo múltiplo de três níveis para a análise espetral do solo, Neurocomputing, 389 (2020) 27-41.

[26] L. Zhou, C. Zhang, M.F. Taha, Z. Qiu, Y. He, Determinação do teor de água da folha com um sistema NIRS portátil baseado em aprendizagem profunda e análise de fusão de informações, Transactions of the Asabe, 64 (2021) 127135.

[27] Q. Wang, J. Xiao, Y. Li, Y. Lu, J. Guo, Y. Tian, L. Ren, Fusão de dados de nível médio da espetroscopia Raman e da espetroscopia de rutura induzida por laser: Improving ores identification accuracy, Analytica Chimica Ata, 1240 (2023) 340772.

[28] H. Jiang, Y. He, Q. Chen, Determinação do valor ácido durante o armazenamento de óleo comestível usando um sistema de espetroscopia NIR portátil combinado com algoritmos de seleção de variáveis com base em uma estratégia baseada em MPA, Journal of the Science of Food and Agriculture, 101 (2021) 3328-3335.

[29]

yes

I want morebooks!

Buy your books fast and straightforward online - at one of world's fastest growing online book stores! Environmentally sound due to Print-on-Demand technologies.

Buy your books online at
www.morebooks.shop

Compre os seus livros mais rápido e diretamente na internet, em uma das livrarias on-line com o maior crescimento no mundo! Produção que protege o meio ambiente através das tecnologias de impressão sob demanda.

Compre os seus livros on-line em
www.morebooks.shop

Printed by Books on Demand GmbH, Norderstedt / Germany